BIM 软件
从入门到精通

Autodesk Revit Structure 2020
建筑结构设计

从入门到精通

CAD/CAM/CAE技术联盟◎编著

U0378318

清华大学出版社
北京

内 容 简 介

本书结合具体实例,由浅入深、从易到难地讲述了 Autodesk Revit Structure 2020 的基本知识,并介绍了 Autodesk Revit Structure 2020 在工程设计中的应用。本书按知识结构分为三篇,共 17 章,其中基础知识篇包括 Autodesk Revit Structure 2020 简介、基本绘图工具、辅助工具、族;结构设计篇包括标高和轴网、结构柱、梁设计、桁架与支撑、钢建模、结构墙、基础、结构楼板和楼梯、钢筋;综合案例篇为某医院办公楼结构设计。

为了方便广大读者更加形象、直观地学习,本书以二维码的方式提供了配套资源,其中包含全书实例操作过程、上机实验录屏讲解 AVI 文件和实例源文件。

本书可作为大、中专院校和培训机构相关课程的教材和参考书,也可以作为建筑结构设计相关专业的工程技术人员的学习参考书。

图书在版编目(CIP)数据

Autodesk Revit Structure 2020 建筑结构设计从入门到精通/CAD/CAM/CAE 技术联盟编著.—北京:清华大学出版社,2021.3
　(BIM 软件从入门到精通)
　ISBN 978-7-302-56649-6

Ⅰ.①A… Ⅱ.①C… Ⅲ.①建筑设计-计算机辅助设计-应用软件 Ⅳ.①TU201.4

中国版本图书馆 CIP 数据核字(2020)第 202781 号

责任编辑:秦　娜　赵从棉
封面设计:李召霞
责任校对:刘玉霞
责任印制:丛怀宇

出版发行:清华大学出版社
　　　　网　　　址:http://www.tup.com.cn,http://www.wqbook.com
　　　　地　　　址:北京清华大学学研大厦 A 座　　　　邮　　编:100084
　　　　社 总 机:010-62770175　　　　　　　　　　　邮　　购:010-62786544
　　　　投稿与读者服务:010-62776969,c-service@tup.tsinghua.edu.cn
　　　　质量反馈:010-62772015,zhiliang@tup.tsinghua.edu.cn
印 装 者:大厂回族自治县彩虹印刷有限公司
经　　销:全国新华书店
开　　本:185mm×260mm　　印　张:28.75　　　字　　数:660 千字
版　　次:2021 年 3 月第 1 版　　　　　　　　　印　　次:2021 年 3 月第 1 次印刷
定　　价:99.80 元

产品编号:085087-01

建筑结构系统,是建筑学对各种结构形式的称谓,一般而言还包含这些结构形式涵盖或衍生的行为。建筑结构系统是建筑设计得以实现的基础和前提,是建筑产品得以存在的先决条件。结构设计不仅要注意安全性,同时还要关注经济合理性,而后者恰恰是投资方看得见摸得着的,因此结构设计必须经过若干方案的计算比较,其结构计算量几乎占结构设计总工作量的一半。

Autodesk Revit Structure 软件是专为结构工程公司定制的建筑信息模型(building information model,BIM)解决方案,拥有用于结构设计与分析的强大工具。Autodesk Revit Structure 将多材质的物理模型与独立、可编辑的分析模型进行了集成,可实现高效的结构分析,并为常用的结构分析软件提供了双向链接。

一、本书特点

☑ 作者权威

本书由 Autodesk 中国认证考试管理中心首席专家胡仁喜博士领衔的 CAD/CAM/CAE 技术联盟编写,所有编者都是在高校从事计算机辅助设计教学研究多年的一线人员,具有丰富的教学实践经验与教材编写经验,多年的教学工作使他们能够准确地把握学生的心理与实际需求,其前期出版的一些相关书籍经过市场检验很受读者欢迎。本书是编者在总结多年的设计经验以及教学的心得体会基础上,经过精心准备编写而成的,力求全面、细致地展现 Autodesk Revit Structure 软件在建筑结构设计应用领域的各种功能和使用方法。

☑ 实例丰富

对于 Autodesk Revit Structure 这类专业软件在建筑结构设计领域应用的工具书,我们力求避免空洞的介绍和描述,而是步步为营,每个知识点采用建筑结构设计实例演绎,这样读者在实例操作过程中就能牢固地掌握软件功能。实例的种类也非常丰富,有知识点讲解的小实例,有几个知识点或全章知识点综合的综合实例,最后还有完整实用的工程案例。各种实例交错讲解,以达到巩固理解的目标。

☑ 突出提升技能

本书从全面提升 Autodesk Revit Structure 实际应用能力的角度出发,结合大量的案例来讲解如何利用 Autodesk Revit Structure 软件进行建筑结构设计,使读者了解Autodesk Revit Structure 并能够独立完成各种建筑结构设计与制图。

本书中很多实例本身就是建筑结构设计项目案例,经过作者精心提炼和改编,不仅可以保证读者能够学好知识点,更重要的是能够帮助读者掌握实际的操作技能,同时培养其建筑结构设计实践能力。

二、本书的基本内容

本书围绕实例讲解利用 Autodesk Revit Structure 2020 中文版进行建筑结构设计的基本方法。全书按知识结构分为三篇，共 17 章，其中基础知识篇包括 Autodesk Revit Structure 2020 简介、基本绘图工具、辅助工具、族；结构设计篇包括标高和轴网、结构柱、梁设计、桁架与支撑、钢建模、结构墙、基础、结构楼板和楼梯、钢筋；综合案例篇为某医院办公楼结构设计。各章之间紧密联系，前后呼应。

三、本书的配套资源

本书通过二维码扫描下载方式提供了极为丰富的学习配套资源，期望读者在最短的时间内学会并精通这门技术。

1. 配套教学视频

针对本书实例专门制作了 36 个配套教学视频，读者可以先看视频，像看电影一样轻松愉悦地学习本书内容，然后对照课本加以实践和练习，这样可以大大提高学习效率。

2. 全书实例的源文件和素材

本书附带了很多实例，包含实例和练习实例的源文件和素材，读者可以安装 Autodesk Revit Structure 2020 软件，打开并使用它们。

3. 海量超值赠送电子资料

除了以上资料，本书还附赠历年全国 BIM 设计大赛真题及答案、各种设计模板文件、建筑设计相关标准电子书、方便灵活的结构设计软件小程序等。

四、关于本书的服务

1. 关于本书的技术问题或有关本书信息的发布

读者如遇到有关本书的技术问题，可以登录网站 www.sjzswsw.com 或将问题发到邮箱 714491436@qq.com，我们将及时回复。也欢迎加入图书学习交流群（QQ：725195807）交流探讨。

2. 安装软件的获取

按照本书中的实例进行操作练习，以及使用 Autodesk Revit Structure 进行建筑结构设计与制图时，需要事先在计算机上安装相应的软件。读者可从网络中下载相应软件，或者从当地电脑城、软件经销商处购买。QQ 交流群也会提供下载地址和安装方法教学视频，需要的读者可以关注。

本书由 CAD/CAM/CAE 技术联盟主编。CAD/CAM/CAE 技术联盟是一个集 CAD/CAM/CAE 技术研讨、工程开发、培训咨询和图书创作于一体的工程技术人员协作联盟，由 20 多位专职和众多兼职 CAD/CAM/CAE 工程技术专家组成。

CAD/CAM/CAE 技术联盟负责人由 Autodesk 中国认证考试中心首席专家担任，全面负责 Autodesk 中国官方认证考试大纲制定、题库建设、技术咨询和师资力量培训工作,成员精通 Autodesk 系列软件。其创作的很多教材成为国内具有领导性的作品,在国内相关专业方向图书创作领域具有举足轻重的地位。

　　书中主要内容来自作者几年来使用 Autodesk Revit Structure 的经验总结,也有部分内容取自国内外有关文献资料。虽然作者几易其稿,但由于时间仓促,加之水平有限,书中纰漏与失误在所难免,恳请广大读者批评指正。

作　者

2020 年 12 月

目录

Contents

第2篇　结构设计篇

Note

第3篇 综合案例篇

1

本篇主要介绍Autodesk Revit Structure 2020的相关基础知识。

第1篇　基础知识篇

◆ Autodesk Revit Structure 2020简介

◆ 基本绘图工具

◆ 辅助工具

◆ 族

第1章

Autodesk Revit Structure 2020简介

Revit 作为一款专为建筑行业 BIM 构建的软件,可帮助许多专业的设计和施工人员使用协调一致的基于模型的新办公方法与流程,将设计创意从最初的概念变为现实的构造。

1.1　结构设计要点

建筑结构系统是建筑学对各种结构形式的称谓,一般而言还包含这些结构形式涵盖或衍生的行为。结构系统在建筑领域的功能,是不同于土木工程或机械工程等领域的,因为建筑有其艺术意义,所以需以建筑美学为出发点,结构系统系辅助达成美学目的的元素,同时兼具力学功用;但也有许多出色的建筑案例,是由于力学原理的和谐性,进而导引出建筑设计的概念;所以结合美学与力学,为建筑与结构之共同目标。建筑结构系统是建筑设计得以实现的基础和前提,是建筑产品得以存在的先决条件,但是其表现形式往往淡出人们的视线之外。因为其功能单一,是人们对它的普遍看法,但要具体实施需要很深厚的专业技术基础。

设计一个建筑物时,首先要进行建筑方案设计,其次才能进行结构设计。结构设计不仅要注意安全性,还要注重经济合理性,而后者恰恰是投资方最为关注的,因此结构设计必须经过若干方案的计算比较,其结构计算量几乎占结构设计总工作量的一半。

1.1.1 结构设计的基本过程

为了有效地做好建筑结构设计工作,应遵循以下步骤。

(1) 在建筑方案设计阶段,结构专业人员应该关注并适时介入,给建筑专业设计人员提供必要的合理化建议,积极主动地改变被动地接受不合理建筑方案的局面。只要结构设计人员摆正心态,尽心为完成更完美的建筑创作出主意、想办法,建筑师也会认同的。

(2) 建筑方案设计阶段的结构配合,应选派有丰富结构设计经验的设计人员参与,使其及时给予指点和提醒,避免将不合理的建筑方案直接呈现给投资方。如果建筑方案新颖且可行,只是造价偏高,就需要结构专业人员提前进行必要的草算,做出大概的造价分析以提供给建筑专业和投资方参考。

(3) 建筑方案一旦确定,结构专业应及时配备人力,对已确定建筑方案进行结构多方案比较,其中包括竖向及抗侧力体系、楼屋面结构体系以及地基基础的选型等,通过结构专业参加人员的广泛讨论,选择既安全可靠又经济合理的结构方案作为实施方案,必要时应向建筑专业及投资方作全面的汇报。

(4) 结构方案确定后,作为结构工种(专业)负责人,应及时起草本工程结构设计统一技术条件,其中包括工程概况、设计依据、自然条件、荷载取值及地震作用参数、结构选型、基础选型、所采用的结构分析软件及版本、计算参数取值以及特殊结构处理等,依次作为结构设计组共同遵守的设计条件,保持协调性和统一性。

(5) 加强设计组人员的协调和组织。每个设计人员都有其优势和劣势,作为结构工种负责人,应透彻掌握每个设计人员的素质情况,在责任划分上要以能调动起大家的积极性和主动性为前提,充分发挥每个设计人员的智慧和能力,集思广益。设计中的难点问题的提出与解决应经大家讨论,群策群力,共同提高。

(6) 为了在有限的设计周期内完成繁重的结构设计工作量,应注意合理安排时间,结构分析与制图最好同步进行,以便及时发现问题及时解决,同时可以为其他专业提供资料提前做好准备。在结构布置作为资料提交各专业前,结构工种负责人应进行全面校审,以免给其他专业造成误解和返工。

(7) 基础设计在初步设计期间应尽量考虑完善,以满足提前出图要求。

(8) 计算与制图的校审工作应尽量提前介入,尤其是对计算参数和结构布置草图等,一定经校审后再实施计算和制图工作,只有保证设计前提的正确才能使后续工作顺利有效地进行,同时避免带来本专业内的不必要返工。

(9) 校审系统的建立与实施也是保证设计质量的重要措施,结构计算和图纸的最终成果必须至少有三个不同设计人员经手,即设计人、校对人和审核人,而每个不同档次的设计人员都应有相应的资质和水平。校审记录应有设计人、校审人和修改人签字并注明修改意见,校审记录随设计成果资料归档备查。

(10) 建筑结构设计过程中,难免存在某个单项的设计分包情况,对此应格外慎重对待。首先要求承担分包任务的设计方必须具有相应的设计资质、设计水平和资源,然后再签订单项分包协议,明确分包任务,提出问题和成果要求,明确责任分工以及设计费用和支付方法等,以免造成设计混乱,出现问题后责任不清等情况,这是结构设计中必须避免的。

1.1.2　结构设计中需要注意的问题

在对结构进行整体分析后，也要对构件进行验算。要根据承载能力极限状态及正常使用极限状态的要求，分别按下列规定进行计算和验算。

（1）承载力及稳定：所有结构构件均应进行承载力（包括失稳）计算；对于混凝土结构来讲，失稳的问题不是很严重，但钢结构构件必须进行失稳验算。必要时尚应进行结构的倾覆、滑移及漂浮验算；有抗震设防要求的结构尚应进行结构构件抗震的承载力验算。

（2）疲劳：直接承受吊车的构件应进行疲劳验算；但直接承受安装或检修用吊车的构件，根据使用情况和设计经验可不进行疲劳验算。

（3）变形：对使用上需要控制变形值的结构构件，应进行变形验算。例如预应力游泳池，变形过大会导致荷载分布不均匀，荷载不均匀会导致超载，严重的会造成结构的破坏。

（4）抗裂及裂缝宽度：对使用上要求不出现裂缝的构件，应进行混凝土拉应力验算；对使用上允许出现裂缝的构件，应进行裂缝宽度验算；对叠合式受弯构件，尚应进行纵向钢筋拉应力验算。

（5）其他：结构及结构构件的承载力（包括失稳）计算和倾覆、滑移及漂浮验算，均应采用荷载设计值；疲劳、变形、抗裂及裂缝宽度验算，均应采用相应的荷载代表值；直接承受吊车的结构构件，在计算承载力及验算疲劳、抗裂性能时，应考虑吊车荷载的动力系数。

预制构件尚应按制作、运输及安装时相应的荷载值进行施工阶段验算。进行预制构件吊装验算时，应将构件自重乘以动力系数，动力系数可以取 1.5，但可根据构件吊装时的受力情况适当增减。

对现浇结构，必要时应进行施工阶段的验算。结构应具有整体稳定性，结构的局部破坏不应导致大范围倒塌。

1.2　Autodesk Revit Structure 概述

Autodesk Revit Structure 软件是专为结构工程公司定制的建筑信息模型（BIM）解决方案，拥有用于结构设计与分析的强大工具。Autodesk Revit Structure 将多材质的物理模型与独立、可编辑的分析模型进行了集成，可实现高效的结构分析，并为常用的结构分析软件提供了双向链接。它可帮助用户在施工前对建筑结构进行更精确的可视化，从而在设计阶段早期制定更加明智的决策。Autodesk Revit Structure 集成了建筑信息模型（BIM）的优势资源，可帮助用户提高编制结构设计文档的多专业协调能力，最大限度地减少错误，并能够加强工程团队与建筑团队之间的合作。

用于建筑信息模型的 Autodesk Revit Structure 平台式建筑设计和文档系统，支持建筑项目所需的设计、图纸以及明细表。BIM 可为用户提供需要的有关项目设计、范围、数量和阶段等信息。

在 Autodesk Revit Structure 模型中,所有的图纸、二维视图和三维视图以及明细表都是同一个基本建筑模型数据库的信息表现形式。在图纸视图和明细表视图中操作时,Autodesk Revit Structure 将收集有关建筑项目的信息,并在项目的其他所有表现形式中协调该信息。Autodesk Revit Structure 参数化修改引擎可自动协调在任何位置(模型视图、图纸、明细表、剖面和平面中)进行的修改。

在项目中,Autodesk Revit Structure 使用 3 种类型的图元。

(1) 模型图元:表示建筑的实际三维几何图形。它们显示在模型的相关视图中。例如,结构墙、楼板、坡道和屋顶都是模型图元。模型图元有两种类型。

① 主体:通常在构造场地在位构建。例如,结构墙和屋顶都是主体。

② 模型构件:是结构模型中其他所有类型的图元。例如,梁、结构柱和三维钢筋都是模型构件。

(2) 基准图元:可帮助定义项目上下文。例如,轴网、标高和参照平面都是基本图元。

(3) 视图专有图元:显示在放置这些图元的视图中。它们有助于描述和示范模型。例如,尺寸标注、标记和二维详图构件都是视图专有图元。视图专有图元有两种类型。

① 注释图元:是对模型进行归档并在图纸上保持比例的二维构件。例如,尺寸标注、标记和符号都是注释图元。

② 详图:是在特定视图中提供有关结构模型详细信息的二维项,例如,详图线、填充区域和二维详图构件。

在 Autodesk Revit Structure 中,图元通常根据其在结构中的位置来确定自己的行为。上下文是由构件的位置方式,以及该构件与其他构件之间建立的约束关系确定的。通常,要建立这些关系无须执行任何操作,用户执行的设计操作和绘制方式已包含了这些关系。在其他情况下,可以显示并控制这些关系,例如通过锁定尺寸标注或对齐两面墙。

1.3　Autodesk Revit 2020 界面

Autodesk Revit Structure 是一款功能强大的用于 Microsoft Windows 操作系统的 CAD 产品。其界面与其他适用于 Windows 的产品的界面类似,都具有一个功能区,其中包含用于完成任务的工具。

Autodesk Revit Structure 界面中,许多构件(如墙、梁和柱)在单击某一按钮时即处于可用状态,可将这些构件拖放到图纸中,因此可确定这些构件是否满足设计要求。

单击桌面上的 Autodesk Revit 2020 图标 **R**,进入如图 1-1 所示的 Autodesk Revit 2020 主页,新建一结构项目文件或打开结构文件,进入 Autodesk Revit 2020 绘图界面,如图 1-2 所示。单击"主视图"按钮 ▣,在主页和绘图界面之间切换。

Autodesk Revit 界面旨在简化工作流程。通过几次单击,便可以修改界面以提供更好的、适合用户的使用方式。例如,用户可以将功能区设置为三种显示设置之一,以便使界面使用达到最佳效果。还可以同时显示若干个项目视图,或按层次放置视图以仅看到最上面的视图。

图 1-1　Autodesk Revit 2020 主页

快速访问工具栏　　　　　　　　　　　　　　　信息中心

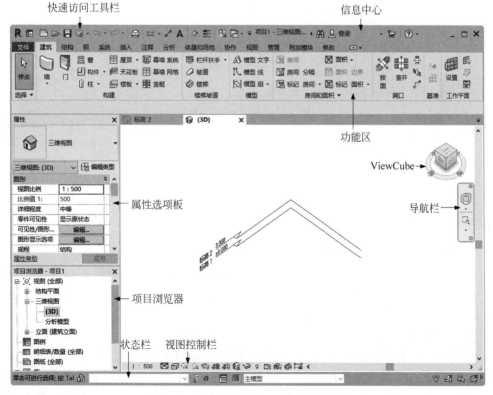

图 1-2　Autodesk Revit 2020 绘图界面

1.3.1　文件程序菜单

文件程序菜单上提供了常用文件操作，如"新建""打开""保存"等。还允许使用更高级的工具(如"导出"和"发布")来管理文件。单击"文件"，打开"文件"程序菜单，如图 1-3 所示。"文件"程序菜单无法在功能区中移动。

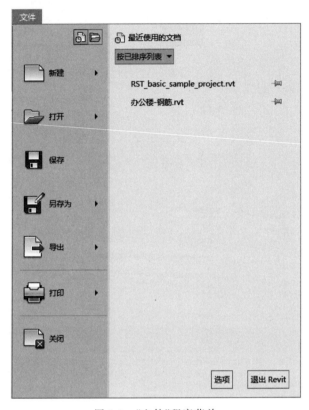

图 1-3　"文件"程序菜单

要查看每个菜单的选择项，应单击其右侧的箭头，打开下一级菜单，再单击所需的项进行操作。

可以直接单击应用程序菜单中左侧的主要按钮来执行默认的操作。

1.3.2　快速访问工具栏

快速访问工具栏默认放置一些常用的工具按钮。

单击快速访问工具栏上的"自定义访问工具栏"按钮 ，打开如图 1-4 所示的下拉菜单，可以对该工具栏进行自定义，选中命令在快速访问工具栏上显示，取消选中命令则在快速访问工具栏中隐藏。

在快速访问工具栏的某个工具按钮上右击，打开如图 1-5 所示的快捷菜单，选择"从快速访问工具栏中删除"命令，将删除选中的工具按钮。选择"添加分隔符"命令，在工具的右侧添加分隔符线。单击"在功能区下方显示快速访问工具栏"命令，快速访问工具栏可以显示在功能区的下方。单击"自定义快速访问工具栏"命令，打开如图 1-6 所

Note

图 1-4　下拉菜单

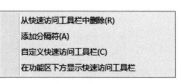

图 1-5　快捷菜单

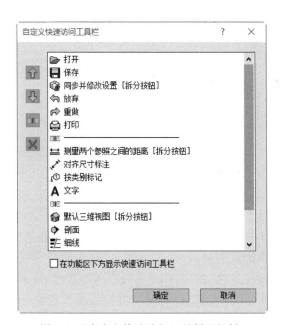

图 1-6　"自定义快速访问工具栏"对话框

示的"自定义快速访问工具栏"对话框,可以对快速访问工具栏中的工具按钮进行排序、添加或删除分割线。

　　☑ "上移"按钮 ⬆ 或"下移"按钮 ⬇ :在对话框的列表中选择命令,然后单击 ⬆
　　　（上移)按钮或 ⬇ (下移)按钮将该工具移动到所需位置。

☑ "添加分隔符"按钮▨：选择要显示在分隔线上方的工具，然后单击"添加分隔符"按钮，添加分隔线。

☑ "删除"按钮▨：从工具栏中删除工具或分隔线。

在功能区中的任意工具按钮上右击，打开快捷菜单，然后单击"添加到快速访问工具栏"命令，将工具按钮添加到快速访问工具栏中。

☎ 注意：上下文选项卡中的某些工具无法添加到快速访问工具栏中。

1.3.3 信息中心

该工具栏包括一些常用的数据交互访问工具，如图 1-7 所示，可以访问许多与产品相关的信息源。

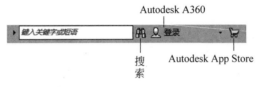

图 1-7 信息中心

☑ 搜索：在搜索框中输入要搜索信息的关键字，然后单击"搜索"按钮▨，可以在联机帮助中快速查找信息。

☑ Autodesk A360：使用该工具可以访问与 Autodesk Account 相同的服务，但增加了 Autodesk A360 的移动性和协作优势。个人用户可以通过申请的 Autodesk 账户，登录到自己的云平台。

☑ Autodesk App Store：单击此按钮，可以登录到 Autodesk 官方的 App 网站下载不同系列软件的插件。

1.3.4 功能区

创建或打开文件时，功能区会显示系统提供创建项目或族所需的全部工具。调整窗口的大小时，功能区中的工具会根据可用的空间自动调整大小。每个选项卡集成了相关的操作工具，方便了用户的使用。用户可以单击功能区选项后面的▨按钮控制功能的展开与收缩。

☑ 修改功能区：单击功能区选项卡右侧的箭头打开功能区下拉菜单，可以发现系统提供了四种功能区的显示方式，分别为"最小化为选项卡""最小化为面板标题""最小化为面板按钮"和"循环浏览所有项"，如图 1-8 所示。

☑ 移动面板：面板可以在绘图区"浮动"，在面板上按住鼠标左键并拖动（图 1-9），将其放置到绘图区域或桌面上即可。将鼠标指针放到浮动面板的右上角处，显示"将面板返回到功能区"，如图 1-10 所示。单击此处，使它变为"固定"面板。将鼠标指针移动到面板上可以显示一个夹子形状，拖动该夹子到所需位置，可以移动面板。

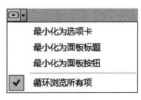

图 1-8 功能区下拉菜单

☑ 展开面板：面板标题旁的箭头▼表示该面板可以展

开,单击它可以显示相关的工具和控件,如图 1-11 所示。默认情况下单击面板以外的区域时,展开的面板会自动关闭。单击图钉按钮  ,面板在其功能区选项卡显示期间始终保持展开状态。

图 1-9　拖动面板　　　　　　　　　　图 1-10　固定面板

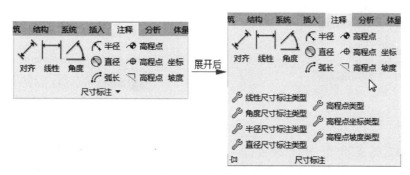

图 1-11　展开面板

☑ 上下文功能区选项卡:使用某些工具或者选择图元时,上下文功能区选项卡中会显示与该工具或图元的上下文相关的工具,如图 1-12 所示。退出该工具或清除选择时,该选项卡将关闭。

图 1-12　上下文功能区选项卡

1.3.5 "属性"选项板

"属性"选项板是一个无模式对话框,通过该对话框,可以查看和修改用来定义图元属性的参数。

第一次启动 Revit 时,"属性"选项板处于打开状态并固定在绘图区域左侧"项目浏览器"的上方,如图 1-13 所示。

☑ 类型选择器:显示当前选择的族类型,并提供一个可从中选择其他类型的下拉列表框,如图 1-14 所示。

☑ 属性过滤器:该过滤器用来标识工具放置的图元类别,或者标识绘图区域中所选图元的类别和数量。如果选择了多个类别或类型,则选项板上仅显示所有类别或类型所共有的实例属性。当选择了多个类别时,使用过滤器的下拉列表框可以仅查看特定类别或视图本身的属性。

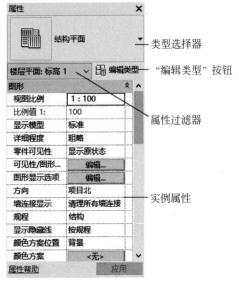

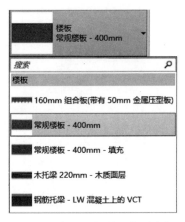

图 1-13 "属性"选项板   图 1-14 类型选择器下拉列表框

☑ "编辑类型"按钮：单击此按钮，打开相关的"类型属性"对话框，该对话框用来查看和修改选定图元或视图的类型属性，如图 1-15 所示。

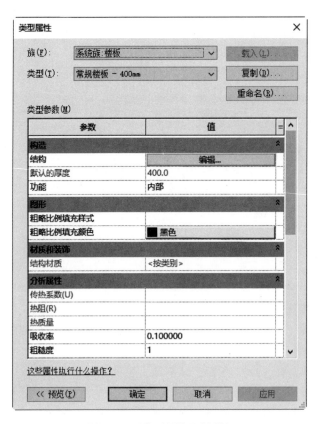

图 1-15 "类型属性"对话框

☑ 实例属性：在大多数情况下，"属性"选项板中既显示可由用户编辑的实例属性，又显示只读实例属性。当某属性的值由软件自动计算或赋值，或者取决于其他属性的设置时，该属性可能是只读属性，不可编辑。

1.3.6 项目浏览器

项目浏览器用于显示当前项目中所有视图、明细表、图纸、组和其他部分的逻辑层次。展开和折叠各分支时，将显示下一层项目，如图1-16所示。

（1）打开视图：双击视图名称打开视图，也可以在视图名称上右击，打开如图1-17所示的快捷菜单，选择"打开"命令，打开视图。

（2）打开放置了视图的图纸：在视图名称上右击，打开如图1-17所示的快捷菜单，选择"打开图纸"命令，打开放置了视图的图纸。如果快捷菜单中的"打开图纸"命令不可用，则要么视图未放置在图纸上，要么视图是明细表或可放置在多个图纸上的图例视图。

（3）将视图添加到图纸中：将视图名称拖曳到图纸名称上或拖曳到绘图区域中的图纸上。

（4）从图纸中删除视图：在图纸名称下的视图名称上右击，在打开的快捷菜单中单击"从图纸中删除"命令，删除视图。

（5）单击"视图"选项卡"窗口"面板中的"用户界面"按钮，打开如图1-18所示的下拉列表框，选中"项目浏览器"复选框。如果取消"项目浏览器"选中复选框或单击项目浏览器顶部的"关闭"按钮☒，则隐藏项目浏览器。

图 1-16 项目浏览器

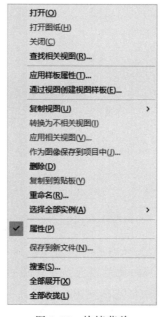

图 1-17 快捷菜单

图 1-18 下拉列表框

（6）拖曳项目浏览器的边框调整项目浏览器的大小。

（7）在Revit窗口中拖曳浏览器移动光标时会显示一个轮廓，该轮廓表示浏览器将

移动到的位置,将浏览器放置到所需位置时松开鼠标即可,还可以将项目浏览器从
Revit 窗口拖曳到桌面。

1.3.7 视图控制栏

视图控制栏位于视图窗口的底部,状态栏的上方,利用它可以快速访问影响当前视
图功能的命令,如图 1-19 所示。

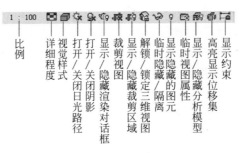

图 1-19 视图控制栏

☑ 比例:是指在图纸中用于表示对象的比例,可以为项目中的每个视图指定不同
比例,也可以创建自定义视图比例。单击"比例"按钮打开如图 1-20 所示的比例
列表,选择需要的比例。也可以单击"自定义"选项,打开"自定义比例"对话框,
输入比率,如图 1-21 所示,单击"确定"按钮,完成自定义比例的设置。

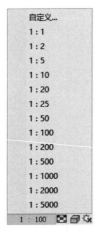

图 1-20 比例列表

图 1-21 "自定义比例"对话框

注意:不能将自定义视图比例应用于该项目中的其他视图。

☑ 详细程度:可根据视图比例设置新建视图的详细程度,包括粗略、中等和精细三
种程度。当在项目中创建新视图并设置其视图比例后,视图的详细程度将会自
动根据表格中的排列进行设置。通过预定义详细程度,可以影响不同视图比例
下同一几何图形的显示。

☑ 视觉样式:可以为项目视图指定许多不同的图形样式,如图 1-22 所示。

  • 线框:显示绘制了所有边和线而未绘制表面的模型图像。线框视觉样式可

以将材质应用于选定的图元类型。这些材质不会显示在线框视图中，但是表面填充图案仍会显示。

- 隐藏线：显示绘制了除被表面遮挡部分以外的所有边和线的图像。
- 着色：显示处于着色模式下的图像，而且具有显示间接光及其阴影的选项。
- 一致的颜色：显示所有表面都按照表面材质颜色设置进行着色的图像。该样式会保持一致的着色颜色，使材质始终以相同的颜色显示，而无论以何种方式将其定向到光源。
- 真实：可在模型视图中即时显示真实材质外观。旋转模型时，表面会显示在各种照明条件下呈现的外观。

注意："真实"视觉视图中不会显示人造灯光。

- 光线追踪：该视觉样式是一种照片级真实感渲染模式，该模式允许用户平移和缩放模型。

☑ 打开/关闭-光路径：控制日光路径可见性。在一个视图中打开或关闭日光路径时，其他任何视图都不受影响。

☑ 打开/关闭阴影：控制阴影的可见性。在一个视图中打开或关闭阴影时，其他任何视图都不受影响。

☑ 显示/隐藏渲染对话框：单击此按钮，打开"渲染"对话框，定义控制照明、曝光、分辨率、背景和图像质量的设置，如图1-23所示。

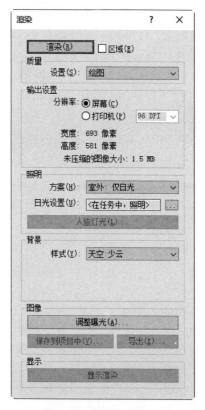

图1-22 "视觉样式"菜单   图1-23 "渲染"对话框

☑ 裁剪视图：定义了项目视图的边界。在所有图形项目视图中显示模型裁剪区域和注释裁剪区域。

☑ 显示/隐藏裁剪区域：可以根据需要显示或隐藏裁剪区域。在绘图区域中，选择裁剪区域，则会显示注释和模型裁剪。内部裁剪是模型裁剪，外部裁剪则是注释裁剪。

☑ 解锁/锁定的三维视图：锁定三维视图的方向，以在视图中标记图元并添加注释记号。包括保存方向并锁定视图、恢复方向并锁定视图和解锁视图三个选项。

  • 保存方向并锁定视图：将视图锁定在当前方向。在该模式中无法动态观察模型。

  • 恢复方向并锁定视图：将解锁的、旋转方向的视图恢复到其原来锁定的方向。

  • 解锁视图：解锁当前方向，从而允许定位和动态观察三维视图。

☑ 临时隐藏/隔离："隐藏"工具可在视图中隐藏所选图元，"隔离"工具可在视图中显示所选图元并隐藏所有其他图元。

☑ 显示隐藏的图元：临时查看隐藏图元或将其取消隐藏。

☑ 临时视图属性：包括启用临时视图属性、临时应用样板属性、最近使用的模板和恢复视图属性四种视图选项。

☑ 显示/隐藏分析模型：可以在任何视图中显示分析模型。

☑ 高亮显示位移集：单击此按钮，启用高亮显示模型中所有位移集的视图。

☑ 显示约束：在视图中临时查看尺寸标注和对齐约束，以修改模型中图元的大小和位置。"显示约束"绘图区域将显示一个彩色边框，表示处于"显示约束"模式。所有约束都以彩色显示，而模型图元以半色调（灰色）显示。

1.3.8 状态栏

状态栏位于 Revit Structure 绘图界面的底部，如图 1-24 所示。状态栏可以提供有关要执行的操作的提示。高亮显示图元或构件时，状态栏会显示族和类型的名称。

图 1-24 状态栏

☑ 工作集：显示处于活动状态的工作集。

☑ 编辑请求：对于工作共享项目，表示未决的编辑请求数。

☑ 设计选项：显示处于活动状态的设计选项。

☑ 仅活动项：用于过滤所选内容，以便仅选择活动的设计选项构件。

☑ 选择链接：可在已链接的文件中选择链接和单个图元。

☑ 选择底图图元：可在底图中选择图元。

☑ 选择锁定图元：可选择锁定的图元。

☑ 通过面选择图元：可通过单击某个面，来选中某个图元。

☑ 选择时拖曳图元：不用先选择图元就可以通过拖曳操作移动图元。

☑ 后台进程：显示在后台运行的进程列表。

☑ 过滤：用于优化在视图中选定的图元类别。

1.3.9　ViewCube

ViewCube 默认显示在绘图区的右上方。利用 ViewCube 可以在标准视图和等轴测视图之间切换。

（1）单击 ViewCube 上的某个角，可以根据由模型的三个侧面定义的视口将模型从当前视图定向到四分之三视图；单击其中一条边缘，可以根据模型的两个侧面将模型的视图重定向到二分之一视图；单击相应面，将视图切换到相应的主视图。

（2）如果从某个面视图中查看模型时 ViewCube 处于活动状态，则四个正交三角形会显示在 ViewCube 附近。使用这些三角形可以切换到某个相邻的面视图。

（3）单击 ViewCube 中指南针的东、南、西、北字样，切换到东、南、西、北等方向视图，或者拖动指南针旋转到任意方向视图。

（4）单击"主视图"图标🏠，不管视图目前是何种视图都会恢复到主视图方向。

（5）从某个面视图查看模型时，两个滚动箭头按钮👣会显示在 ViewCube 附近。单击👣按钮，视图以 90°逆时针或顺时针进行旋转。

（6）单击"关联菜单"按钮▼，打开如图 1-25 所示的关联菜单。

图 1-25　关联菜单

☑ 转至主视图：恢复随模型一同保存的主视图。

☑ 保存视图：使用唯一的名称保存当前的视图方向。此选项只允许在查看默认三维视图时使用唯一的名称保存三维视图。如果查看的是以前保存的正交三维视图或透视（相机）三维视图，则视图仅以新方向保存，而且系统不会提示用户提供唯一名称。

☑ 锁定到选择项：当视图方向随 ViewCube 发生更改时，使用选定对象可以定义视图的中心。

☑ 透视/正交：在三维视图的平行和透视模式之间切换。

☑ 将当前视图设置为主视图：根据当前视图定义模型的主视图。

☑ 将视图设定为前视图：更改前视图的方向，并将三维视图定向到该方向。

☑ 重置为前视图：将模型的前视图重置为其默认方向。

☑ 显示指南针：显示或隐藏围绕 ViewCube 的指南针。

☑ 定向到视图：将三维视图设置为项目中的任何平面、立面、剖面或三维视图的方向。

☑ 确定方向：将相机定向到北、南、东、西、东北、西北、东南或顶部。

☑ 定向到一个平面：将视图定向到指定的平面。

1.3.10　导航栏

导航栏在绘图区域中，沿当前模型的窗口的一侧显示，包括 SteeringWheels 和"缩放工具"，如图 1-26 所示。

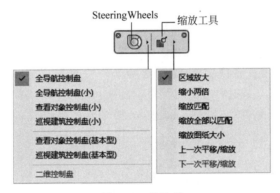

图 1-26　导航栏

1. SteeringWheels

它是控制盘的集合，通过这些控制盘，可以在专门的导航工具之间快速切换。每个控制盘都被分成不同的按钮。每个按钮都包含一个导航工具，用于重新定位模型的当前视图。包含以下几种形式，如图 1-27 所示。

单击控制盘右下角的"显示控制盘菜单"按钮 ⊙，打开如图 1-28 所示的控制盘菜单，菜单中包含了所有全导航控制盘的视图工具，单击"关闭控制盘"按钮关闭控制盘，也可以单击控制盘上的"关闭"按钮 ✖，关闭控制盘。

2. 缩放工具

缩放工具包括区域放大、缩小两倍、缩放匹配、缩放全部以匹配、缩放图纸大小、上一次平移/缩放和下一次平移/缩放等工具。

☑ 区域放大 ：放大所选区域内的对象。

☑ 缩小两倍 ：将视图窗口显示的内容缩小至原来的 1/2。

☑ 缩放匹配 ：缩放以显示所有对象。

☑ 缩放全部以匹配 ：缩放以显示所有对象的最大范围。

(a) 全导航控制盘　　　　　(b) 查看对象控制盘(基本型)　　　(c) 巡视建筑控制盘(基本型)

(d) 二维控制盘　　(e) 查看对象控制盘(小)　(f) 巡视建筑控制盘(小)　(g) 全导航控制盘(小)

图 1-27　SteeringWheels

图 1-28　控制盘菜单

☑ 缩放图纸大小 ：缩放以显示图纸内的所有对象。

☑ 上一次平移/缩放：显示上一次平移或缩放结果。

☑ 下一次平移/缩放：显示下一次平移或缩放结果。

1.3.11　绘图区域

　　Revit 窗口中的绘图区域显示当前项目的视图以及图纸和明细表,每次打开项目中的某一视图时,默认情况下此视图会显示在绘图区域中其他打开的视图的上面。其他视图仍处于打开的状态,但是这些视图在当前视图下面。

　　绘图区域的背景颜色默认为白色。

1.4 文件管理

1.4.1 新建文件

单击"文件"→"新建"命令，打开"新建"菜单，如图1-29所示，用于创建项目、族、概念体量等。

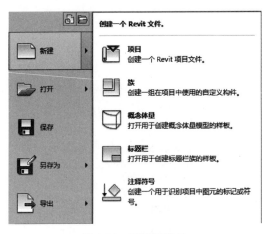

图1-29 "新建"菜单

下面以新建结构项目文件为例介绍新建文件的步骤。

（1）单击"文件"→"新建"→"项目"命令，打开"新建项目"对话框，选择"结构样板"样板文件，如图1-30所示。

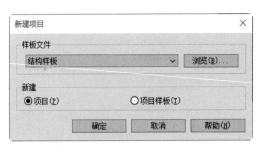

图1-30 "新建项目"对话框

（2）也可以单击"浏览"按钮，打开如图1-31所示的"选择样板"对话框，选择需要的结构样板，单击"打开"按钮，打开样板文件。

注意：一般情况下，建筑专业选择"建筑样板"，结构专业选择"结构样板"。如果项目中既有建筑又有结构，或者不是单一专业时，应选择"构造样板"。

（3）选择"项目"选项，单击"确定"按钮，创建一个新项目文件。

注意：在Revit中，项目是整个建筑物设计的联合文件。建筑的所有标准视图、建筑设计图以及明细表都包含在项目文件中，只要修改模型，所有相关的视图、施工图和明细表都会随之自动更新。

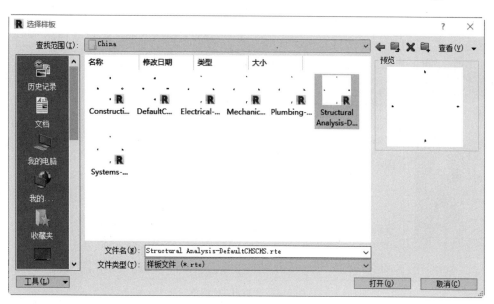

图 1-31　"选择样板"对话框

1.4.2　打开文件

单击"文件"→"打开"命令,打开"打开"菜单,如图 1-32 所示,用于打开项目、族、IFC、样例文件等。

☑ 项目:单击此命令,打开"打开"对话框,在对话框中可以选择要打开的 Revit 项目文件和族文件,如图 1-33 所示。

图 1-32　"打开"菜单

图 1-33 "打开"对话框

- 核查：扫描、检测并修复模型中损坏的图元，此选项可能会大大增加打开模型所需的时间。
- 从中心分离：独立于中心模型而打开工作共享的本地模型。
- 新建本地文件：打开中心模型的本地副本。

☑ 族：单击此命令，打开"打开"对话框，可以打开软件自带族库中的族文件，或用户自己创建的族文件。

☑ Revit 文件：单击此命令，可以打开 Revit 所支持的文件，例如 rvt、rfa、adsk 和 rte 文件。

☑ 建筑构件：单击此命令，在对话框中选择要打开的 Autodesk 交换文件，如图 1-34 所示。

图 1-34 "打开 ADSK 文件"对话框

☑ IFC：单击此命令，在对话框中可以打开 IFC 类型文件，如图 1-35 所示。IFC 类型文件含有模型的建筑物或设施，还包括空间的元素、材料和形状。IFC 文件通常用于 BIM 工业程序之间的交互。

图 1-35　"打开 IFC 文件"对话框

☑ IFC 选项：单击此命令，打开"导入 IFC 选项"对话框，在该对话框中可以设置 IFC 类型名称对应的 Revit 类别，如图 1-36 所示。此命令只有在打开 Revit 文件的状态下才可以使用。

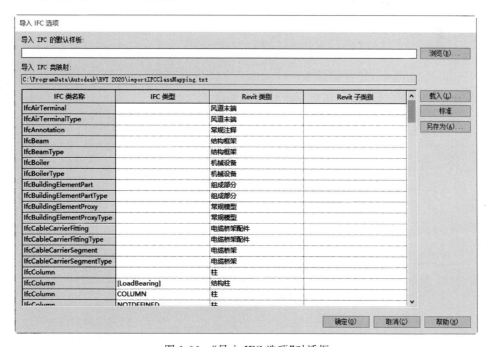

图 1-36　"导入 IFC 选项"对话框

☑ 样例文件：单击此命令，打开"打开"对话框，可以打开软件自带的样例项目文件和族文件。

1.4.3　保存文件

单击"文件"→"保存"命令，可以保存当前项目、族文件、样板文件等。若文件已命名，则 Revit 自动保存。若文件未命名，则系统打开"另存为"对话框，如图 1-37 所示，用户可以命名保存。在"保存于"下拉列表框中可以指定保存文件的路径；在"文件类型"下拉列表框中可以指定保存文件的类型。为了防止因意外操作或计算机系统故障导致正在绘制的图形文件丢失，可以对当前图形文件设置自动保存。

图 1-37　"另存为"对话框

单击"选项"按钮，打开如图 1-38 所示的"文件保存选项"对话框，可以指定备份文件的最大数量以及与文件保存相关的其他设置。

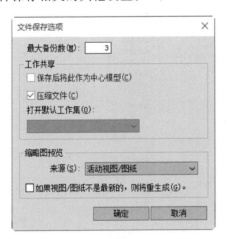

图 1-38　"文件保存选项"对话框

☑ 最大备份数：指定备份文件的最大数量。默认情况下，非工作共享项目有 3 个备份，工作共享项目最多有 20 个备份。

☑ 保存后将此作为中心模型：将当前已启用工作集的文件设置为中心模型。

☑ 压缩文件：保存已启用工作集的文件时减小文件的大小。在正常保存时，Revit 仅将新图元和经过修改的图元写入现有文件。这可能会导致文件变得非常大，但会加快保存的速度。压缩过程会将整个文件进行重写并删除旧的部分以节省空间。

☑ 打开默认工作集：设置中心模型在本地打开时所对应的工作集默认设置。从该列表中，可以将一个工作共享文件保存为始终以下列选项之一为默认设置："全部""可编辑""上次查看的"或者"指定"。用户修改该选项的唯一方式是选中"文件保存选项"对话框中的"保存后将此作为中心模型"复选框，来重新保存新的中心模型。

☑ 缩略图预览：指定打开或保存项目时显示的预览图像。此选项的默认值为"活动视图/图纸"。Revit 只能从打开的视图创建预览图像。如果选中"如果视图/图纸不是最新的，则将重生成"复选框，则无论用户何时打开或保存项目，Revit 都会更新预览图像。

1.4.4　另存为文件

单击"文件"→"另存为"命令，打开"另存为"菜单，如图 1-39 所示，可以将文件保存为云模型、项目、族、样板或库五种类型文件。

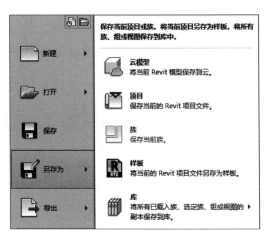

图 1-39　"另存为"菜单

执行其中一种命令后打开"另存为"对话框(图 1-37)，Revit 用另存名保存，并把当前图形更名。

1.5　选 项 设 置

"选项"对话框控制软件及其用户界面的各个方面。

单击"文件"程序菜单中的"选项"按钮 选项 ，打开"选项"对话框，如图 1-40 所示。

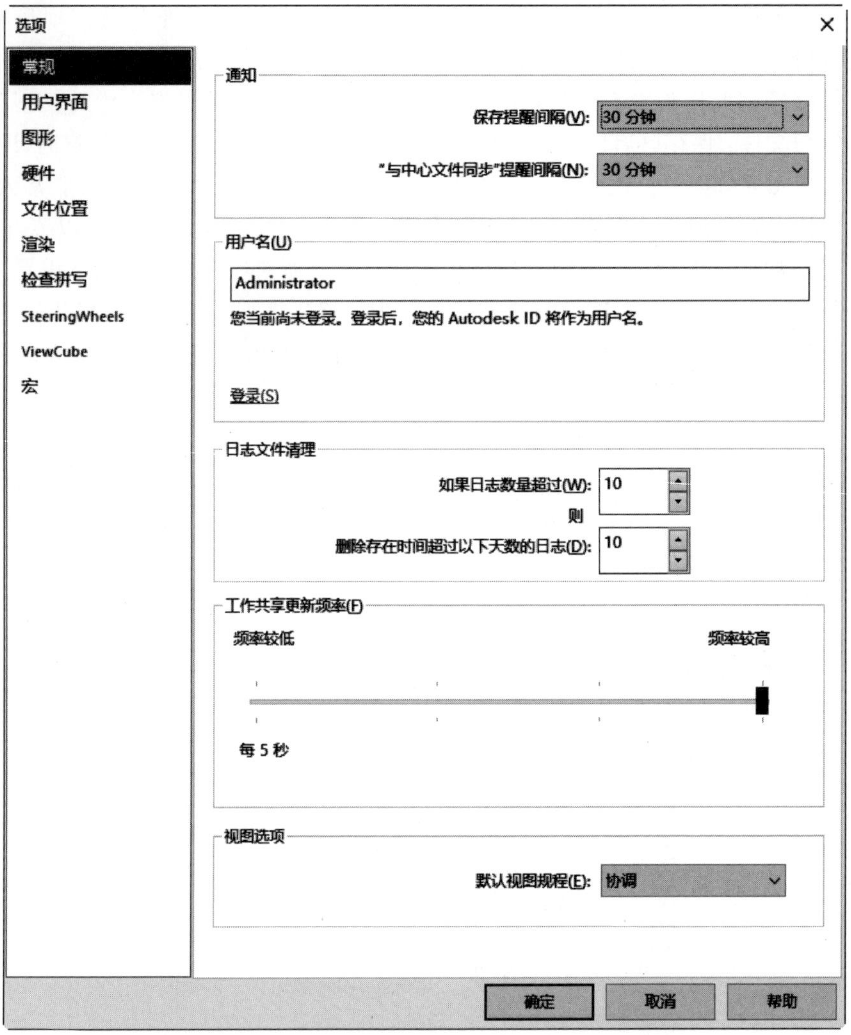

图 1-40 "选项"对话框

1.5.1 "常规"设置

在"常规"选项卡中可以设置通知、用户名和日志文件清理参数等。

1. "通知"选项组

Revit 不能自动保存文件,可以通过"通知"选项组设置用户建立项目文件或族文件保存文档的提醒时间。在"保存提醒间隔"下拉列表框中选择保存提醒时间,设置保存提醒时间最少为 15 分钟。

2. "用户名"选项组

Revit 首次在工作站中运行时,使用 Windows 登录名作为默认用户名。在以后的设计中可以修改和保存用户名。如果需要使用其他用户名,以便在某个用户不可用时放弃该用户的图元,可先注销 Autodesk 账户,然后在"用户名"字段中输入另一个用户的 Autodesk 用户名。

3. "日志文件清理"选项组

日志文件是记录 Revit 任务中每个步骤的文本文档。这些文件主要用于软件支持进程。要检测问题或重新创建丢失的步骤或文件时，可运行日志。设置要保留的日志文件数量以及要保留的天数后，系统会自动进行清理，并始终保留设定数量的日志文件，后面产生的新日志会自动覆盖前面的日志文件。

4. "工作共享更新频率"选项组

工作共享是一种设计方法，此方法允许多名团队成员同时处理同一项目模型，通过拖动对话框中的滑块来设置工作共享的更新频率。

5. "视图选项"选项组

对于不存在默认视图样板，或存在视图样板但未指定视图规程的视图，指定其默认规程。系统提供了6 种视图样板，如图 1-41 所示。

图 1-41 视图规程

1.5.2 "用户界面"设置

"用户界面"选项卡用来设置用户界面，包括功能区的设置、活动主题、快捷键的设置和选项卡的切换等，如图 1-42 所示。

图 1-42 "用户界面"选项卡

1."配置"选项组

☑ **工具和分析**：可以通过选中或清除"工具和分析"列表框中的复选框，控制用户界面功能区中选项卡的显示和关闭。例如：取消选中"'建筑'选项卡和工具"复选框，单击"确定"按钮后，功能区中"建筑"选项卡不再显示，如图1-43所示。

原始

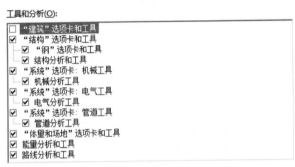

取消选中"'建筑'选项卡和工具"复选框

不显示"建筑"选项卡

图1-43　选项卡的关闭

☑ **快捷键**：用于设置命令的快捷键。单击"自定义"按钮，打开"快捷键"对话框，如图1-44所示。设置快捷键的方法：搜索要设置快捷键的命令或者在列表中选择要设置快捷键的命令，然后在"按新键"文本框中输入快捷键，单击"指定"按钮 ![指定(A)]，添加快捷键。

☑ **双击选项**：指定用于进入族、绘制的图元、部件、组等类型的编辑模式的双击动作。单击"自定义"按钮，打开如图1-45所示的"自定义双击设置"对话框，选择图元类型，然后在对应的双击栏中单击，右侧会出现下拉箭头，单击下拉箭头，在打开的下拉列表框中选择对应的双击操作，单击"确定"按钮，完成双击设置。

☑ **工具提示助理**：工具提示提供有关用户界面中某个工具或绘图区域中某个项目的信息，或者在工具使用过程中提供下一步操作的说明。将光标停留在功能区的某个工具之上时，默认情况下，Revit会显示工具提示。工具提示提供该工具的简要说明。如果光标在该功能区工具上再停留片刻，则会显示附加的信息（如果有），如图1-46所示。系统提供了无、最小、标准和高四种类型。

- **无**：关闭功能区工具提示和画布中工具提示，使它们不再显示。

Note

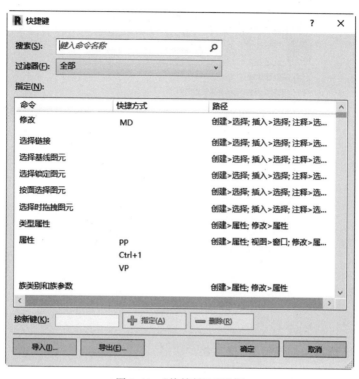

图 1-44 "快捷键"对话框

图 1-45 "自定义双击设置"对话框

- 最小：只显示简要的说明，而隐藏其他信息。
- 标准：为默认选项。当光标移动到工具上时，显示简要的说明，如果光标再停留片刻，则接着显示更多信息。
- 高：同时显示有关工具的简要说明和更多信息（如果有），没有时间延迟。

☑ 在家时启用最近使用的文件列表：在启动 Revit 时显示"最近使用的文件"页面。该页面列出用户最近处理过的项目和族的列表，还提供对联机帮助和视频的访问。

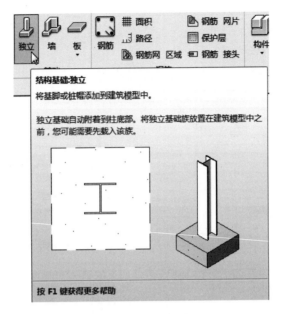

图 1-46　工具提示

2．"功能区选项卡切换行为"选项组

该选项组用来设置上下文选项卡在功能区中的行为。

☑ 清除选择或退出后：在项目环境或族编辑器中指定所需的行为。列表中包括"返回到上一个选项卡"和"停留在'修改'选项卡"选项。

- 返回到上一个选项卡：在取消选择图元或者退出工具之后，Revit 显示上一次出现的功能区选项卡。
- 停留在"修改"选项卡：在取消选择图元或者退出工具之后，仍保留在"修改"选项卡上。

☑ 选择时显示上下文选项卡：选中此复选框，当激活某些工具或者编辑图元时会自动增加并切换到"修改|××"选项卡，如图 1-47 所示。其中包含一组只与该工具或图元的上下文相关的工具。

图 1-47　"修改|××"选项卡

3．"视觉体验"选项组

☑ 活动主题：用于设置 Revit 用户界面的视觉效果，包括亮和暗两种，如图 1-48 所示。

☑ 使用硬件图形加速（若有）：通过使用可用的硬件，提高了渲染 Revit 用户界面时的性能。

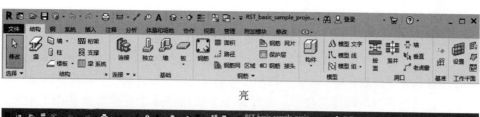

亮

暗

图 1-48　活动主题

1.5.3　"图形"设置

"图形"选项卡主要用于控制图形和文字在绘图区域中的显示,如图 1-49 所示。

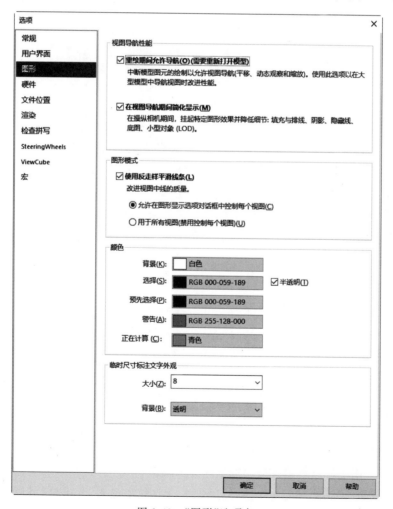

图 1-49　"图形"选项卡

1."视图导航性能"选项组

（1）重绘期间允许导航：可以在二维或三维视图中导航模型（平移、缩放和动态观察视图），而无须在每一步等待软件完成图元绘制。软件会中断视图中模型图元的绘制，从而可以更快和更平滑地导航。在大型模型中导航视图时使用该选项可以改进性能。

（2）在视图导航期间简化显示：通过减少显示的细节量并暂停某些图形效果，提供了导航视图（平移、动态观察和缩放）时的性能。

2."图形模式"选项组

选中"使用反走样平滑线条"复选框，提高视图中的线条质量，使边显示得更平滑。在全局范围内应用此设置以影响所有的视图，或根据需要将其应用于个别视图。

3."颜色"选项组

☑ 背景：更改绘图区域中背景和图元的颜色。单击"颜色"按钮，打开如图 1-50 所示的"颜色"对话框，指定新的背景颜色。系统会自动根据背景色调整图元颜色，比如较暗的颜色将导致图元显示为白色，如图 1-51 所示。

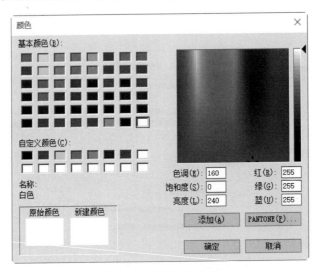

图 1-50　"颜色"对话框

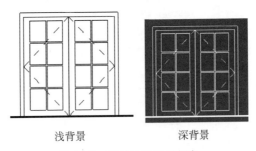

浅背景　　　　深背景

图 1-51　背景色和图元颜色

☑ 选择：用于显示绘图区域中选定图元的颜色，如图 1-52 所示。单击颜色按钮可在"颜色"对话框中指定新的选择颜色。选中"半透明"复选框，可以查看选定图元下面的图元。

☑ 预先选择：设置在将光标移动到绘图区域中的图元时,用于高亮显示的图元的
颜色,如图 1-53 所示。单击颜色按钮可在"颜色"对话框中指定高亮显示颜色。

☑ 警告：设置在出现警告或错误时选择的用于显示图元的颜色,如图 1-54 所示。
单击颜色按钮可在"颜色"对话框中指定新的警告颜色。

图 1-52 选择图元

图 1-53 高亮显示

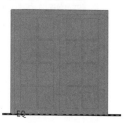

图 1-54 警告颜色

4. "临时尺寸标注文字外观"选项组

☑ 大小：用于设置临时尺寸标注中文字的字体大小,如图 1-55 所示。

☑ 背景：用于指定临时尺寸标注中的文字背景为透明或不透明,如图 1-56 所示。

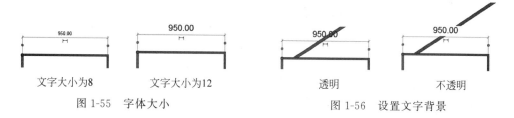

文字大小为8　　　　文字大小为12　　　　　　透明　　　　　　　　不透明

图 1-55 字体大小　　　　　　　　　　图 1-56 设置文字背景

1.5.4 "硬件"设置

"硬件"选项卡用来设置硬件加速,如图 1-57 所示。

☑ 使用硬件加速：选中此复选框,Revit 会使用系统的图形卡来渲染模型的视图。

☑ 仅绘制可见图元：仅生成和绘制每个视图中可见的图元(也称为阻挡消隐)。
Revit 不会尝试渲染在导航时视图中隐藏的任何图元,例如墙后的楼梯,从而提
高性能。

1.5.5 "文件位置"设置

"文件位置"选项卡用来设置 Revit 文件和目录的路径,如图 1-58 所示。

☑ 项目模板：指定在创建新模型时要在"最近使用的文件"窗口和"新建项目"对话
框中列出的样板文件。

☑ 用户文件默认路径：指定 Revit 保存当前文件的默认路径。

☑ 族样板文件默认路径：指定样板和库的路径。

☑ 点云根路径：指定点云文件的根路径。

☑ 放置：添加公司专用的第二个库。单击"放置"按钮,打开如图 1-59 所示的"放
置"对话框,添加或删除库路径。

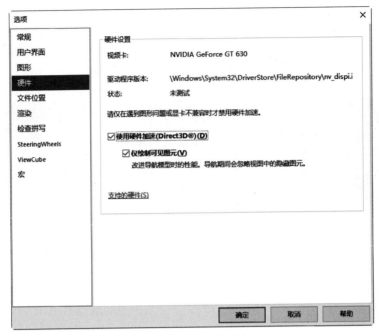

图 1-57 "硬件"选项卡

图 1-58 "文件位置"选项卡

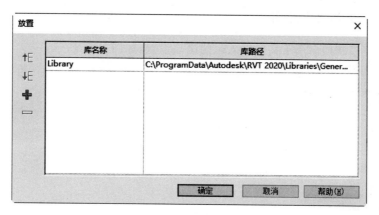

图 1-59　"放置"对话框

1.5.6　"渲染"设置

　　"渲染"选项卡提供有关在渲染三维模型时如何访问要使用的图像的信息,如图 1-60 所示。在此选项卡中可以指定用于渲染外观的文件路径以及贴花的文件路径。单击"添加值"按钮 ✚,输入路径,或单击路径上的 □ 按钮,打开"浏览器文件夹"对话框设置路径。选择列表中的路径,单击"删除值"按钮 ━,删除路径。

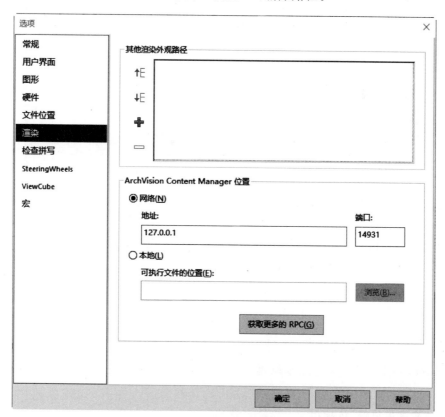

图 1-60　"渲染"选项卡

1.5.7 "检查拼写"设置

"检查拼写"选项卡用于文字输入时的语法设置,如图 1-61 所示。

图 1-61 "检查拼写"选项卡

☑ 设置:选中或取消选中相应的复选框,以指示拼写检查工具是否应忽略特定单词或查找重复单词。

☑ 恢复默认值:单击此按钮,恢复到安装软件时的默认设置。

☑ 主字典:在列表中选择所需的字典。

☑ 其他词典:指定要用于定义拼写检查工具可能会忽略的自定义单词和建筑行业术语的词典文件的位置。

1.5.8 "SteeringWheels"设置

"SteeringWheels"选项卡用来设置 SteeringWheels 视图导航工具的选项,如图 1-62 所示。

1."文字可见性"选项组

☑ 显示工具消息:显示或隐藏工具消息,如图 1-63 所示。不管该设置如何,对于

图 1-62　"SteeringWheels"选项卡

基本控制盘工具消息始终显示。

☑ 显示工具提示：显示或隐藏工具提示，如图 1-64 所示。

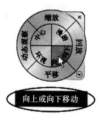

图 1-63　显示工具消息　　　　　　　　　图 1-64　显示工具提示

☑ 显示工具光标文字：工具处于活动状态时显示或隐藏光标文字。

2. "大控制盘外观"/"小控制盘外观"选项组

☑ 尺寸：用来设置大/小控制盘的大小，包括大、中、小三种尺寸。

☑ 不透明度：用来设置大/小控制盘的不透明度，可以在其下拉列表中选择不透明
度值。

3. "环视工具行为"选项组

反转垂直轴：反转环视工具的向上向下查找操作。

4．"漫游工具"选项组

☑ 将平行移动到地平面：使用"漫游"工具漫游模型时，选中此复选框可将移动角度约束到地平面。取消此复选框的选中，漫游角度将不受约束，将沿查看的方向"飞行"，可沿任何方向或角度在模型中漫游。

☑ 速度系数：使用"漫游"工具漫游模型或在模型中"飞行"时，可以控制移动速度。移动速度由光标从"中心圆"图标移动的距离控制。拖动滑块调整速度因子，也可以直接在文本框中输入。

5．"缩放工具"选项组

☑ 单击一次鼠标放大一个增量：允许通过单次单击缩放视图。

6．"动态观察工具"选项组

☑ 保持场景正立：使视图的边垂直于地平面。取消此复选框的选中，可以按360°旋转动态观察模型，此功能在编辑一个族时很有用。

1.5.9 "ViewCube"设置

"ViewCube"选项卡用于设置 ViewCube 导航工具的选项，如图 1-65 所示。

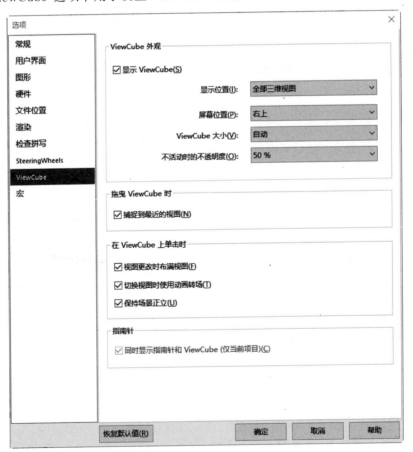

图 1-65 "ViewCube"选项卡

1. "ViewCube 外观"选项组

☑ 显示 ViewCube：在三维视图中显示或隐藏 ViewCube。

☑ 显示位置：指定在全部三维视图或仅活动视图中显示 ViewCube。

☑ 屏幕位置：指定 ViewCube 在绘图区域中的位置，如右上、右下、左下和左上。

☑ ViewCube 大小：指定 ViewCube 的大小，包括自动、微型、小、中、大。

☑ 不活动时的不透明度：指定未使用 ViewCube 时它的不透明度。如果选择了 0%时，需要将光标移动至 ViewCube 位置上方，否则 ViewCube 不会显示在绘图区域中。

2. "拖曳 ViewCube 时"选项组

☑ 捕捉到最近的视图：选中此复选框，将捕捉到最近的 ViewCube 的视图方向。

3. "在 ViewCube 上单击时"选项组

☑ 视图更改时布满视图：选中此复选框后，在绘图区中选择了图元或构件，并在 ViewCube 上单击，则视图将相应地进行旋转，并进行缩放以匹配绘图区域中的该图元。

☑ 切换视图时使用动画转场：选中此复选框，切换视图方向时显示动画操作。

☑ 保持场景正立：使 ViewCube 和视图的边垂直于地平面。取消此复选框的选中，可以按 360°动态观察模型。

4. "指南针"选项组

☑ 同时显示指南针和 ViewCube：选中此复选框，在显示 ViewCube 的同时显示指南针。

1.5.10 "宏"设置

"宏"选项卡定义用于创建自动化重复任务的宏的安全性设置，如图 1-66 所示。

图 1-66　"宏"选项卡

Note

1. "应用程序宏安全性设置"选项组

☑ 启用应用程序宏：选择此选项，打开应用程序宏。

☑ 禁用应用程序宏：选择此选项，关闭应用程序宏，然而仍然可以查看、编辑和构建代码，但是修改后不会改变当前模块状态。

2. "文档宏安全性设置"选项组

☑ 启用文档宏前询问：系统默认选择此选项，如果在打开 Revit 项目时存在宏，系统会提示启用宏，用户可以选择在检测到宏时启用宏。

☑ 禁用文档宏：在打开项目时关闭文档级宏，然而仍然可以查看、编辑和构建代码，但是修改后不会改变当前模块状态。

☑ 启用文档宏：打开文档宏。

第2章

基本绘图工具

Revit 提供了丰富的绘图工具,如模型线的绘制工具以及图元的编辑工具等,借助这些工具,用户可轻松、方便、快捷地绘制图形。

2.1 模 型 线

模型线是基于工作平面的图元,存在于三维空间且在所有视图中都可见。模型线可以绘制成直线或曲线,可以单独绘制、链状绘制或者以矩形、圆形、椭圆形或其他多边形的形状进行绘制。

单击"建筑"选项卡"模型"面板上的"模型线"按钮 $\mathbb{R}$,打开"修改|放置 线"选项卡,其中"绘制"面板和"线样式"面板中包含了所有用于绘制模型线的绘图工具与线样式设置,如图 2-1 所示。

图 2-1 "绘制"面板和"线样式"面板

1. 直线

(1) 单击"修改|放置 线"选项卡"绘制"面板上的"直线"按钮 ,鼠标指针变成

形,并在功能区的下方显示选项栏,如图 2-2 所示。

图 2-2　选项栏

☑ 放置平面:显示当前的工作平面,可以从列表中选择标高或拾取新工作平面为
工作平面。

☑ 链:选中此复选框,绘制连续线段。

☑ 偏移:在文本框中输入偏移值,绘制的直线根据输入的偏移值自动偏移轨迹线。

☑ 半径:选中此复选框,并输入半径值。绘制的直线之间会根据半径值自动生成
圆角。要使用此选项,必须先选中"链"复选框绘制连续曲线才能绘制圆角。

(2) 在视图中适当位置单击确定直线的起点,拖动鼠标,动态显示直线的大小参
数,如图 2-3 所示,再次单击确定直线的终点。

(3) 可以直接输入直线的参数,按 Enter 键确认,如图 2-4 所示。

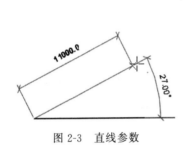

图 2-3　直线参数

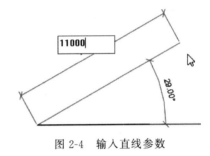

图 2-4　输入直线参数

2. 矩形

根据起点和角点绘制矩形。

(1) 单击"修改|放置 线"选项卡"绘制"面板上的"矩形"按钮 ▭ ,在视图中适当位
置单击,确定矩形的起点。

(2) 拖动鼠标,动态显示矩形的大小,单击确定矩形的角点,
也可以直接输入矩形的尺寸值。

(3) 在选项栏中选中"半径"复选框,输入半径值,绘制带圆角
的矩形,如图 2-5 所示。

图 2-5　带圆角矩形

3. 多边形

1) 内接多边形

对于圆的内接多边形,圆的半径是圆心到多边形边之间顶点的距离。

(1) 单击"修改|放置 线"选项卡"绘制"面板上的"内接多边形"按钮 ⬡ ,打开选项
栏,如图 2-6 所示。

(2) 在选项栏中输入边数、偏移值以及半径等参数。

图 2-6　多边形选项栏

（3）在绘图区域内单击以指定多边形的圆心。

（4）移动光标并单击确定圆心到多边形边之间顶点的距离，完成内接多边形的绘制。

2）外接多边形

下面绘制一个各边与中心相距某个特定距离的多边形。

（1）单击"修改|放置 线"选项卡"绘制"面板上的"外接多边形"按钮，打开选项栏，如图 2-6 所示。

（2）在选项栏中输入边数、偏移值以及半径等参数。

（3）在绘图区域内单击以指定多边形的圆心。

（4）移动光标并单击确定圆心到多边形边的垂直距离，完成外接多边形的绘制。

4．圆

通过指定圆形的中心点和半径来绘制圆形。

（1）单击"修改|放置 线"选项卡"绘制"面板上的"圆"按钮，打开选项栏，如图 2-7 所示。

图 2-7　圆选项栏

（2）在绘图区域中单击确定圆的圆心。

（3）在选项栏中输入半径，仅需要单击一次就可将圆形放置在绘图区域。

（4）如果在选项栏中没有确定半径，可以拖动鼠标调整圆的半径，再次单击确认半径，完成圆的绘制。

5．圆弧

Revit 提供了四种用于绘制弧的选项。

（1）起点-终点-半径弧：通过指定起点、端点和半径绘制圆弧。

（2）圆心-端点弧：通过指定圆心、起点和端点绘制圆弧。此方法不能绘制角度大于 180°的圆弧。

（3）相切-端点弧：从现有墙或线的端点创建相切弧。

（4）圆角弧：绘制两相交直线间的圆角。

6．椭圆和椭圆弧

（1）椭圆：通过中心点、长半轴和短半轴来绘制椭圆。

（2）半椭圆：通过长半轴和短半轴来控制半椭圆的大小。

7．样条曲线

下面绘制一条经过或靠近指定点的平滑曲线。

（1）单击"修改|放置 线"选项卡"绘制"面板上的"样条曲线"按钮，打开选项栏。

（2）在绘图区域中单击指定样条曲线的起点。

（3）移动光标单击，指定样条曲线上的下一个控制点，根据需要指定控制点。

用一条样条曲线无法创建单一闭合环，但是，可以使用第二条样条曲线来使曲线闭合。

2.2 模型文字

模型文字是基于工作平面的三维图元,可用于建筑或墙上的标志或字母。对于能以三维方式显示的族(如墙、门、窗和家具族),用户可以在项目视图和族编辑器中添加模型文字。模型文字不可用于只能以二维方式表示的族,如注释、详图构件和轮廓族。

在添加模型文字之前首先应设置要在其中显示文字的工作平面。

1.创建模型文字

具体步骤如下:

(1)单击"建筑"选项卡"模型"面板中的"模型文字"按钮🅰,打开"编辑文字"对话框,输入 Revit 2020,如图 2-8 所示。单击"确定"按钮。

图 2-8 "编辑文字"对话框

(2)拖曳模型文字,将其放置在适当的位置,如图 2-9 所示。
(3)将文字放置在适当位置后单击,创建的模型文字如图 2-10 所示。

图 2-9 放置文字

图 2-10 模型文字

2.编辑模型文字

具体步骤如下:

(1)选中图 2-10 中的文字,在"属性"选项板中更改文字深度为 500,单击"应用"按钮,更改文字深度,如图 2-11 所示。

- ☑ 工作平面:表示用于放置文字的工作平面。
- ☑ 文字:单击此文本框中的"编辑"按钮▦,打开"编辑文字"对话框,更改文字。
- ☑ 水平对齐:指定存在多行文字时文字的对齐方式,各行之间相互对齐。
- ☑ 材质:单击▦按钮,打开"材质浏览器"对话框,指定模型文字的材质。

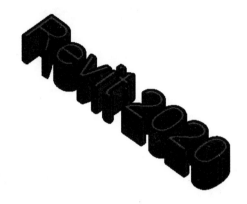

图 2-11　更改文字深度

☑ 深度：输入文字的深度。

☑ 图像：指定某一图像作为文字标识。

☑ 注释：对有关文字的特定注释。

☑ 标记：指定某一类别模型文字的标记，如果将此标记修改为其他模型文字已使用的标记，则 Revit 将发出警告，但仍允许使用此标记。

☑ 子类别：显示默认类别或从下拉列表框中选择子类别。定义子类别的对象样式时，可以定义其颜色、线宽以及其他属性。

（2）单击属性选项板中的"编辑类型"按钮 编辑类型，打开如图 2-12 所示的"类型

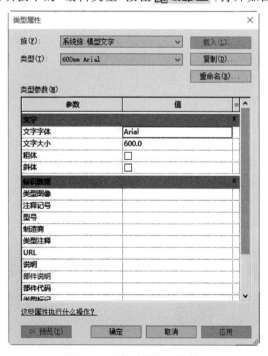

图 2-12　"类型属性"对话框

属性"对话框,单击"复制"按钮,打开"名称"对话框,输入名称为"1000mm 宋体",如图 2-13 所示。单击"确定"按钮,返回到"类型属性"对话框,在"文字字体"下拉列表框中选择"仿宋",更改文字大小为1000,如图 2-14 所示。单击"确定"按钮,完成文字字体和大小的更改,如图 2-15 所示。

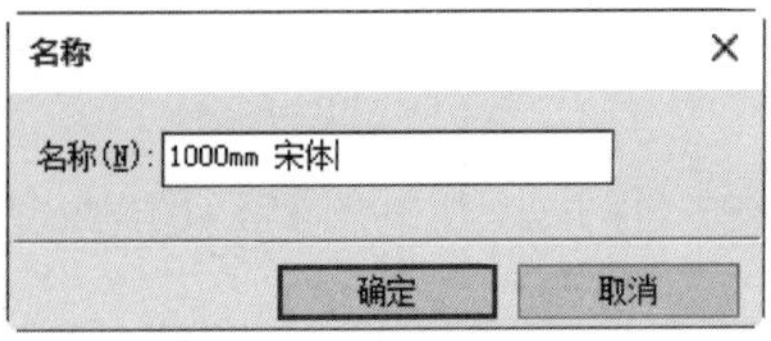

图 2-13 输入新名称

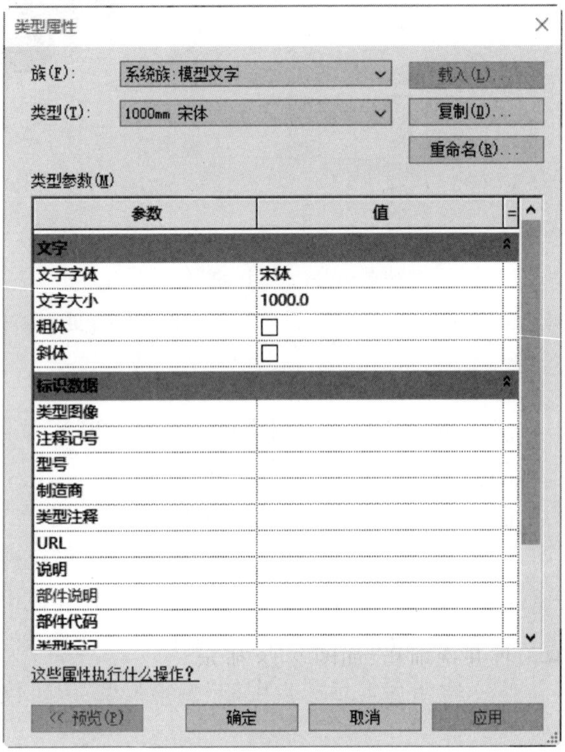

图 2-14 文字属性

☑ 文字字体:设置模型文字的字体。

☑ 文字大小:设置文字大小。

☑ 粗体:将字体设置为粗体。

☑ 斜体:将字体设置为斜体。

(3)选中文字后,按住鼠标左键拖动,如图 2-16 所示,将其拖动到适当位置释放鼠标,完成文字的移动。

图 2-15 更改字体和大小

图 2-16 拖动文字

2.3 编 辑 图 元

Revit 提供了图元的修改和编辑工具,主要集中在"修改"选项卡中,如图 2-17 所示。

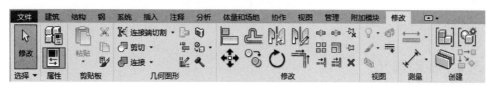

图 2-17 "修改"选项卡

当选择要修改的图元后,会打开"修改|××"选项卡。选择的图元不同,打开的"修改|××"选项卡也会有所不同,但是"修改"面板中的操作工具是相同的。

2.3.1 对齐图元

可以将一个或多个图元与选定图元对齐。此工具通常用于对齐墙、梁和线,但也可以用于其他类型的图元。可以对齐同一类型的图元,也可以对齐不同族的图元。可以在平面视图(二维)、三维视图或立面视图中对齐图元。

具体步骤如下:

(1) 单击"修改"选项卡"修改"面板中的"对齐"按钮
,打开选项栏,如图 2-18 所示。

图 2-18 对齐选项栏

☑ 多重对齐:选中此复选框,将多个图元与所选图元对齐。也可以按住 Ctrl 键,同时选择多个图元进行对齐。

☑ 首选:指明将如何对齐所选墙,包括参照墙面、参照墙中心线、参照核心层表面和参照核心层中心。

(2) 选择要与其他图元对齐的图元,如图 2-19 所示。

(3) 选择要与参照图元对齐的一个或多个图元,如图 2-20 所示。在选择之前,将鼠标指针在图元上移动,直到高亮显示要与参照图元对齐的图元部分时为止,然后单击该图元,对齐图元,如图 2-21 所示。

图 2-19 选取要对齐的图元   图 2-20 选取参照图元

(4) 如果希望选定图元与参照图元保持对齐状态,可单击锁定标记来锁定对齐,当修改具有对齐关系的图元时,系统会自动修改与之对齐的其他图元,如图 2-22 所示。

📞 **注意**:要启动新对齐,按 Esc 键一次;要退出对齐工具,按 Esc 键两次。

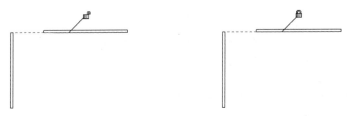

图 2-21　对齐图元　　　　　　　图 2-22　锁定对齐

2.3.2　移动图元

可以将选定的图元移动到新的位置。

具体步骤如下：

（1）选择要移动的图元，如图 2-23 所示。

（2）单击"修改"选项卡"修改"面板中的"移动"按钮✛，打开选项栏，如图 2-24 所示。

图 2-23　选择图元　　　　　　　图 2-24　移动选项栏

☑ 约束：选中此复选框，限制图元沿着与其垂直或共线的矢量方向的移动。

☑ 分开：选中此复选框，可在移动前中断所选图元和其他图元之间的关联。也可以将依赖于主体的图元从当前主体移动到新的主体上。

（3）单击图元上的点作为移动的起点，如图 2-25 所示。

（4）拖动鼠标移动图元到适当位置，如图 2-26 所示。

（5）单击完成移动操作，如图 2-27 所示。如果要更精准地移动图元，在移动过程中输入要移动的距离即可。

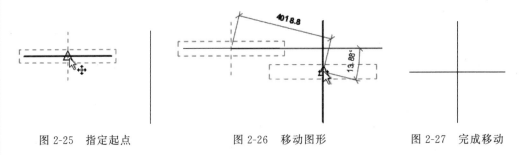

图 2-25　指定起点　　　　　图 2-26　移动图形　　　　　图 2-27　完成移动

2.3.3　复制图元

可以复制一个或多个选定图元，并可随即在图纸中放置这些副本。

具体步骤如下：

（1）选择要复制的图元，如图 2-28 所示。

（2）单击"修改"选项卡"修改"面板中的"复制"按钮 ，打开选项栏，如图 2-29 所示。

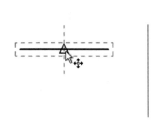

| 修改 | 墙 | □ 约束 | □ 分开 | □ 多个 |

图 2-28　选择图元　　　　　　图 2-29　移动选项栏

☑ 约束：选中此复选框，限制图元沿着与其垂直或共线的矢量方向的复制。

☑ 多个：选中此复选框，复制多个副本。

（3）单击图元上的点作为复制的起点，如图 2-30 所示。

（4）移动鼠标复制图元到适当位置，如图 2-31 所示。

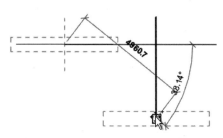

图 2-30　指定起点　　　　　　图 2-31　复制图形

（5）如果选中"多个"复选框，则继续放置更多的图元，如图 2-32 所示。

（6）单击完成移动操作，如图 2-33 所示。如果要更精准地移动图元，在移动过程中输入要移动的距离即可。

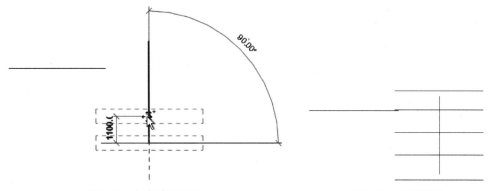

图 2-32　复制多个图元　　　　　　图 2-33　完成复制

2.3.4　旋转图元

可以绕轴旋转选定的图元。在楼层平面视图、天花板投影平面视图、立面视图和剖面视图中，图元会围绕垂直于这些视图的轴进行旋转。并不是所有图元均可以围绕任何轴旋转。例如,墙不能在立面视图中旋转,窗不能在没有墙的情况下旋转。

具体步骤如下:

(1) 选择要旋转的图元,如图 2-34 所示。

(2) 单击"修改"选项卡"修改"面板中的"旋转"按钮 ⟳,打开选项栏,如图 2-35 所示。

图 2-34　选择图元　　　　　　　　　　　图 2-35　旋转选项栏

☑ 分开:选中此复选框,可在旋转前中断所选图元和其他图元之间的关联。

☑ 复制:选中此复选框,可旋转所选图元的副本,而在原来位置上保留原始对象。

☑ 角度:输入旋转角度,系统会根据指定的角度执行旋转。

☑ 旋转中心:默认的旋转中心是图元中心,可以单击"地点"按钮 地点 ,指定新的旋转中心。

(3) 单击以指定旋转的开始位置放射线,如图 2-36 所示。此时显示的线即表示第一条放射线。如果在指定第一条放射线时利用光标进行捕捉,则捕捉线将随预览框一起旋转,并在放置第二条放射线时捕捉屏幕上的角度。

(4) 移动鼠标旋转图元到适当位置,如图 2-37 所示。

(5) 单击完成旋转操作,如图 2-38 所示。如果要更精准地旋转图元,在旋转过程中输入要旋转的角度即可。

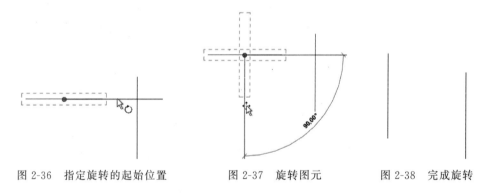

图 2-36　指定旋转的起始位置　　　　图 2-37　旋转图元　　　　图 2-38　完成旋转

2.3.5　偏移图元

可以将选定的图元,如线、墙或梁复制移动到其指定距离处。可以对单个图元或属于相同族的图元或链应用偏移工具。可以通过拖曳选定图元或输入值来指定偏移距离。

偏移工具的使用具有以下限制条件。

(1) 只能在线、梁和支撑的工作平面中偏移它们。

(2) 不能对创建为内建族的墙进行偏移。

（3）不能在与图元的移动平面相垂直的视图中偏移这些图元，如不能在立面图中偏移墙。

具体步骤如下：

（1）单击"修改"选项卡"修改"面板中的"偏移"按钮 ，打开选项栏，如图 2-39 所示。

图 2-39　偏移选项栏

☑ 图形方式：选择此选项，将选定图元拖曳到所需位置。

☑ 数值方式：选择此选项，在"偏移"文本框中输入偏移距离值，距离值为正数。

☑ 复制：选中此复选框，偏移所选图元的副本，而在原来位置上保留原始对象。

（2）在选项栏中选择偏移距离的方式。

（3）选择要偏移的图元或链，如果选择"数值方式"选项指定了偏移距离，则将在放置光标的一侧在离高亮显示图元该距离的地方显示一条预览线，如图 2-40 所示。

左侧　　　　　　　　　右侧

图 2-40　偏移方向

（4）根据需要移动光标，以便在所需偏移位置显示预览线，然后单击，将图元或链移动到该位置，或在那里放置一个副本。

（5）如果选择"图形方式"选项，则单击以选择高亮显示的图元，然后将其拖曳到所需距离并再次单击。开始拖曳后，将显示一个关联尺寸标注，可以输入特定的偏移距离。

2.3.6　镜像图元

Revit 可以移动或复制所选图元，并将其位置反转到所选轴线的对面。

1. 镜像-拾取轴

可以通过已有轴来镜像图元。

具体步骤如下：

（1）选择要镜像的图元，如图 2-41 所示。

（2）单击"修改"选项卡"修改"面板中的"镜像-拾取轴"按钮 ，打开选项栏，如图 2-42 所示。

☑ 复制：选中此复选框，镜像所选图元的副本。而在原来位置上保留原始对象。

（3）选择代表镜像轴的线，如图 2-43 所示。

（4）单击完成镜像操作，如图 2-44 所示。

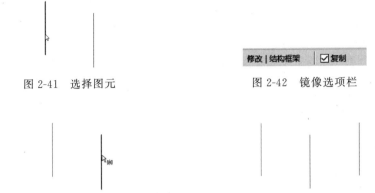

图 2-41　选择图元　　　　　　　　　图 2-42　镜像选项栏

图 2-43　选取镜像轴线　　　　　　　图 2-44　镜像图元

2．镜像-绘制轴

可以绘制一条临时镜像轴线来镜像图元。

具体步骤如下：

（1）选择要镜像的图元，如图 2-45 所示。

（2）单击"修改"选项卡"修改"面板中的"镜像-拾取轴"按钮，打开选项栏。

（3）绘制一条临时镜像轴线，如图 2-46 所示。

（4）单击完成镜像操作，如图 2-47 所示。

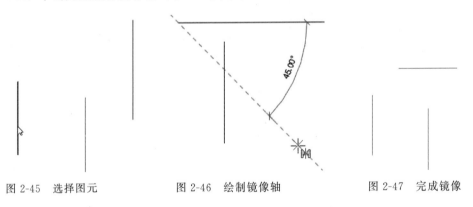

图 2-45　选择图元　　　　图 2-46　绘制镜像轴　　　　图 2-47　完成镜像

2.3.7　阵列图元

使用阵列工具可以创建一个或多个图元的多个实例，并同时对这些实例进行操作。

1．线性阵列

可以指定阵列中的图元之间的距离。

具体步骤如下：

（1）单击"修改"选项卡"修改"面板中的"阵列"按钮，选择要阵列的图元，按 Enter 键，打开选项栏，单击"线性"按钮，如图 2-48 所示。

☑ 成组并关联：选中此复选框，将阵列的每个成员包括在一个组中。如果未选中

| 激活尺寸标注 | | ☑成组并关联 | 项目数: 2 | 移动到:◉第二个 ○最后一个 | □约束 |

图 2-48　线性阵列选项栏

此复选框,则阵列后每个副本都独立于其他副本。

☑ 项目数:指定阵列中所有选定图元的副本总数。

☑ 移动到:指定成员之间间距的控制方法。

☑ 第二个:指定阵列每个成员之间的距离,如图 2-49 所示。

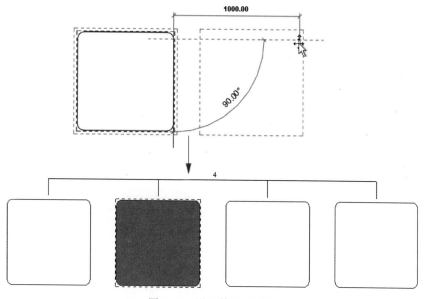

图 2-49　设置第二个成员

☑ 最后一个:指定阵列中第一个成员到最后一个成员之间的间距。阵列成员会在第一个成员和最后一个成员之间以相等间距分布,如图 2-50 所示。

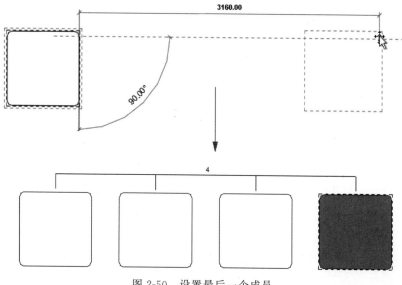

图 2-50　设置最后一个成员

> □ 约束：选中此复选框，用于限制阵列成员沿着与所选的图元垂直或共线的矢量方向移动。
>
> □ 激活尺寸标注：单击此按钮，可以显示并激活要阵列图元的定位尺寸。

（2）在绘图区域中单击以指明测量的起点。

（3）移动光标显示第二个成员尺寸或最后一个成员尺寸，单击确定间距尺寸，或直接输入尺寸值。

（4）在选项栏中输入副本数，也可以直接修改图形中的副本数字，完成阵列。

2. 半径阵列

可以绘制圆弧并指定阵列中要显示的图元数量。

具体步骤如下：

（1）单击"修改"选项卡"修改"面板中的"阵列"按钮 ，选择要阵列的图元，按 Enter 键，打开选项栏，单击"半径"按钮 ，如图 2-51 所示。

图 2-51　半径阵列选项栏

> □ 角度：在此文本框中输入总的径向阵列角度，最大为 360°。
>
> □ 旋转中心：设定径向旋转中心点。

（2）系统默认旋转中心点为图元的中心，如果需要设置旋转中心点，则单击"地点"按钮，在适当的位置单击指定旋转直线，如图 2-52 所示。

图 2-52　指定旋转中心

（3）将光标移动到半径阵列的弧形开始的位置，如图 2-53 所示。在大部分情况下，都需要将旋转中心控制点从所选图元的中心移走或重新定位。

（4）在选项栏中输入旋转角度为 360°，也可以指定第一条旋转放射线后移动光标放置第二条旋转放射线来确定旋转角度。

（5）在视图中输入项目副本数为 6，如图 2-54 所示。也可以直接在选项栏中输入项目数，按 Enter 键确认，结果如图 2-55 所示。

图 2-53　半径阵列的开始位置　　　图 2-54　输入项目数　　　图 2-55　半径阵列

Note

2.3.8 缩放图元

缩放工具适用于线、墙、图像、链接的 DWG 和 DXF 导入、参照平面等。可以通过图形方式或输入比例系数来调整图元的尺寸和比例。

缩放图元大小时，需要注意以下事项。

（1）无法调整已锁定的图元。需要先解锁图元，然后才能调整其尺寸。

（2）调整图元尺寸时，需要定义一个原点，图元将相对于该固定点均匀地改变大小。

（3）所有选定图元都必须位于平行平面中。选择集中的所有墙必须都具有相同的底部标高。

（4）调整墙的尺寸时，插入对象（如门和窗）与墙的中点保持固定的距离。

（5）调整大小会改变尺寸标注的位置，但不改变尺寸标注的值。如果被调整的图元是尺寸标注的参照图元，则尺寸标注值会随之改变。

（6）链接符号和导入符号具有名为"实例比例"的只读实例参数，它表明实例大小与基准符号的差异程度。可以通过调整链接符号或导入符号来更改实例比例。

具体步骤如下：

（1）单击"修改"选项卡"修改"面板中的"缩放"按钮 ，选择要缩放的图元，如图 2-56 所示，打开选项栏，如图 2-57 所示。

图 2-56 选取图元　　　　　　　　　图 2-57 缩放选项栏

☑ 图形方式：选择此选项，Revit 通过确定两个矢量长度的比率来计算比例系数。

☑ 数值方式：选择此选项，在"比例"文本框中直接输入缩放比例系数，图元将按定义的比例系数调整大小。

（2）在选项栏中选择"数值方式"选项，输入缩放比例为 0.5，在图形中单击以确定原点，如图 2-58 所示。

（3）缩放后的结果如图 2-59 所示。

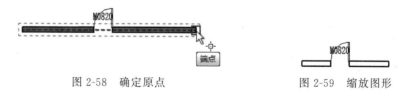

图 2-58 确定原点　　　　　　　　　图 2-59 缩放图形

（4）如果选择"图形方式"选项，则移动光标定义第一个矢量，单击设置长度，然后再次移动光标定义第二个矢量，系统将根据定义的两个矢量确定缩放比例。

2.3.9 修剪/延伸图元

可以修剪或延伸一个或多个图元至由相同的图元类型定义的边界；也可以延伸不平行的图元以形成角，或者在它们相交时对它们进行修剪以形成角。选择要修剪的图元时,光标位置指示要保留的图元部分。

1. 修剪/延伸为角

可以将两个所选图元修剪或延伸成一个角。

具体步骤如下:

(1)单击"修改"选项卡"修改"面板中的"修剪/延伸为角"按钮 ,选择要修剪/延伸的一个线或墙,单击要保留部分,如图 2-60 所示。

(2)选择要修剪/延伸的第二个线或墙,如图 2-61 所示。

(3)根据所选图元修剪/延伸为一个角,如图 2-62 所示。

图 2-60　选择第一个图元保留部分　　图 2-61　选择第二个图元　　图 2-62　修剪成角

2. 修剪/延伸单一图元

可以将一个图元修剪或延伸到其他图元定义的边界。

具体步骤如下:

(1)单击"修改"选项卡"修改"面板中的"修剪/延伸单个图元"按钮 ,选择要用作边界的参照,如图 2-63 所示。

(2)选择要修剪/延伸的图元,如图 2-64 所示。

(3)如果此图元与边界(或投影)交叉,则保留所单击的部分,而修剪边界另一侧的部分,如图 2-65 所示。

图 2-63　选取边界参照图元　　图 2-64　选取要延伸的图元　　图 2-65　延伸图元

3. 修剪/延伸多个图元

可以将多个图元修剪或延伸到其他图元定义的边界。

具体步骤如下:

(1)单击"修改"选项卡"修改"面板中的"修剪/延伸单个图元"按钮 ,选择要用作边界的参照,如图 2-66 所示。

(2)单击以选择要修剪或延伸的每个图元,或者框选所有要修剪/延伸的图元,如图 2-67 所示。

注意:当从右向左绘制选择框时,图元不必包含在选中的框内;当从左向右绘制时,仅选中完全包含在框内的图元。

(3) 如果此图元与边界(或投影)交叉,则保留所单击的部分,而修剪边界另一侧的部分,如图 2-68 所示。

图 2-66　选取边界

图 2-67　选取延伸图元

图 2-68　延伸图元

2.3.10　拆分图元

利用"拆分"工具,可将图元拆分为两个单独的部分,可删除两个点之间的线段,也可在两面墙之间创建定义的间隙。

拆分工具有两种使用方法:拆分图元和用间隙拆分。

使用拆分工具可以拆分墙、线、栏杆护手(仅拆分图元)、柱(仅拆分图元)、梁(仅拆分图元)、支撑(仅拆分图元)等图元。

1. 拆分

可以在选定点剪切图元(例如墙或管道),或删除两点之间的线段。

具体步骤如下:

(1) 单击"修改"选项卡"修改"面板中的"拆分图元"

按钮 ，打开选项栏,如图 2-69 所示。

☑删除内部线段

图 2-69　拆分图元选项栏

☑ 删除内部线段:选中此复选框,Revit 会删除墙或线上所选点之间的线段。

(2) 在图元上要拆分的位置处单击,拆分图元,如图 2-70 所示。

(3) 如果选中"删除内部段"复选框,则单击确定另一个点,如图 2-71 所示,删除一条线段,如图 2-72 所示。

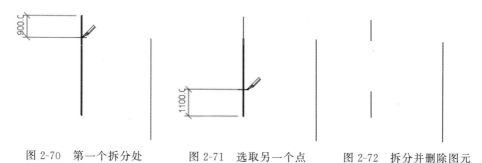

图 2-70　第一个拆分处　　　图 2-71　选取另一个点　　　图 2-72　拆分并删除图元

2. 用间隙拆分

可以将图元拆分成之间已定义间隙的两面单独的墙。

具体步骤如下:

（1）单击"修改"选项卡"修改"面板中的"用间隙拆分"按钮 ，打开选项栏，如图 2-73 所示。

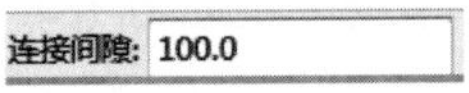

连接间隙: 100.0

图 2-73　用间隙拆分选项栏

（2）在选项栏中输入连接间隙值。

（3）在图元上要拆分的位置处单击，如图 2-74 所示。

（4）拆分图元，系统根据输入的间隙自动删除图元，如图 2-75 所示。

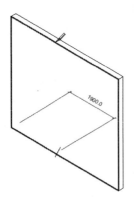

图 2-74　选取拆分位置

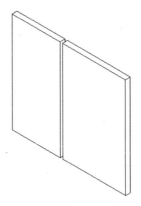

图 2-75　拆分图元

辅助工具

在进行建模的时候还需要借助一些辅助工具。Revit 提供了丰富的辅助工具,如工作平面、尺寸标注、视图显示以及出图等,借助这些工具,用户可轻松、方便、快捷地创建模型。

3.1　工作平面

工作平面是一个用作视图或绘制图元起始位置的虚拟二维表面。工作平面可以作为视图的原点,可以用来绘制图元,还可以用于放置基于工作平面的构件。

3.1.1　设置工作平面

每个视图都与工作平面相关联。在视图中设置工作平面时,工作平面会与该视图一起保存。

在某些视图(如平面视图、三维视图和绘图视图)以及族编辑器的视图中,工作平面是自动设置的。在其他视图(如立面视图和剖面视图)中,则必须设置工作平面。

单击"建筑"选项卡"工作平面"面板中的"设置"按钮 ▦,打开如图 3-1 所示的"工作平面"对话框,使用该对话框可以显示或更改视图的工作平面,也可以显示、设置、更改或取消关联基于图元的工作平面。

☑ 名称:从列表中选择一个可用的工作平面。此列表中包括标高、网格和已命名的参照平面。

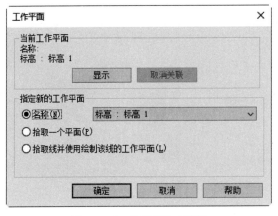

图 3-1 "工作平面"对话框

☑ 拾取一个平面：选择此选项，可以选择任何可以进行尺寸标注的平面为所需平面，包括墙面、链接模型中的面、拉伸面、标高、网格和参照平面，Revit 会创建与所选平面重合的平面。

☑ 拾取线并使用绘制该线的工作平面：Revit 会创建与选定线的工作平面共面的工作平面。

3.1.2 显示工作平面

可以在视图中显示或隐藏活动的工作平面，工作平面在视图中以网格显示。

单击"建筑"选项卡"工作平面"面板上的"显示工作平面"按钮，显示工作平面，如图 3-2 所示。再次单击"显示工作平面"按钮，隐藏工作平面。

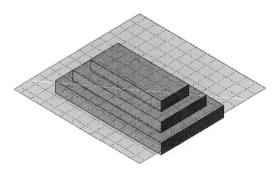

图 3-2 显示工作平面

3.1.3 编辑工作平面

可以修改工作平面的边界大小和网格大小。

（1）选取视图中的工作平面，拖动平面的边界控制点，改变其大小，如图 3-3 所示。

（2）在"属性"选项板中的工作平面网格间距中输入新的间距值，或者在选项栏中输入新的间距值，然后按 Enter 键或单击"应用"按钮，更改网格间距大小，如图 3-4 所示。

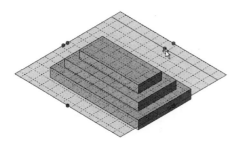
图 3-3　拖动更改大小

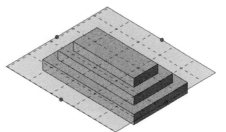
图 3-4　更改网格间距

3.1.4　工作平面查看器

使用工作平面查看器可以修改模型中基于工作平面的图元。工作平面查看器提供一个临时性的视图,不会保留在项目浏览器中。它对于编辑形状、放样和放样融合中的轮廓非常有用。

（1）单击快速访问工具栏中的"打开"按钮 📂,打开"放样.rfa"图形,如图 3-5 所示。

（2）单击"创建"选项卡"工作平面"面板上的"查看器"按钮 📷,打开"工作平面查看器"窗口,如图 3-6 所示。

图 3-5　打开图形

（3）根据需要编辑模型,如图 3-7 所示。

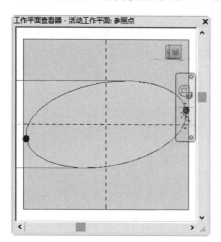
图 3-6　"工作平面查看器"窗口

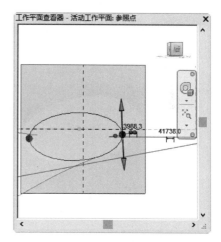
图 3-7　更改图形

（4）当在工作平面查看器中进行更改时,其他视图会实时更新,结果如图 3-8 所示。

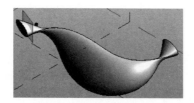
图 3-8　更改后的图形

3.2 尺 寸 标 注

尺寸标注,包括临时尺寸标注和永久性尺寸标注。可以将临时尺寸更改为永久性尺寸。

3.2.1 临时尺寸

临时尺寸是当放置图元、绘制图元或选择图元时在图形中显示的测量值。在完成动作或取消选择图元后,这些尺寸标注会消失。

单击"管理"选项卡"设置"面板"其他设置"下拉列表框中的"临时尺寸标注"按钮 ,打开"临时尺寸标注属性"对话框,如图 3-9 所示。

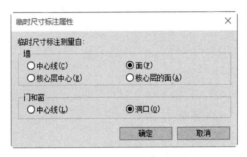

图 3-9 "临时尺寸标注属性"对话框

利用此对话框可以将临时尺寸标注设置为从墙中心线、墙面、核心层中心或核心层表面开始测量,还可以将门窗的临时尺寸标注设置为从中心线或洞口开始测量。

在绘制图元时,Revit 会显示图元的相关形状临时尺寸,如图 3-10 所示。放置图元后,Revit 会显示图元的形状和位置临时尺寸标注,如图 3-11 所示。当放置另一个图元时,前一个图元的临时尺寸标注将不再显示,但当再次选取图元时,Revit 会显示图元的形状和位置临时尺寸标注。

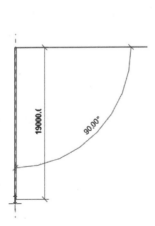

图 3-10 形状临时尺寸

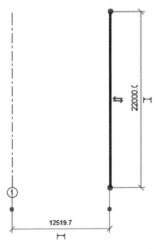

图 3-11 形状和位置临时尺寸

可以通过移动尺寸界线来修改临时尺寸标注,以参照所需图元,如图 3-12 所示。

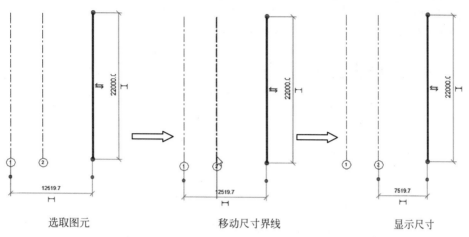

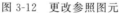

图 3-12　更改参照图元

双击临时尺寸上的值,打开尺寸值输入框,输入新的尺寸值,按 Enter 键确认,系统则根据尺寸值调整图元大小或位置,如图 3-13 所示。

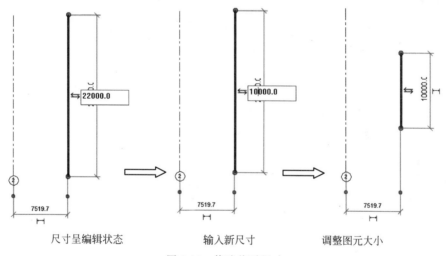

图 3-13　修改临时尺寸

单击临时尺寸附近出现的尺寸标注符号┠━┨,将临时尺寸标注转换为永久性尺寸标注,以便其始终显示在图形中,如图 3-14 所示。

如果在 Revit 中选择了多个图元,则不会显示临时尺寸标注和限制条件。想要显示临时尺寸,需要在选择多个图元后,单击选项栏中的"激活尺寸标注"按钮 激活尺寸标注 。

3.2.2　永久性尺寸

永久性尺寸是添加到图形中以记录设计的测量值。它们属于视图专有尺寸,并可在图纸上打印。

使用"尺寸标注"工具在项目构件或族构件上放置永久性尺寸标注。可以从对齐、线性(构件的水平或垂直投影)、角度、半径、直径或弧长度永久性尺寸标注中进行选择。

(1) 单击"注释"选项卡"尺寸标注"面板中的"对齐"按钮,打开"修改│放置尺寸标注"选项卡和选项栏。在选项栏中可以设置参照为"参照墙中心线""参照墙面""参照核心层中心"和"参照核心层表面"。例如,如果选择墙中心线,则将光标放置于某面墙上时,光标将首先捕捉该墙的中心线。

(2) 在选项栏中设置拾取为"单个参照点",将光标放置在某个图元的参照点上,此参照点会高亮显示,单击可以指定参照。

(3) 将光标放置在下一个参照点的目标位置上并单击,当移动光标时,会显示一条尺寸标注线。如果需要,可以连续选择多个参照。

(4) 当选择完参照点之后,从最后一个构件上移开光标,将其移动到适当位置单击放置尺寸。标注过程如图 3-15 所示。

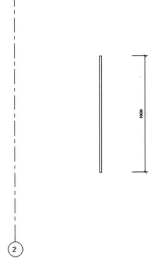

图 3-14　更改为临时尺寸

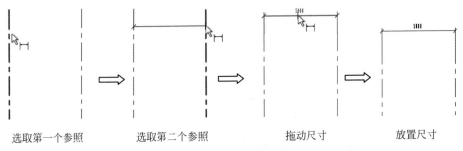

选取第一个参照　　　选取第二个参照　　　拖动尺寸　　　放置尺寸

图 3-15　标注对齐尺寸

(5) 在"属性"选项板中选择尺寸标注样式,如图 3-16 所示。单击"编辑类型"按钮,打开"类型属性"对话框,单击"复制"按钮,打开"名称"对话框,输入新名称为"对角线－5mm RomanD",如图 3-17 所示。单击"确定"按钮,返回到"类型属性"对话框,更改文字大小为 5,其他采用默认设置,如图 3-18 所示,单击"确定"按钮。

"类型属性"对话框中的选项说明如下。

☑ 标注字符串类型:指定尺寸标注字符串的格式化方法。包括连续、基线和同基准三种类型。

- 连续:放置多个端点彼此相连的尺寸标注。
- 基线:放置从相同的基线开始测量的叠层尺寸标注。
- 同基准:放置尺寸标注字符串,其值从尺寸标注原点开始测量。

☑ 引线类型:指定要绘制的引线的线类型,包括直线和弧两种类型。

- 直线:绘制从尺寸标注文字到尺寸标注线的由两个部分组成的直线引线。

图 3-16 选择标注样式

图 3-17 "名称"对话框

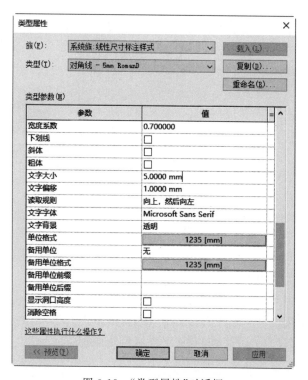

图 3-18 "类型属性"对话框

- 弧：绘制从标注文字到尺寸标注线的圆弧线引线。
- ☑ 引线记号：指定应用到尺寸标注线处的引线顶端的标记。
- ☑ 文本移动时显示引线：指定当文字离开其原始位置时引线的显示方式，包括远离原点和超出尺寸界线。
    - 远离原点：当标注文字离开其原始位置时引线显示。当文字移回原始位置时，它将捕捉到位并且引线将会隐藏。
    - 超出尺寸界线：当标注文字移动超出尺寸界线时引线显示。
- ☑ 记号：用于标注尺寸界线的记号标记样式的名称。
- ☑ 线宽：设置指定尺寸标注线和尺寸引线宽度的线宽值。可以从 Revit 定义的值列表中进行选择。还可以单击"管理"选项卡"设置"面板"其他设置"下拉列表框中的"线宽"按钮 ≡ 来修改线宽的定义。
- ☑ 记号线宽：设置指定记号厚度的线宽。可以从 Revit 定义的值列表中进行选择，或定义自己的值。
- ☑ 尺寸标注延长线：将尺寸标注线延伸超出尺寸界线交点指定值。设置此值时，如果 100％打印，该值即为尺寸标注线的打印尺寸。
- ☑ 尺寸界线控制点：在图元固定间隙和固定尺寸标注线之间进行切换。
- ☑ 尺寸界线长度：指定尺寸标注中所有尺寸界线的长度。
- ☑ 尺寸界线与图元的间隙：设置尺寸界线与已标注尺寸的图元之间的距离。
- ☑ 尺寸界线延伸：设置超过记号标记的尺寸界线的延长线。
- ☑ 尺寸界线的记号：指定尺寸界线末尾的记号显示方式。
- ☑ 中心线符号：可以选择任何载入项目中的注释符号。在参照族实例和墙的中心线的尺寸界线上方显示中心线符号。如果尺寸界线不参照中心平面，则不能在其上放置中心线符号。
- ☑ 中心线样式：如果尺寸标注参照是族实例和墙的中心线，则将改变尺寸标注的尺寸界线的线型图案。
- ☑ 中心线记号：修改尺寸标注中心线末端记号。
- ☑ 内部记号标记：当尺寸标注线的邻近线段太短而无法容纳箭头时，指定内部尺寸界线的记号标记显示的方式。出现这种情况时，短线段链的端点会翻转，内部尺寸界线会显示指定的内部记号。
- ☑ 同基准尺寸设置：指定同基准尺寸的设置。
- ☑ 颜色：设置尺寸标注线和引线的颜色。可以从 Revit 定义的颜色列表中进行选择，也可以自定义颜色。默认值为黑色。
- ☑ 尺寸标注线捕捉距离：该值应大于文字到尺寸标注线的间距与文字高度之和。
- ☑ 宽度系数：指定用于定义文字字符串的延长的比率。
- ☑ 下划线：使永久性尺寸标注值和文字带下划线。
- ☑ 斜体：对永久性尺寸标注值和文字应用斜体格式。
- ☑ 粗体：对永久性尺寸标注值和文字应用粗体格式。
- ☑ 文字大小：指定尺寸标注的字样大小。
- ☑ 文字偏移：指定文字距尺寸标注线的偏移。

☑ 读取规则：指定尺寸标注文字的起始位置和方向。

☑ 文字字体：指定尺寸标注文字的字体。

☑ 文字背景：如果设置此值为不透明，则尺寸标注文字为方框围绕，且在视图中该方框与其后的任何几何图形或文字重叠；如果设置此值为透明，则该框不可见且不与尺寸标注文字重叠的所有对象都显示。

☑ 单位格式：单击此按钮，打开"格式"对话框，设置有尺寸标注的单位格式。

☑ 备用单位：指定是否显示除尺寸标注主单位之外的备用单位，以及备用单位的位置，包括无、右侧和下方三种。

☑ 备用单位格式：单击此按钮，打开"格式"对话框，设置有尺寸标注类型的备用单位格式。

☑ 备用单位前缀/后缀：指定备用单位显示的前缀/后缀。

☑ 显示洞口高度：在平面视图中放置一个尺寸标注，该尺寸标注的尺寸界线参照相同附属件(窗或门)。

☑ 文字位置：指定标注文字相对于引线的位置(仅适用于直线引线类型)，包括共线和高于两种类型。

　• 共线：将文字和引线放置在同一行。

　• 高于：将文字放置在高于引线的位置。

☑ 中心标记：显示或隐藏半径/直径尺寸标注中心标记。

☑ 中心标记尺寸：设置半径/直径尺寸标注中心标记的尺寸。

☑ 直径/半径符号位置：指定直径/半径尺寸标注的前缀文字的位置。

☑ 直径/半径符号文字：指定直径/半径尺寸标注值的前缀文字(默认值为ϕ和 R)。

☑ 等分文字：指定当向尺寸标注字符串添加相等限制条件时，所有 EQ 文字要使用的文字字符串。默认值为 EQ。

☑ 等分公式：单击该按钮，打开"尺寸标注等分公式"对话框，指定用于显示相等尺寸标注标签的尺寸标注等分公式。

☑ 等分尺寸界线：指定等分尺寸标注中内部尺寸界线的显示，包括记号和线、只用记号和隐藏三种类型。

　• 记号和线：根据指定的类型属性显示内部尺寸界线。

　• 只用记号：不显示内部尺寸界线，但是在尺寸线的上方和下方使用"尺寸界线延伸"类型值。

　• 隐藏：不显示内部尺寸界线和内部分段的记号。

(6) 选取要修改尺寸的图元，永久性尺寸呈编辑状态，单击尺寸上的值，打开尺寸值输入框，输入新的尺寸值，按 Enter 键确认，则系统根据尺寸值调整图元大小或位置，如图 3-19 所示。

线性尺寸、角度尺寸、半径尺寸、直径尺寸和弧长尺寸的标注方法同对对齐尺寸的标注，这里不再一一介绍。

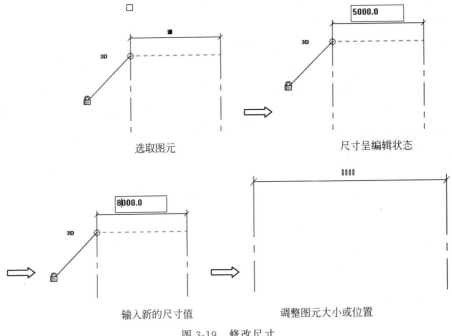

图 3-19　修改尺寸

3.3　注释文字

可以使用"文字"命令将说明性、说明、技术或其他文字注释添加到工程图中。

3.3.1　添加文字注释

（1）单击"注释"选项卡"文字"面板中的"文字"按钮 **A**，打开如图 3-6 所示的"修改|放置 文字"选项卡，如图 3-20 所示。

图 3-20　"修改|放置 文字"选项卡

☑ "无引线"按钮 **A**：用于创建没有引线的文字注释。

☑ "一段"按钮 **←A**：将一条直引线从文字注释添加到指定的位置。

☑ "两段"按钮 **⌐A**：由两条直线构成一条引线，将文字注释添加到指定的位置。

☑ "曲线形"按钮 **⌒A**：将一条弯曲线从文字注释添加到指定的位置。

☑ "左/右上引线"按钮 **▤/▤**：将引线附着到文字顶行的左/右侧。

☑ "左/右中引线"按钮 **▤/▤**：将引线附着到文本框边框的左/右侧中间位置。

☑ "左/右下引线"按钮 **▤/▤**：将引线附着到文字底行的左/右侧。

☑ "顶部对齐"按钮 **▤**：将文字沿顶部页边距对齐。

Note

☑ "居中对齐(上下)"按钮 ≡：在顶部页边距与底部页边距之间以均匀的间隔对齐文字。

☑ "底部对齐"按钮 ≡：将文字沿底部页边距对齐。

☑ "左对齐"按钮 ≡：将文字与左侧页边距对齐。

☑ "居中对齐(左右)"按钮 ≡：在左侧页边距与右侧页边距之间以均匀的间隔对齐文字。

☑ "右对齐"按钮 ≡：将文字与右侧页边距对齐。

☑ "拼写检查"按钮 ABC：用于对选择集、当前视图或图纸中的文字注释进行拼写检查。

☑ "查找/替换"按钮 🔍：在打开的项目文件中查找并替换文字。

（2）单击"两段"按钮 A 和"左中引线"按钮 ，在视图中适当位置单击确定引线的起点，拖动鼠标到适当位置单击确定引线的转折点，然后拖动鼠标到适当位置单击确定引线的终点，并显示文本输入框和"放置 编辑文字"选项卡，如图3-21所示。

图3-21 文本输入框和"放置 编辑文字"选项卡

（3）在文本框中输入文字，在"放置 编辑文字"选项卡中单击"关闭"按钮 ✖，完成文字输入，如图3-22所示。

图3-22 输入文字

3.3.2 编辑文字注释

（1）在图3-22中拖动引线上的控制点，可以调整引线的位置；拖动文本框上的控制点可以调整文本框的大小。

（2）用鼠标拖动文字上方的"拖曳"图标 ✛，可以调整文字的位置；用鼠标拖动文字上方的"旋转文字注释"图标 ↻，可以旋转文字的角度，如图3-23所示。

图3-23 调整文字

（3）在"属性"选项板的类型下拉列表框中选取需要的文字类型，如图3-24所示。

（4）在"属性"选项板中单击"编辑类型"按钮 ，打开如图3-25所示的"类型属性"

对话框,利用该对话框可以修改文字的颜色、背景、文字大小以及文字字体等属性,更改后单击"确定"按钮。

图 3-24　更改文字类型

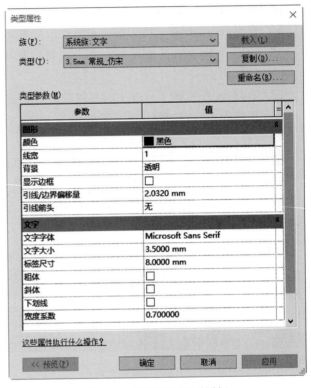

图 3-25　"类型属性"对话框

☑ 颜色:单击该按钮,打开"颜色"对话框,设置文字和引线的颜色。

☑ 线宽:设置边框和引线的宽度。

☑ 背景:设置文字注释的背景。如果选择不透明背景的注释会遮挡其后的材质,如果选择透明背景的注释可看到其后的材质。

☑ 显示边框:选中此复选框,在文字周围显示边框。

☑ 引线/边界偏移量:设置引线/边界和文字之间的距离。

☑ 引线箭头:设置引线是否带箭头以及箭头的样式。

☑ 文字字体:在下拉列表框中选择注释文字的字体。

☑ 文字大小:设置文字的大小。

☑ 标签尺寸:设置文字注释的选项卡间距。创建文字注释时,可以在文字注释内的任何位置按 Tab 键,将出现一个指定大小的制表符。该选项也用于确定文字列表的缩进量。

☑ 粗体:选中此复选框,将文字字体设置为粗体。

☑ 斜体:选中此复选框,将文字字体设置为斜体。

☑ 下划线:选中此复选框,在文字下方添加下划线。

☑ 宽度系数:字体宽度随"宽度系数"成比例缩放,高度则不受影响。常规文字宽度的默认值是 1.0。

3.4 项目设置

本节主要介绍用于自定义项目的选项,包括项目单位、材质、填充样式、线样式等。

3.4.1 对象样式

可为项目中不同类别和子类别的模型图元、注释图元和导入对象指定线宽、线颜色、线型图案和材质。

(1)单击"管理"选项卡"设置"面板中的"对象样式"按钮 ,打开"对象样式"对话框,如图 3-26 所示。

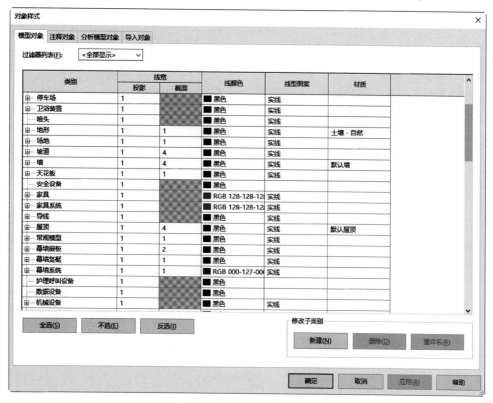

图 3-26 "对象样式"对话框

(2)在各类别对应的"线宽"栏中指定投影和截面的线宽度,例如在投影栏中单击,打开如图 3-27 所示的线宽列表框,选择所需的线宽即可。

(3)在"线颜色"列表对应的栏中单击颜色块,打开"颜色"对话框,设置颜色。

(4)单击对应的"线型图案"栏,打开如图 3-28 所示的线型下拉列表框,选择所需的线型。

(5)单击对应的"材质"栏中的按钮 ,打开"材质浏览器"对话框,在该对话框中选择族类别的材质,还可以通过修改族的材质类型属性来替换族的材质。

图 3-27　线宽列表框　　　　　　　　　图 3-28　线型列表框

3.4.2　捕捉

在放置图元或绘制线（直线、弧线或圆形线）时，Revit 将显示捕捉点和捕捉线以帮助放置图元或绘制线。

单击"管理"选项卡"设置"面板中的"捕捉"按钮 ⌐，打开"捕捉"对话框，如图 3-29 所示。利用该对话框设置捕捉对象以及捕捉增量，该对话框中还列出了对象捕捉的键盘快捷键。

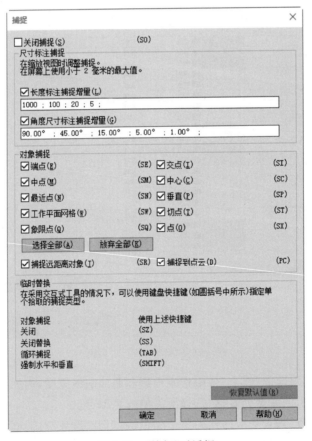

图 3-29　"捕捉"对话框

"捕捉"对话框中的选项说明如下。

☑ 关闭捕捉：选中此复选框，禁用所有的捕捉设置。

☑ 长度标注捕捉增量：用于在由远到近放大视图时，对基于长度的尺寸标注指定捕捉增量。对于每个捕捉增量集,用分号分隔输入的数值。第一个列出的增量会在缩小时使用,最后一个列出的增量会在放大时使用。

☑ 角度尺寸标注捕捉增量:用于在由远到近放大视图时,对角度标注指定捕捉增量。

☑ 对象捕捉:分别选中列表中的复选框启动对应的对象捕捉类型。单击"选择全部"按钮,选中全部的对象捕捉类型;单击"放弃全部"按钮,取消选中全部对象捕捉类型。每个捕捉对象后面对应的是键盘快捷键。

3.4.3　项目参数

项目参数是定义后添加到项目多类别图元中的信息容器。

(1)单击"管理"选项卡"设置"面板中的"项目参数"按钮,打开"项目参数"对话框,如图3-30所示。

(2)单击"添加"按钮,打开如图3-31所示的"参数属性"对话框,选择"项目参数"选项,输入项目参数名称,例如输入面积,然后选择规程、参数类型、参数分组方式以及类别等,单击"确定"按钮,返回到"项目参数"对话框。

(3)可以发现新建的项目参数添加到"项目参数"对话框中。

(4)选择参数,单击"修改"按钮,打开"参数属性"对话框,可以在此对话框中对参数属性进行修改。

图3-30　"项目参数"对话框

(5)选择不需要的参数,单击"删除"按钮,打开如图3-32所示的"删除参数"提示对话框,提示若删除选择的参数,将会丢失与之关联的所有数据。

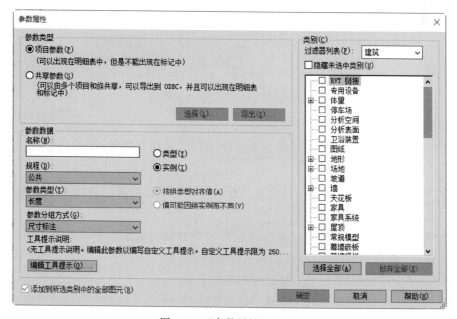

图3-31　"参数属性"对话框

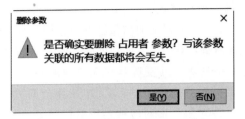

图 3-32　"删除参数"提示对话框

3.4.4　全局参数

（1）单击"管理"选项卡"设置"面板中的"全局参数"按钮，打开"全局参数"对话框，如图 3-33 所示。

图 3-33　"全局参数"对话框

"全局参数"对话框中各选项说明如下。

☑ "编辑全局参数"按钮：单击此按钮，打开"全局参数属性"对话框，更改参数的属性。

☑ "新建全局参数"按钮：单击此按钮，打开"全局参数属性"对话框，新建一个全局参数。

☑ "删除全局参数"按钮：删除选定的全局参数。如果要删除的参数同时用于另一个参数的公式中，则该公式也将被删除。

☑ "上移全局参数"按钮：将选中的参数上移一行。

☑ "下移全局参数"按钮：将选中的参数下移一行。

☑ "按升序排序全局参数"按钮：参数列表按字母顺序排序。

☑"按降序排序全局参数"按钮 ，参数列表按字母逆序排序。

（2）单击"新建全局参数"按钮 ，打开"全局参数属性"对话框，可以设置参数名称、规程、参数类型、参数分组方式，如图 3-34 所示。

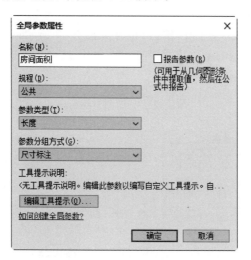

图 3-34　"全局参数属性"对话框

（3）单击"确定"按钮，返回到"全局参数"对话框中，设置参数对应的值和公式，如图 3-35 所示。

图 3-35　设置全局参数

3.4.5　项目单位

可以指定项目中各种数据的显示格式，指定的格式将影响数据在屏幕上和打印输出的外观。可以对用于报告或演示目的的数据进行格式设置。

（1）单击"管理"选项卡"设置"面板中的"项目单位"按钮 ，打开"项目单位"对话框，如图 3-36 所示。

（2）在对话框中选择规程。

（3）单击"格式"列表中的"值"按钮，打开如图 3-37 所示的"格式"对话框，在该对话框中可以设置各种类型的单位格式。

图 3-36 "项目单位"对话框

图 3-37 "格式"对话框

"格式"对话框中的选项说明如下。

☑ 单位：在此下拉列表框中选择对应的单位。

☑ 舍入：在此下拉列表框中选择一个合适的值。如果选择"自定义"，则在"舍入增量"文本框中输入值。

☑ 单位符号：在此下拉列表框中选择适合的选项作为单位的符号。

☑ 消除后续零：选中此复选框，将不显示后续零，例如，123.400 将显示为 123.4。

☑ 消除零英尺：选中此复选框，将不显示零英尺，例如 0′-4″将显示为 4″。

☑ 正值显示"＋"：选中此复选框，将在正数前面添加"＋"号。

☑ 使用数位分组：选中此复选框，"项目单位"对话框中的"小数点/数位分组"选项将应用于单位值。

☑ 消除空格：选中此复选框，将消除英尺和分式英寸两侧的空格。

（4）单击"确定"按钮，完成项目单位的设置。

3.4.6 材质

可以将材质应用到建筑模型的图元中。材质控制模型图元在视图和渲染图像中的显示方式。

单击"管理"选项卡"设置"面板中的"材质"按钮 ，打开"材质浏览器"对话框，如图 3-38 所示。

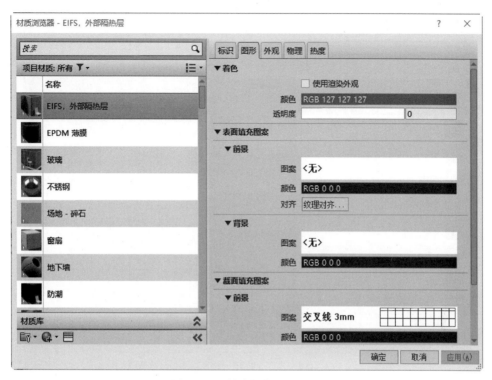

图 3-38 "材质浏览器"对话框

"材质浏览器"对话框中的选项说明如下。

1."标识"选项卡

此选项卡提供有关材质的常规信息,如说明、制造商和成本等。

(1)在"材质浏览器"对话框中选择要更改的材质,然后切换到"标识"选项卡,如图 3-39 所示。

(2)更改材质的说明信息、产品信息以及 Revit 注释信息。

(3)单击"应用"按钮,保存材质常规信息的更改。

2."图形"选项卡

(1)在"材质浏览器"对话框中选择要更改的材质,然后切换到"图形"选项卡,如图 3-38 所示。

(2)选中"使用渲染外观"复选框,将使用渲染外观表示着色视图中的材质。单击颜色色块,打开"颜色"对话框,选择着色的颜色,可以直接输入透明度的值,也可以拖动滑块到所需的位置。

(3)单击表面填充图案下的"图案"右侧区域,打开如图 3-40 所示的"填充样式"对话框,在列表框中选择一种填充图案。单击"颜色"色块,打开"颜色"对话框选择颜色,用于绘制表面填充图案的颜色。单击"纹理对齐"按钮 纹理对齐... ,打开"将渲染外观与表面填充图案对齐"对话框,将外观纹理与材质的表面填充图案对齐。

(4)单击"截面填充图案"下的填充图案,打开如图 3-40 所示的"填充样式"对话框,在列表框中选择一种图案作为截面的填充图案。单击"颜色"色块,打开"颜色"对话

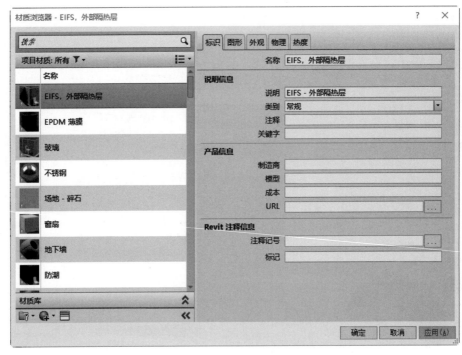

图 3-39 "标识"选项卡

图 3-40 "填充样式"对话框

框选择颜色,用于绘制截面填充图案的颜色。

（5）单击"应用"按钮,保存材质图形属性的更改。

3. "外观"选项卡

（1）在"材质浏览器"对话框中选择要更改的材质,然后切换到"外观"选项卡,如图 3-41 所示。

Note

图 3-41　"外观"选项卡

（2）单击样例图像旁边的下拉箭头，在下拉列表框中单击"场景"，然后从列表中选择所需设置，如图 3-42 所示。该预览是材质的渲染图像。Revit 渲染预览场景时，更新预览需要花费一段时间。

图 3-42　设置样例图样

（3）分别设置墙漆的颜色、表面处理来更改外观属性。

（4）单击"应用"按钮，保存材质外观的更改。

4. "物理"选项卡

（1）在"材质浏览器"对话框中选择要更改的材质，然后切换到"物理"选项卡，如图 3-43 所示。如果选择的材质没有"物理"选项卡，表示物理资源尚未添加到此材质。

（2）单击属性类别左侧的三角形以显示属性及其设置。

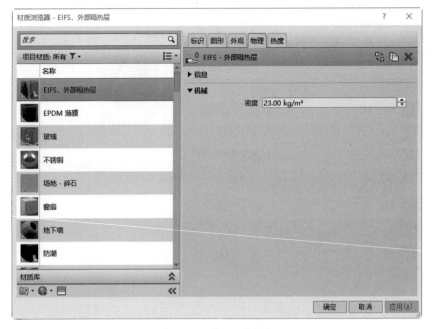

图 3-43　"物理"选项卡

（3）更改其信息、密度等为所需的值。

（4）单击"应用"按钮，保存材质物理属性的更改。

5．"热度"选项卡

（1）在"材质浏览器"对话框中选择要更改的材质，然后切换到"热度"选项卡，如图 3-44 所示。如果选择的材质没有"热度"选项卡，表示热资源尚未添加到此材质。

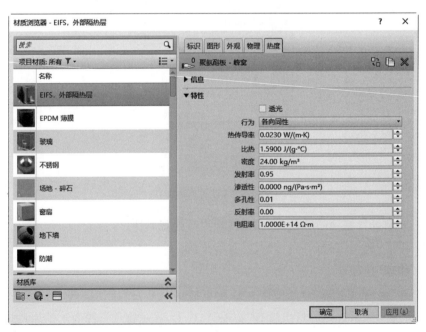

图 3-44　"热度"选项卡

（2）单击属性类别左侧的三角形以显示属性及其设置。

（3）更改材质的比热、密度、发射率、渗透性等热度特性。

（4）单击"应用"按钮，保存材质热属性的更改。

3.5 视图和显示

本节将介绍图形的显示设置、视图样板、图形的可见性以及剖切面轮廓等。

3.5.1 图形显示设置

单击"视图"选项卡"图形"面板上的"图形显示选项"按钮 ↘ ，或单击"结构平面"属性选项板图形显示选项栏中的"编辑"按钮 ▣　 编辑 　，打开"图形显示选项"对话框，如图 3-45 所示。

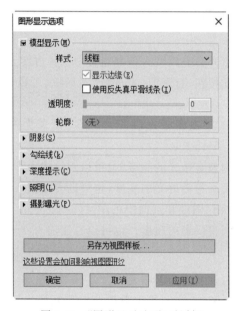

图 3-45 "图形显示选项"对话框

"图形显示选项"对话框中的选项说明如下。

1. 模型显示

☑ 样式：设置视图的视觉样式，包括线框、隐藏线、着色、一致的颜色和真实五种视觉样式。

- 显示边缘：选中此复选框，在视图中显示边缘上的线。
- 使用反失真平滑线条：选中此复选框，提高视图中线的质量，使边显示更平滑。

☑ 透明度：移动滑块更改模型的透明度，也可以直接输入值。

☑ 轮廓：从下拉列表框中选择线样式为轮廓线。

2. 阴影

选中"投射阴影"或"显示环境阴影"复选框以管理视图中的阴影。

3. 勾绘线

☑ 启用勾绘线：选中此复选框，启用当前视图的勾绘线。

☑ 抖动：移动滑块更改绘制线中的可变性程度，也可以直接输入 0～10 之间的数字。值为 0 时，将导致直线不具有手绘图形样式；值为 10 时，将导致每个模型线都具有包含高波度的多个绘制线。

☑ 延伸：移动滑块更改模型线端点延伸超越交点的距离，也可以直接输入 0～10 之间的数字。值为 0 时，将导致线与交点相交；值为 10 时，将导致线延伸到交点的范围之外。

4. 深度提示

☑ 显示深度：选中此复选框，启用当前视图的深度提示。

☑ 淡入开始/结束位置：移动双滑块开始和结束控件以指定渐变色效果边界。"近"和"远"值代表距离前/后视图剪裁平面百分比。

☑ 淡入限值：移动滑块指定"远"位置图元的强度。

5. 照明

☑ 方案：从室内和室外日光以及人造光组合中选择方案。

☑ 日光设置：单击此按钮，打开"日光设置"对话框，可以按日期、时间和地理位置定义日光位置。

☑ 人造灯光：在"真实"视图中提供，当"方案"设置为人造光时，添加和编辑灯光组。

☑ 日光：移动滑块调整直接光的亮度，也可以直接输入 0～100 之间的数字。

☑ 环境光：移动滑块调整漫射光的亮度，也可以直接输入 0～100 之间的数字。在着色视觉样式、立面、图纸和剖面中可用。

☑ 阴影：移动滑块调整阴影的暗度。也可以直接输入 0～100 之间的数字。

6. 摄影曝光

☑ 曝光：以手动或自动方式调整曝光度。

☑ 值：根据需要在 0 和 21 之间移动滑块调整曝光值。接近 0 的值会减少高光细节（曝光过度），接近 21 的值会减少阴影细节（曝光不足）。

☑ 图像：调整高光、阴影强度、颜色饱和度及白点值。

7. 另存为视图样板

单击此按钮，打开"新视图样板"对话框，输入名称，单击"确定"按钮，打开"视图样板"对话框，设置样板以备将来使用。

3.5.2　视图样板

1. 管理视图样板

单击"视图"选项卡"图形"面板"视图样板" 下拉列表框中的"管理视图样板"按钮 ，打开如图 3-46 所示的"视图样板"对话框。

"视图样板"对话框中的选项说明如下。

图 3-46 "视图样板"对话框

☑ 视图比例：在对应的"值"文本框中单击，打开下拉列表框选择视图比例，也可以直接输入比例值。

☑ 比例值：指定来自视图比例的比率，例如，如果视图比例设置为 1：100，则比例值为长宽比 100/1 或 100。

☑ 显示模型：在详图中隐藏模型，包括标准、不显示和半色调三种。

- 标准：设置显示所有图元。该值适用于所有非详图视图。
- 不显示：设置只显示详图视图专有图元，这些图元包括线、区域、尺寸标注、文字和符号。
- 半色调：设置通常显示详图视图特定的所有图元，而模型图元以半色调显示。可以使用半色调模型图元作为线、尺寸标注和对齐的追踪参照。

☑ 详细程度：设置视图显示的详细程度，包括粗略、中等和详细三种。也可以直接在视图控制栏中更改详细程度。

☑ 零件可见性：指定是否在特定视图中显示零件以及用来创建它们的图元，包括显示零件、显示原状态和显示两者三种。

- 显示零件：各个零件在视图中可见，当光标移动到这些零件上时，它们将高亮显示。在特定视图中创建零件的原始图元不可见且无法高亮显示或选择。
- 显示原状态：各个零件不可见，但用来创建零件的图元是可见的并且可以选择。
- 显示两者：零件和原始图元均可见，并能够单独高亮显示和选择。

☑ V/G 替换模型(/注释/分析模型/导入/过滤器)：分别定义模型/注释/分析模型/导入类别/过滤器的可见性/图形替换，单击"编辑"按钮，打开"可见性/图形替换"对话框进行设置。

☑ 模型显示：定义表面(视觉样式，如线框、隐藏线等)、透明度和轮廓的模型显示选项。单击"编辑"按钮，打开"图形显示选项"对话框来进行设置。

☑ 阴影：设置视图中的阴影。

Note

- ☑ 勾绘线：设置视图中的勾绘线。
- ☑ 深度提示：定义立面和剖面视图中的深度提示。
- ☑ 照明：定义照明设置，包括照明方法、日光设置、人造灯光和日光梁、环境光和阴影。
- ☑ 摄影曝光：设置曝光参数来渲染图像，在三维视图中适用。
- ☑ 背景：指定图形的背景，包括天空、渐变色和图像，在三维视图中适用。
- ☑ 远剪裁：对于立面和剖面图形，指定远剪裁平面设置。单击对应的"不剪裁"按钮，打开如图3-47所示的"远剪裁"对话框，设置剪裁的方式。
- ☑ 阶段过滤器：将阶段属性应用于视图中。
- ☑ 规程：确定非承重墙的可见性和规程特定的注释符号。
- ☑ 显示隐藏线：设置隐藏线是按照规程、全部显示还是不显示。
- ☑ 颜色方案位置：指定是否将颜色方案应用于背景或前景。
- ☑ 颜色方案：指定应用到视图中的房间、面积、空间或分区的颜色方案。

2．从当前视图创建样板

可通过复制现有的视图样板，并进行必要的修改来创建新的视图样板。

（1）打开一个项目文件，在项目浏览器中，选择要从中创建视图样板的视图。

（2）单击"视图"选项卡"图形"面板"视图样板" 下拉列表框中的"从当前视图创建样板"按钮 ，打开"新视图样板"对话框，输入名称"新样板"，如图3-48所示。

图3-47 "远剪裁"对话框　　　　图3-48 "新视图样板"对话框

（3）单击"确定"按钮，打开"视图样板"对话框，对新建的样板设置属性值。

（4）设置完成后，单击"确定"按钮，完成新样板的创建。

3．将样板属性应用于当前视图

将视图样板应用到视图时，视图样板属性会立即影响视图。但是，以后对视图样板所做的修改不会影响该视图。

（1）打开一个项目文件，在项目浏览器中，选择要应用视图样板的视图。

（2）单击"视图"选项卡"图形"面板"视图样板" 下拉列表框中的"将样板属性应用于当前视图"按钮 ，打开"应用视图样板"对话框，如图3-49所示。

（3）在"名称"列表框中选择要应用的视图样板，还可以根据需要修改视图样板。

（4）单击"确定"按钮，视图样板的属性将应用于选定的视图。

Note

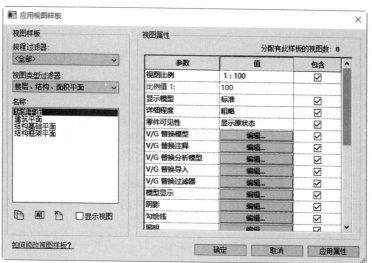

图 3-49　"应用视图样板"对话框

3.5.3　可见性/图形替换

可以设置项目中各个视图的模型图元、基准图元和视图专有图元的可见性和图形显示。

单击"视图"选项卡"图形"面板中的"可见性/图形"按钮 🔲，或单击"结构平面"属性选项板"可见性/图形替换"栏中的"编辑"按钮 编辑... ，打开"可见性/图形替换"对话框，如图 3-50 所示。

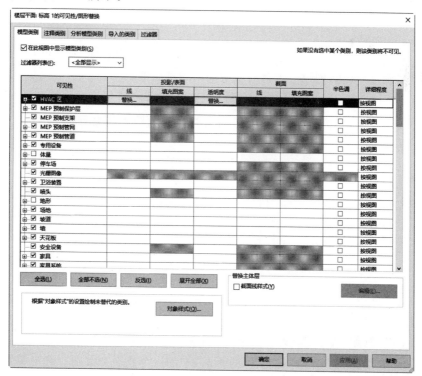

图 3-50　"可见性/图形替换"对话框

对话框中的选项卡可将类别组织为逻辑分组："模型类别""注释类别""分析模型类别""导入的类别""过滤器"。每个选项卡下的类别表可按规程进一步过滤为："建筑""结构""机械""电气""管道"。在相应选项卡的可见性列表框中取消选中对应的复选框，可以使其在视图中不显示。

3.5.4 过滤器

若要基于参数值控制视图中图元的可见性或图形显示，应创建可基于类别参数定义规则的过滤器。

（1）单击"视图"选项卡"图形"面板中的"过滤器"按钮 🔲，打开"过滤器"对话框，如图 3-51 所示。对话框中按字母顺序列出过滤器并按基于规则和基于选择的树状结构为过滤器排序。

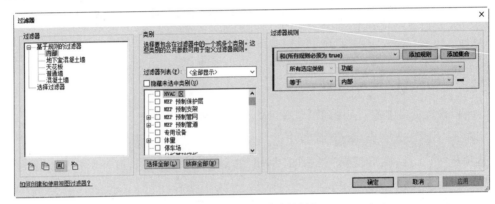

图 3-51 "过滤器"对话框

（2）单击"新建"按钮 🔲，打开如图 3-52 所示的"过滤器名称"对话框，输入过滤器名称，单击"确定"按钮，创建一个新的基于规则的过滤器。

（3）选取过滤器，单击"复制"按钮 🔲，复制的新过滤器将显示在"过滤器"列表框中，然后单击"重命名"按钮 🔲，打开"重命名"对话框，输入新名称，如图 3-53 所示，单击"确定"按钮。

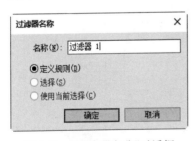

图 3-52 "过滤器名称"对话框

图 3-53 "重命名"对话框

（4）单击"删除"按钮 🔲，从项目或视图中删除选定的过滤器。

（5）在"类别"区域中选择将包含在过滤器中的一个或多个类别。选定类别将确定可用于过滤器规则中的参数。

（6）在"过滤器规则"区域中选择过滤器条件，也可根据需要添加其他过滤器条件，最多可以添加三个条件。

（7）在操作符下拉列表框中选择过滤器的运算符，包括等于、不等于、大于、大于或等于、小于、小于或等于、包含、不包含、开始部分是、开始部分不是、末尾是、末尾不是、有一个值和没有值。

☑ 等于：字符必须完全匹配。

☑ 不等于：排除所有与输入的值匹配的内容。

☑ 大于：查找大于输入值的值。如果输入 20，则返回大于 20（不包含 20）的值。

☑ 大于或等于：查找大于或等于输入值的值。如果输入 20，则返回 20 及大于 20 的值。

☑ 小于：查找小于输入值的值。如果输入 20，则返回小于 20（不包含 20）的值。

☑ 小于或等于：查找小于或等于输入值的值。如果输入 20，则返回 20 及小于 20 的值。

☑ 包含：选择字符串中的任何一个字符。如果输入字符 R，则返回包含字符 R 的所有属性。

☑ 不包含：排除字符串中的任何一个字符。如果输入字符 R，则排除包含字符 R 的所有属性。

☑ 开始部分是：选择字符串的开头字符。如果输入字符 R，则返回以 R 开头的所有属性。

☑ 开始部分不是：排除字符串的首字符。如果输入字符 R，则排除以 R 开头的所有属性。

☑ 末尾是：选择字符串末尾的字符。如果输入字符 R，则返回以 R 结尾的所有属性。

☑ 末尾不是：排除字符串末尾的字符。如果输入字符 R，则排除以 R 结尾的所有属性。

☑ 有一个值：查找与输入的值匹配的内容。

☑ 没有值：不执行过滤器的运算符。

（8）完成过滤器条件的创建后，单击"确定"按钮。

3.5.5　视图范围

视图范围是可以控制视图中对象的可见性和外观的一组水平平面。

单击"结构平面"属性选项板"视图范围"栏中的"编辑"按钮 编辑… ，打开"视图范围"对话框，如图 3-54 所示。

"视图范围"对话框中的选项说明如下。

☑ 顶部：设置主要范围的上边界。根据标高和距此标高的偏移定义上边界。

☑ 剖切面：设置平面视图中图元的剖切高度，使低于该剖切面的建筑构件以投影显示，而与该剖切面相交的其他建筑构件显示为截面。显示为截面的建筑构件包括墙、屋顶、天花板、楼板和楼梯。

☑ 底部：设置"主要范围"下边界的标高。

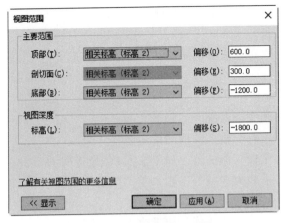

图 3-54 "视图范围"对话框

☑ 视图深度：在指定标高间设置图元可见性的垂直范围。在结构平面中，"视图深度"低于或高于剖切面，具体取决于"视图方向"。如果"视图方向"为"向下"，则"视图深度"低于剖切面；如果"视图方向"为"向上"，则"视图深度"高于剖切面。

3.6 出 图

3.6.1 创建施工图纸

（1）打开创建好的结构模型，并切换到要创建图纸的视图。

（2）单击"视图"选项卡"图纸组合"面板中的"图纸"按钮，打开"新建图纸"对话框。在对话框中选择所需的图纸，这里选择 A2 公制图纸，如图 3-55 所示，单击"确定"按钮，新建 A2 图纸，并显示在项目浏览器的"图纸"节点下，如图 3-56 所示。

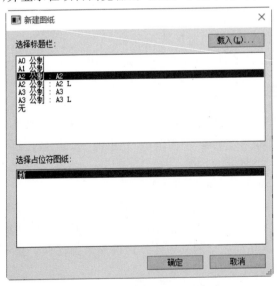

图 3-55 "新建图纸"对话框

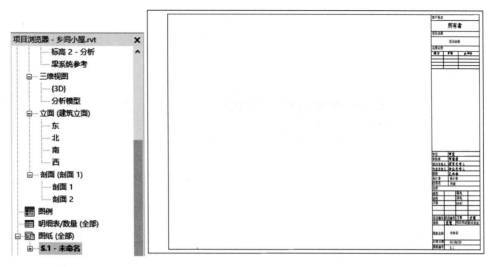

图 3-56 新建的 A2 图纸

注意：可以单击"载入"按钮，打开"载入族"对话框，根据需要选取已经创建好的图纸，单击"打开"按钮，使其显示在"新建图纸"对话框的选择标题栏中。

（3）单击"视图"选项卡"图纸组合"面板中的"放置视图"按钮，打开"视图"对话框。在列表中选择需要创建图纸的视图，这里选择"结构平面：1 层"视图，如图 3-57 所示，然后单击"在图纸中添加视图"按钮，将所选视图添加到图纸中，如图 3-58 所示。

图 3-57 "视图"对话框

（4）选取图形中视口标题，在"属性"选项板中选择"视口 没有线条的标题"类型，并将标题移动到图中适当位置，如图 3-59 所示。

（5）从图 3-59 中可以看出平面图中的立面标记不符合要求。在项目浏览器的"图纸"→"S.3-未命名"节点下双击"结构平面：1 层"，打开 1 层结构平面视图。单击"视图"选项卡"图形"面板中的"可见性/图形"按钮，打开"结构平面：1 层的可见性/图形替换"对话框，在"注释类别"选项卡中取消选中"立面"复选框，如图 3-60 所示。单击"确定"按钮，设置立面标记不可见。

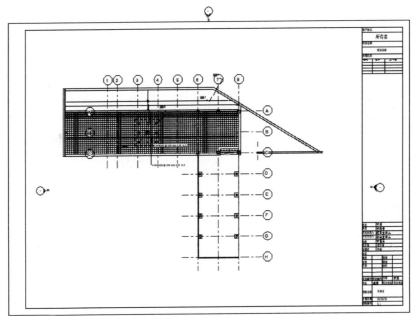

图 3-58　添加视图到图纸

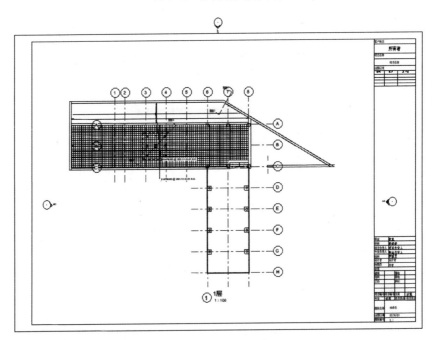

图 3-59　设置标题

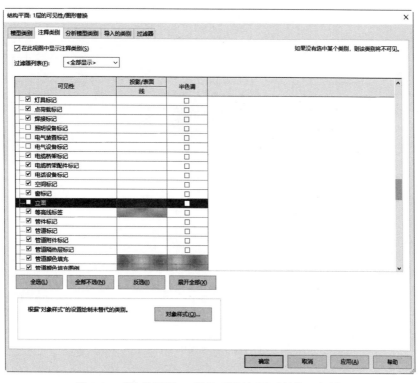

图 3-60 "结构平面：1 层的可见性/图形替换"对话框

（6）在项目浏览器中的"S.3-未命名"上右击，在弹出的快捷菜单中选择"重命名"命令，如图 3-61 所示，打开"图纸标题"对话框，输入名称为"1 层结构平面图"，如图 3-62 所示。单击"确定"按钮，完成图纸的命名。或者在图纸上的图纸名称栏中双击"未命名"，输入新名称，如图 3-63 所示。

图 3-61 快捷菜单

图 3-62 "图纸标题"对话框

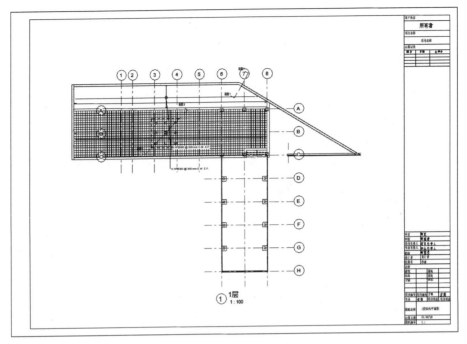

图 3-63　修改图纸名称

3.6.2　打印设置

单击"文件"→"打印"→"打印设置"菜单命令,打开"打印设置"对话框,定义从当前模型打印视图和图纸时或创建 PDF、PLT 或 PRN 文件时使用的设置,如图 3-64 所示。

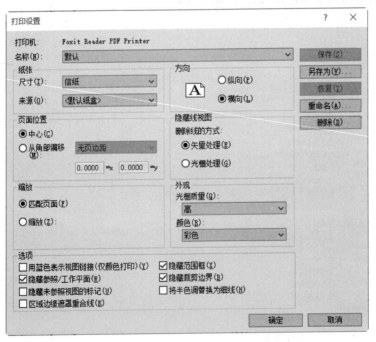

图 3-64　"打印设置"对话框

"打印设置"对话框中的选项说明如下。

☑ 打印机：要使用的打印机或打印驱动。

☑ 名称：要用作起点的预定义打印设置。

☑ 纸张：从下拉列表框中选择纸张尺寸和纸张来源。

☑ 方向：选择"纵向"或"横向"进行页面垂直或水平定向。

☑ 页面位置：指定视图在图纸上的打印位置。

☑ 隐藏线视图：选择一个选项，以提高在立面、剖面和三维视图中隐藏视图的打印性能。

☑ 缩放：指定是将图纸与页面的大小匹配，还是缩放到原始大小的某个百分比。

☑ 外观：包括光栅质量和颜色。

- 光栅质量：控制传送到打印设置的光栅数据的分辨率。质量越高，打印时间越长。

- 颜色：包括黑白线条、灰度和彩色。

  黑白线条：所有文字、非白色线、填充图案线和边缘以黑色打印。所有的光栅图像和实体填充图案以灰度打印。

  灰度：所有颜色、文字、图像和线以灰度打印。

  彩色：如果打印支持彩色，则会保留并打印项目中的所有颜色。

☑ 选项

- 用蓝色表示视图链接：默认情况下用黑色打印视图链接，但是也可以选择用蓝色打印。

- 隐藏参照/工作平面：选中此复选框，不打印参照平面和工作平面。

- 隐藏未参照视图的标记：如果不希望打印不在图纸中的剖面、立面和详图索引视图的视图标记，则选中此复选框。

- 区域边缘遮罩重合线：选中此复选框，遮罩区域和填充区域的边缘覆盖和它们重合的线。

- 隐藏范围框：选中此复选框，不打印范围框。

- 隐藏裁剪边界：选中此复选框，不打印裁剪边界。

- 将半色调替换为细线：如果视图以半色调显示某些图元，则选中此复选框，将半色调图形替换为细线。

3.6.3　打印视图

（1）打开要打印的视图和图纸。

（2）单击"文件"→"打印"→"打印"菜单命令，打开"打印"对话框，设置打印属性，如图3-65所示。

（3）在"名称"下拉列表框中选择一个打印机。

（4）单击"属性"按钮，打开所选择打印机的"属性"对话框，设置打印机。

（5）在"打印范围"区域，指定要打印的是当前窗口、当前窗口的可见部分，还是所选视图/图纸。如果要打印所选视图和图纸，则单击"选择"按钮，选择要打印的视图和图纸。

（6）在"选项"区域指定打印份数以及是否按相反顺序打印视图/图纸。

（7）设置好打印参数后，单击"确定"按钮进行打印。

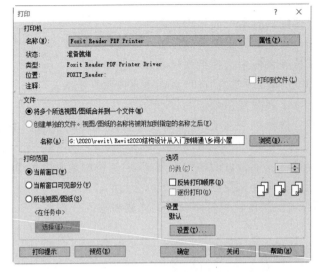

图 3-65　"打印"对话框

3.6.4　打印预览

使用"打印预览"命令可在打印之前查看当前视图或图纸的草图版本。

（1）在"打印"对话框中单击"预览"按钮，或单击"文件"→"打印"→"打印预览"菜单命令。

（2）预览视图打印效果，如图 3-66 所示。

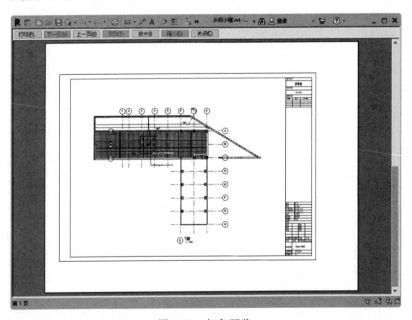

图 3-66　打印预览

（3）如果查看没有问题，可以直接单击"打印"按钮，进行打印。

注意：如果打印多个图纸或视图，就不能使用"打印预览"命令。

族

族是 Revit 软件中的一个非常重要的构成要素,在 Revit 中不管是模型还是注释均是由族构成的,所以掌握族的概念和用法至关重要。

4.1 概　述

族是某一类别中图元的类。族根据参数(属性)集的共用、使用上的相同和图形表示的相似来对图元进行分组。一个族中不同图元的部分或全部属性可能有不同的值,但是属性的设置(其名称与含义)是相同的。例如,可以将桁架视为一个族,虽然构成此族的腹杆支座可能有不同的尺寸和材质。

Revit 提供了 3 种类型的族:系统族、可载入族和内建族。

1. 系统族

系统族可以创建要在建筑现场装配的基本图元,如墙、屋顶、楼板、风管、管道等。系统族还包含项目和系统设置,而这些设置会影响项目环境,如标高、轴网、图纸和视口等类型。

系统族是在 Revit 中预定义的。不能将其从外部文件中载入到项目中,也不能将其保存到项目之外的位置。Revit 不允许用户创建、复制、修改或删除系统族,但可以复制和修改系统族中的类型,以便创建自定义的系统族类型。系统族中可以只保留一个系统族类型,除此以外的其他系统族类型都可以删除,因为每个族至少需要一个类型才能创建新系统族类型。

2．可载入族

可载入的族是在外部 RFA 文件中创建的，并可导入或载入到项目中。

可载入族是用于创建下列构件的族，如窗、门、橱柜、装置、家具、植物以及锅炉、热水器等以及一些常规自定义的主视图元。由于载入族具有高度可自定义的特征，因此可载入的族是在 Revit 中最经常创建和修改的族。对于包含许多类型的可载入族，可以创建和使用类型目录，以便用户仅载入项目所需的类型。

3．内建族

内建族是用户创建当前项目专有的独特构件时所创建的独特图元。用户可以创建内建几何图形，以便它可参照其他项目几何图形，使其在所参照的几何图形发生变化时进行相应大小调整和其他调整。创建内建族时，Revit 将为内建族创建一个族，该族包含单个族类型。

项目中所有正在使用或可用的族都显示在项目浏览器"族"节点下，并按图元类别分组，如图 4-1 所示。

图 4-1　项目浏览器"族"节点

4.2　注　释　族

注释族分为两种：标记和符号。标记主要用于标注各种类别构件的不同属性，如窗标记、门标记等；符号族则一般在项目中用于"装配"各种系统族标记，如立面标记、高程点标高等。

与另一种二维构件族"详图构件"不同，注释族具有"注释比例"的特性，即注释族的大小会根据视图比例的不同而变化，以保证出图时保持同样的大小。

在绘制施工图的过程中，需要使用大量的注释符号，以满足二维出图要求，如指北针、高程点等符号。

在施工图中，有时会因为比例问题而无法表达清楚某一局部，为方便施工需另画详图。一般用索引符号注明详图的位置、详图的编号以及详图所在的图纸编号。

（1）在主页中单击"族"→"新建"或者单击"文件"→"新建"→"族"菜单命令，打开"新族-选择样板文件"对话框，选择"注释"文件夹中的"公制标高标头.rft"为样板族，如图 4-2 所示，单击"打开"按钮进入族编辑器。

（2）删除族样板中默认提供的注意事项文字。

（3）单击"创建"选项卡"详图"面板中的"线"按钮 ，打开"修改|放置 线"选项卡，单击"绘制"面板中的"线"按钮 ，绘制高度为 3mm 的标高符号图形，如图 4-3 所示。

（4）单击"创建"选项卡"文字"面板中的"标签"按钮 ，在打开的"修改|放置 标签"选项卡中选择"左对齐" 和"底端对齐" ，在"属性"选项板中单击"编辑类型"按

图 4-2 "新族-选择样板文件"对话框

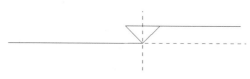

图 4-3 绘制图形

钮 ,打开"类型属性"对话框,设置文字字体为"仿宋",宽度系数为 0.7,其他采用默认设置,如图 4-4 所示。单击"确定"按钮,完成标签属性的设置。

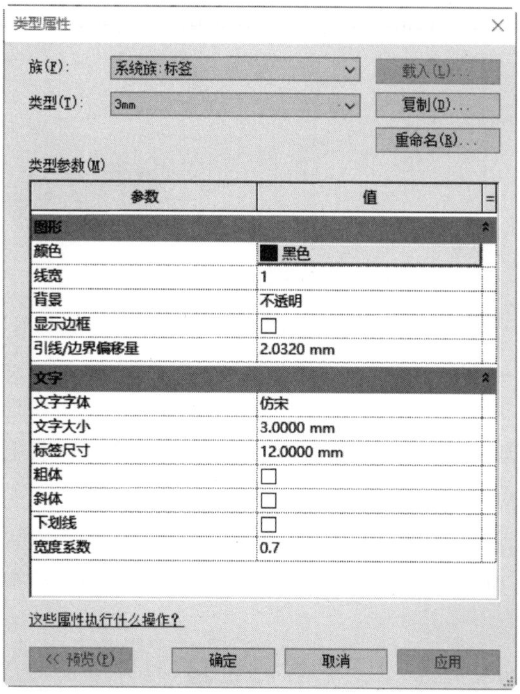

图 4-4 "类型属性"对话框

（5）在标高符号的水平线上单击确定标签位置，打开"编辑标签"对话框，在"类别参数"栏中选择立面，单击"将参数添加标签"按钮 ，如图 4-5 所示，将立面标签添加到标签参数栏。

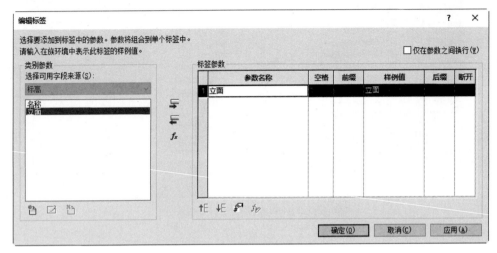

图 4-5　"编辑标签"对话框

（6）单击"编辑参数的单位格式"按钮 ，打开"格式"对话框，取消选中"使用项目设置"复选框，设置单位为"米"，舍入为"3 个小数位"，单位符号为"无"，如图 4-6 所示。连续单击"确定"按钮，结果如图 4-7 所示。

图 4-6　"格式"对话框

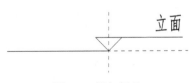

图 4-7　添加标签

（7）单击"创建"选项卡"文字"面板中的"标签"按钮 ，在打开的"修改|放置 标签"选项卡中选择"左对齐"按钮 和"正中"按钮 ，在标高符号的水平线右侧单击确定标签位置，打开"编辑标签"对话框，在"类别参数"栏中选择名称，单击"将参数添加标签"按钮 ，输入前缀为"结构："，后缀为"层"，如图 4-8 所示。单击"确定"按钮，结果如图 4-9 所示。

（8）单击快速访问工具栏中的"保存"按钮 ，打开"另存为"对话框，输入名称为"结构标高符号"，单击"保存"按钮，保存族文件。

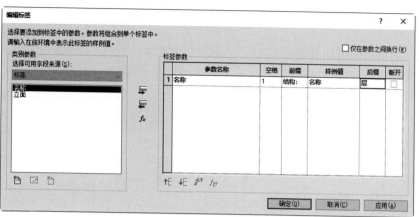

图 4-8　"编辑标签"对话框

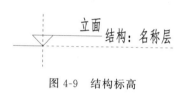

图 4-9　结构标高

4.3　创建图纸模板

4.3.1　图纸模板

标准图纸的图幅、图框、标题栏以及会签栏都必须按照国家标准来进行绘制。

Revit 软件提供了 A0、A1、A2、A3 和修改通知单,共五种图纸模板,都包含在"标题栏"文件夹中,如图 4-10 所示。

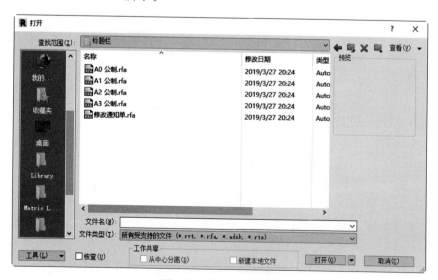

图 4-10　"打开"对话框

4.3.2 实例——创建 A3 图纸

本节绘制 A3 图纸,如图 4-11 所示。首先绘制图框,然后绘制会签栏并将其放置在适当位置,最后绘制标题栏。

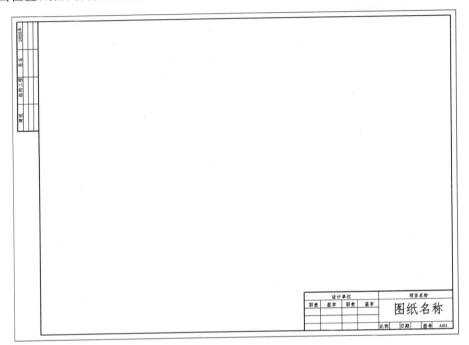

图 4-11　图纸

(1) 在主页中单击"族"→"新建"或者单击"文件"→"族"→"新建"菜单命令,打开"新族-选择样板文件"对话框,选择"标题栏"文件夹中的"A3 公制.rft"为样板族,如图 4-12 所示。单击"打开"按钮进入族编辑器,视图中显示 A3 图幅的边界线。

图 4-12　"新族-选择样板文件"对话框

（2）单击"创建"选项卡"详图"面板中的"线"按钮，打开"修改|放置 线"选项卡，单击"修改"面板中的"偏移"按钮，将左侧竖直线向内偏移25mm，将其他三条直线向内偏移5mm，并利用"拆分图元"按钮，拆分图元后删除多余的线段，结果如图4-13所示。

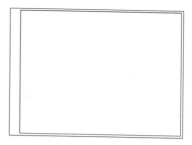

图4-13 绘制图框

（3）单击"管理"选项卡"设置"面板"其他设置"下拉列表框中的"线宽"按钮，打开"线宽"对话框，分别设置1号线线宽为0.2mm，2号线线宽为0.4mm，3号线线宽为0.8mm，其他采用默认设置，如图4-14所示。单击"确定"按钮，完成线宽设置。

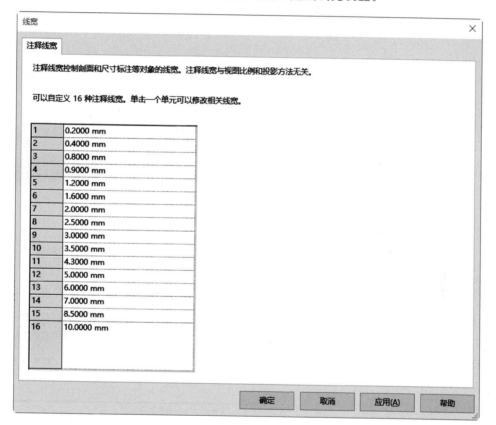

图4-14 "线宽"对话框

（4）单击"管理"选项卡"设置"面板中的"对象样式"按钮，打开"对象样式"对话框，修改图框线宽为3号，中粗线为2号，细线为1号，如图4-15所示，单击"确定"按钮。选取最外面的图幅边界线，将其子类别设置为"细线"。完成图幅和图框线型的设置。

（5）如果放大视图也看不出线宽效果，则单击"视图"选项卡"图形"面板中的"细线"按钮，使其不呈选中状态。

（6）单击"创建"选项卡"详图"面板中的"线"按钮，打开"修改|放置 线"选项卡，

Note

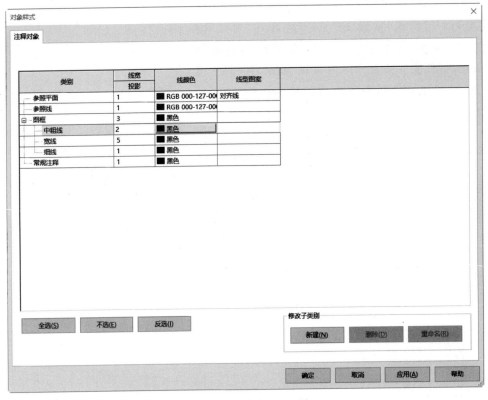

图 4-15　"对象样式"对话框

单击"绘制"面板中的"矩形"按钮 ，绘制长为 100、宽为 20 的矩形。

（7）将子类别更改为"细线"，单击"绘制"面板中的"线"按钮 ，绘制会签栏，如图 4-16 所示。

（8）单击"创建"选项卡"文字"面板中的"文字"按钮 **A** ，在"属性"选项板中单击"编辑类型"按钮 ，打开"类型属性"对话框，单击"复制"按钮，打开"名称"对话框，输入名称为 2.5mm，单击"确定"按钮，返回到"类型属性"对话框。设置字体为"仿宋"，设置背景为透明，文字大小为 2.5mm，单击"确定"按钮，然后在会签栏中输入文字，如图 4-17 所示。

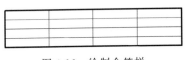

图 4-16　绘制会签栏

图 4-17　输入文字

（9）单击"修改"选项卡"修改"面板中的"旋转"按钮 ，将会签栏逆时针旋转 90°；单击"修改"选项卡"修改"面板中的"移动"按钮 ，将旋转后的会签栏移动到图框外的左上角，如图 4-18 所示。

（10）单击"创建"选项卡"详图"面板中的"线"按钮 ，打开"修改|放置 线"选项卡，将子类别更改为"线框"。单击"绘制"面板中的"矩形"按钮 ，以图框的右下角点

为起点,绘制长为140、宽为35的矩形。

(11) 单击"修改"面板中的"偏移"按钮 ,将水平直线和竖直直线进行偏移,偏移尺寸如图4-19所示,然后将偏移后的直线子类别更改为"细线",如图4-19所示。

(12) 单击"修改"选项卡"修改"面板中的"拆分图元"按钮,删除多余的线段,或拖动直线端点调整直线长度,如图4-20所示。

(13) 单击"创建"选项卡"文字"面板中的"文字"按钮**A**,填写标题栏中的文字,如图4-21所示。

(14) 单击"创建"选项卡"文字"面板中的"标签"按钮**A**,在标题栏的最大区域内单击,打开"编辑标签"对话框,在"类别参数"列表中选择"图纸名称",单击"将参数添加到标签"按钮,将图纸名称添加到标签参数栏中,如图4-22所示。

(15) 在"属性"选项板中单击"编辑类型"按钮,打开"类型属性"对话框,设置背景为"透明",更改字体为"仿宋",其他采用默认设置。单击"确定"按钮,完成图纸名称标签的添加,如图4-23所示。

(16) 采用相同的方法,添加其他标签,结果如图4-24所示。

图 4-18 移动会签栏

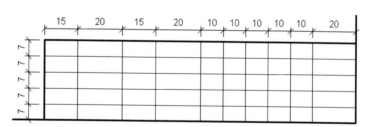

图 4-19 绘制标题栏

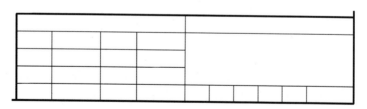

图 4-20 调整线段

图 4-21 填写文字

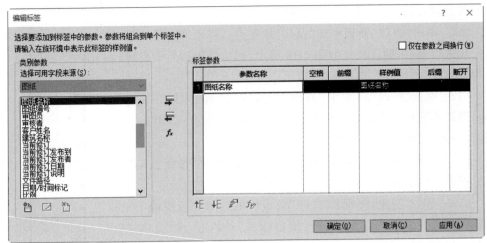

图 4-22 "编辑标签"对话框

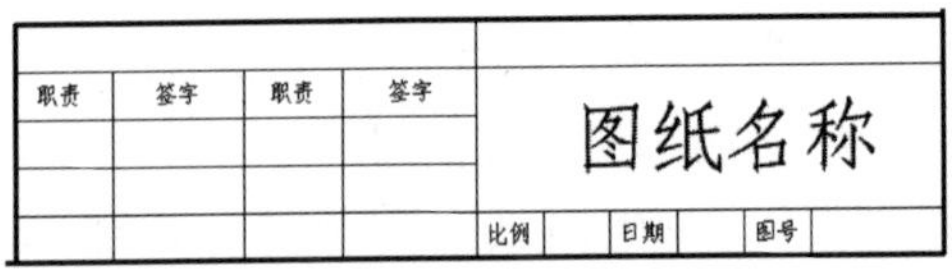

图 4-23 添加图纸名称标签

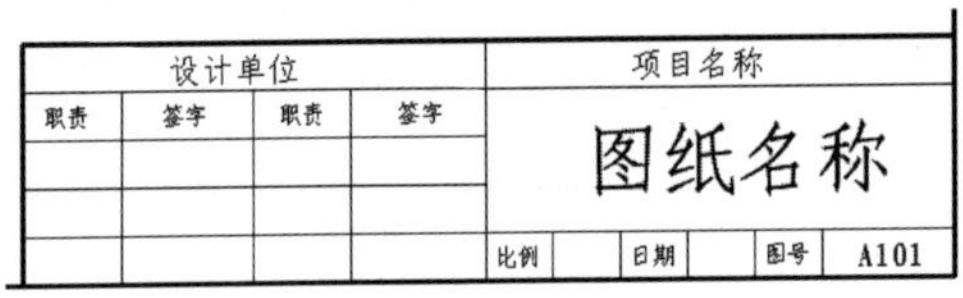

图 4-24 添加标签

（17）单击快速访问工具栏中的"保存"按钮 ，打开"另存为"对话框，输入名称为"A3 图纸"，单击"保存"按钮，保存族文件。

4.4 三维模型

在族编辑器中可以创建实心几何图形和空心几何图形。基于二维截面轮廓进行扫掠得到的实心几何图形，通过布尔运算进行剪切得到空心几何图形。

4.4.1 拉伸

在工作平面上绘制形状的二维轮廓，然后拉伸该轮廓使其与绘制它的平面垂直得到拉伸模型。

具体绘制步骤如下：

（1）在主页中单击"族"→"新建"或者单击"文件"→"新建"→"族"菜单命令，打开"新族-选择样板文件"对话框，选择"公制常规模型.rft"为样板族，如图 4-25 所示，单击"打开"按钮进入族编辑器。

Note

图 4-25 "新族-选择样板文件"对话框

（2）单击"创建"选项卡"形状"面板中的"拉伸"按钮 🗋，打开"修改|创建拉伸"选项卡和选项栏，如图 4-26 所示。

图 4-26 "修改|创建拉伸"选项卡和选项栏

（3）单击"修改|创建拉伸"选项卡"绘制"面板中的绘图工具绘制拉伸截面，这里单击"绘制"面板中的"圆"按钮 ⊙，绘制半径为 500 的圆，如图 4-27 所示。

（4）在"属性"选项板中输入拉伸终点为 300，如图 4-28 所示，或在选项栏中输入深度为 300，单击"模式"面板中的"完成编辑模式"按钮 ✔，完成拉伸模型的创建，如图 4-29 所示。

图 4-27 绘制截面

图 4-28 "属性"选项板

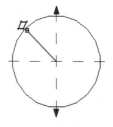

图 4-29 创建拉伸

① 要从默认起点 0.0 拉伸轮廓，则在"约束"组的"拉伸终点"文本框中输入一个正/负值作为拉伸深度。

② 要从不同的起点拉伸，则在"约束"组的"拉伸起点"文本框中输入值作为拉伸起点。

③ 要设置实心拉伸的可见性，则在"图形"组中单击"可见性/图形替换"对应的"编辑"按钮 编辑... ，打开如图 4-30 所示的"族图元可见性设置"对话框，然后进行可见性设置。

④ 要按类别将材质应用于实心拉伸，则在"材质和装饰"组中单击"材质"字段，单击 ... 按钮，打开材质浏览器，指定材质。

⑤ 要将实心拉伸指定给子类别，则在"标识数据"组下选择"实心/空心"为"实心"。

⑥ 在项目浏览器中的三维视图下双击视图 1，显示三维视图，如图 4-31 所示。

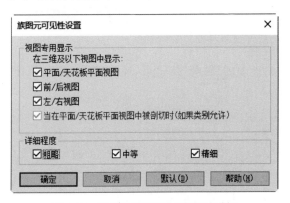

图 4-30 "族图元可见性设置"对话框

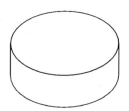

图 4-31 三维模型

4.4.2 实例——支撑桁架

4-2

（1）在主页中单击"族"→"新建"或者单击"文件"→"新建"→"族"菜单命令，打开"新族-选择样板文件"对话框，选择"公制常规模型.rft"为样板族，单击"打开"按钮进入族编辑器。

（2）在项目浏览器的"立面"节点下双击"前"选项，将视图切换至前立面视图。

（3）单击"创建"选项卡"基准"面板中的"参照平面"按钮 📝，绘制水平参照平面和竖直参照平面，如图 4-32 所示。

（4）单击"测量"面板中的"对齐尺寸标注"按钮 ↗，然后依次单击左侧竖直线、中间的参照平面和右侧竖直线，标注连续尺寸，放置尺寸后单击 EQ 标志，创建等分尺寸，如图 4-33 所示。

（5）单击"测量"面板中的"对齐尺寸标注"按钮 ↗，标注长度和宽度，如图 4-34 所示。

（6）选取尺寸 7600，单击"修改|尺寸标注"选项卡"标签尺寸标注"面板上的"创建参数"按钮 📋，打开"参数属性"对话框，输入名称为"宽度"，设置参数分组方式为"尺寸标注"，如图 4-35 所示，其他采用默认设置，单击"确定"按钮。采用相同的方法，创建高度参数尺寸，结果如图 4-36 所示。

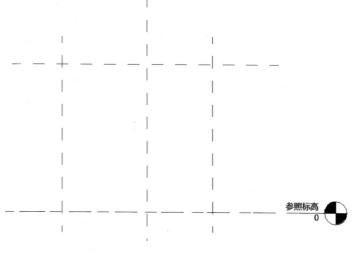

图 4-32　绘制参照平面

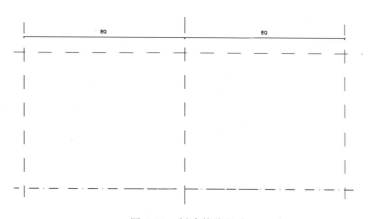

图 4-33　创建等分尺寸

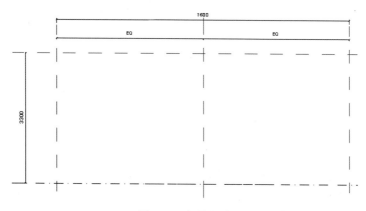

图 4-34　标注尺寸

（7）单击"创建"选项卡"形状"面板中的"拉伸"按钮，打开"修改|创建拉伸"选项卡，利用绘图命令，绘制如图 4-37 所示的图形。

Note

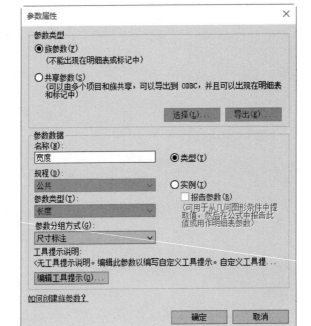

图 4-35　"参数属性"对话框

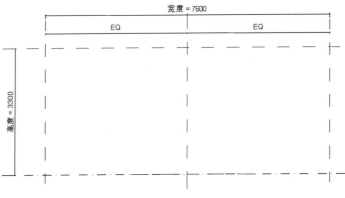

图 4-36　参数尺寸

（8）单击"修改|创建拉伸"选项卡"修改"面板中的"镜像-拾取轴"按钮，框选上步绘制的图形，然后拾取中间的参照平面为镜像轴，得到整个拉伸截面，如图 4-38 所示。

（9）在"属性"选项板中设置拉伸终点为 600，拉伸起点为 0，其他采用默认设置，如图 4-39 所示。单击"模式"面板中的"完成编辑模式"按钮，完成拉伸操作。

（10）单击快速访问工具栏中的"保存"按钮，打开"另存为"对话框，输入文件名为"支撑桁架"，单击"保存"按钮，保存族文件。

4.4.3　旋转

旋转是指围绕轴旋转某个截面形状而创建的模型。

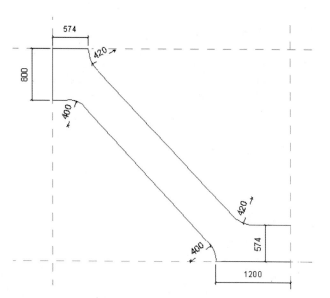

图 4-37 绘制图形

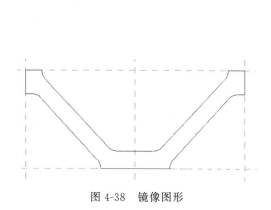

图 4-38 镜像图形

图 4-39 "属性"选项板

如果轴与旋转造型接触,则产生一个实心几何图形。如果远离轴旋转几何图形,则旋转体中将有个孔。

具体绘制步骤如下:

(1)在主页中单击"族"→"新建"或者单击"文件"→"新建"→"族"菜单命令,打开"新族-选择样板文件"对话框,选择"公制常规模型.rft"为样板族,单击"打开"按钮进入族编辑器。

(2)单击"创建"选项卡"形状"面板中的"旋转"按钮 🔄,打开"修改|创建旋转"选项卡和选项栏,如图 4-40 所示。

图 4-40 "修改|创建旋转"选项卡和选项栏

（3）单击"修改|创建旋转"选项卡"绘制"面板中的"圆"按钮 ⊙，绘制旋转截面。单击"修改|创建旋转"选项卡"绘制"面板中的"轴线"按钮 ，绘制竖直轴线，如图 4-41 所示。

（4）在"属性"选项板中输入起始角度为 0，终止角度为 270，单击"模式"面板中的"完成编辑模式"按钮 ✔，完成旋转模型的创建，如图 4-42 所示。

（5）在项目浏览器中的三维视图下双击视图 1，显示三维视图，如图 4-43 所示。

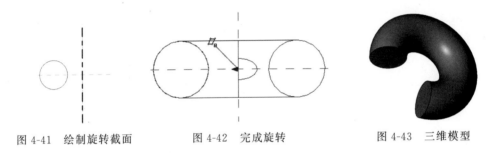

图 4-41 绘制旋转截面　　　　图 4-42 完成旋转　　　　图 4-43 三维模型

4.4.4　放样

通过沿路径放样二维轮廓，可以创建三维形状。可以使用放样方式创建饰条、栏杆扶手或简单的管道。

路径既可以是单一的闭合路径，也可以是单一的开放路径，但不能有多条路径。路径可以是直线和曲线的组合。轮廓草图可以是单个闭合环形，也可以是不相交的多个闭合环形。

具体绘制步骤如下：

（1）在主页中单击"族"→"新建"或者单击"文件"→"新建"→"族"菜单命令，打开"新族-选择样板文件"对话框，选择"公制常规模型.rft"为样板族，单击"打开"按钮进入族编辑器。

（2）单击"创建"选项卡"形状"面板中的"放样"按钮 ，打开"修改|放样"选项卡和选项栏，如图 4-44 所示。

图 4-44 "修改|放样"选项卡和选项栏

（3）单击"放样"面板中的"绘制路径"按钮 ，打开"修改|放样＞绘制路径"选项卡，单击"绘制"面板中的"样条曲线"按钮 ，绘制如图 4-45 所示的放样路径。单击"模式"面板中的"完成编辑模式"按钮 ，完成路径绘制。如果选择现有的路径，则单击"拾取路径"按钮 ，拾取现有绘制线作为路径。

（4）单击"放样"面板中"编辑轮廓"按钮 ，打开如图 4-46 所示的"转到视图"对话框，选择"立面：前"视图绘制轮廓。如果在平面视图中绘制路径，应选择立面视图来绘制轮廓。单击"打开视图"按钮，将视图切换至前立面图。

图 4-45　绘制路径　　　　　　　　　　　　图 4-46　"转到视图"对话框

（5）单击"绘制"面板中的"椭圆"按钮 ，绘制如图 4-47 所示的放样截面轮廓。单击"模式"面板中的"完成编辑模式"按钮 ，结果如图 4-48 所示。

图 4-47　绘制截面　　　　　　　　　　图 4-48　放样

4.4.5　实例——工字钢梁

（1）在主页中单击"族"→"新建"或者单击"文件"→"新建"→"族"菜单命令，打开"新族-选择样板文件"对话框，选择"公共常规模型.rft"为样板族，单击"打开"按钮进入族编辑器。

（2）单击"创建"选项卡"属性"面板中的"族类别和族参数"按钮 ，打开"族类别和族参数"对话框。选择"结构框架"族类别，在"族参数"组单击横断面形状栏中的 按钮，打开"结构剖面属性"对话框，选择"工字型平行法兰"剖面形状，如图 4-49 所示。单击"确定"按钮，返回到"族类别和族参数"对话框，在"用于模型行为的材质"栏下拉列表框中选择"钢"，其他采用默认设置，如图 4-50 所示。

（3）单击"创建"选项卡"基准"面板中的"参照平面"按钮 ，绘制水平参照平面和

4-3

图 4-49 "结构剖面属性"对话框

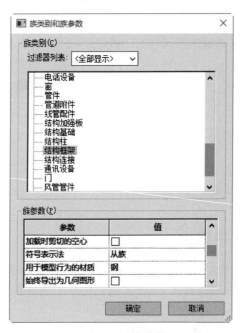

图 4-50 "族类别和族参数"对话框

竖直参照平面,如图 4-51 所示。

（4）单击"测量"面板中的"对齐尺寸标注"按钮 ，然后依次单击左侧竖直线、中间的参照平面和右侧竖直线,标注连续尺寸,放置尺寸后单击 EQ 标志,创建等分尺寸,如图 4-52 所示。

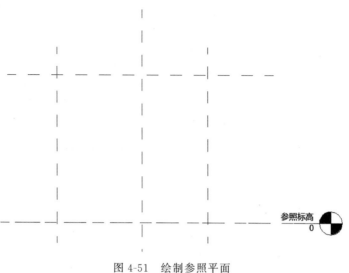

图 4-51 绘制参照平面

（5）单击"测量"面板中的"对齐尺寸标注"按钮，标注尺寸，如图 4-53 所示。

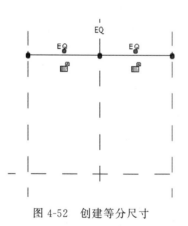

图 4-52 创建等分尺寸

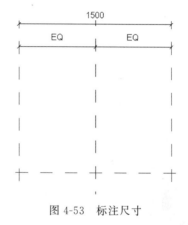

图 4-53 标注尺寸

（6）选取尺寸 1500，打开"修改|尺寸标注"选项卡，在"标签尺寸标注"面板"标签"下拉列表框中选择"高度"，如图 4-54 所示，将尺寸定义为高度参数尺寸，结果如图 4-55 所示。

（7）单击"创建"选项卡"形状"面板中的"放样"按钮，打开"修改|放样"选项卡。单击"放样"面板中的"绘制路径"按钮，打开"修改|放样＞绘制路径"选项卡。单击"绘制"面板中的"线"按钮，绘制如图 4-56 所示的放样路径。单击"模式"面板中的"完成编辑模式"按钮，完成路径绘制。

（8）单击"放样"面板中的"载入轮廓"按钮，打开"载入族"对话框，选择 China→"轮廓"→"常规轮廓"→"结构"文件夹中的"UB-通用梁.rfa"族文件，如图 4-57 所示。

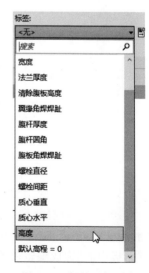

图 4-54 标签下拉列表

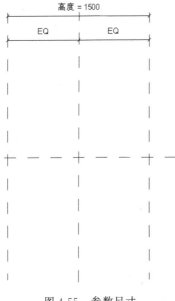

图 4-55　参数尺寸

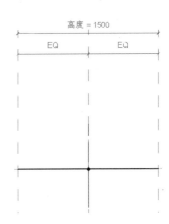

图 4-56　绘制放样路径

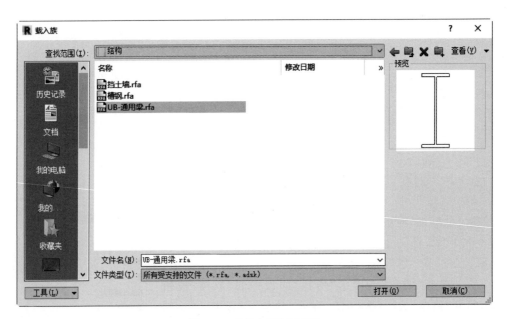

图 4-57　"载入族"对话框

（9）单击"打开"按钮，打开"指定类型"对话框，在对话框中选择"152×89×16UB"类型，如图 4-58 所示，单击"确定"按钮，载入轮廓族文件。

（10）在"修改|放样"选项卡"放样"面板的"轮廓"下拉列表框中选择上一步载入的轮廓族文件，打开如图 4-59 所示的选项栏，采用默认设置，单击"应用"按钮。单击"模式"面板中的"完成编辑模式"按钮 ✔，完成工字钢的创建，如图 4-60 所示。

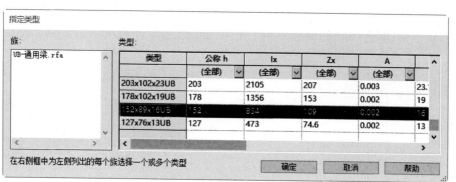

图 4-58　"指定类型"对话框

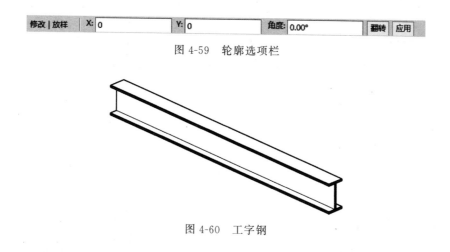

图 4-59　轮廓选项栏

图 4-60　工字钢

4.4.6　融合

融合工具可将两个轮廓(边界)融合在一起。

具体绘制步骤如下：

(1) 在主页中单击"族"→"新建"或者单击"文件"→"新建"→"族"菜单命令,打开"新族-选择样板文件"对话框,选择"公制常规模型.rft"为样板族,单击"打开"按钮进入族编辑器。

(2) 单击"创建"选项卡"形状"面板中的"融合"按钮 ,打开"修改|创建融合底部边界"选项卡和选项栏,如图 4-61 所示。

图 4-61　"修改|创建融合底部边界"选项卡和选项栏

(3) 单击"绘制"面板中的"矩形"按钮 ▭,绘制边长为 1000 的正方形,如图 4-62 所示。

（4）单击"模式"面板中的"编辑顶部"按钮，打开"修改|创建融合顶部边界"选项卡和选项栏，单击"绘制"面板中的"圆"按钮，绘制半径为 340 的圆，如图 4-63 所示。

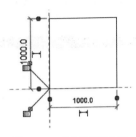

图 4-62　绘制底部边界

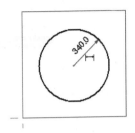

图 4-63　绘制顶部边界

（5）在"属性"选项板的"第二端点"文本框中输入 400，如图 4-64 所示，或在选项栏中输入深度为 400，单击"模式"面板中的"完成编辑模式"按钮，结果如图 4-65 所示。

图 4-64　"属性"选项板

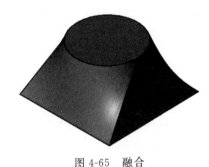

图 4-65　融合

4.4.7　放样融合

利用放样融合工具可以创建一个具有两个不同轮廓的融合体，然后沿某个路径对其进行放样。放样融合的造型由绘制或拾取的二维路径以及绘制或载入的两个轮廓确定。

具体绘制步骤如下：

（1）在主页中单击"族"→"新建"或者单击"文件"→"新建"→"族"菜单命令，打开"新族-选择样板文件"对话框，选择"公制常规模型.rft"为样板族，单击"打开"按钮进入族编辑器。

（2）单击"创建"选项卡"形状"面板中的"放样融合"按钮，打开"修改|放样融合"选项卡和选项栏，如图 4-66 所示。

图 4-66　"修改|放样融合"选项卡和选项栏

（3）单击"放样融合"面板中的"绘制路径"按钮 ，打开"修改|放样融合＞绘制路径"选项卡，单击"绘制"面板中的"样条曲线"按钮，绘制如图 4-67 所示的放样路径。单击"模式"面板中的"完成编辑模式"按钮，完成路径绘制。如果选择现有的路径，则单击"拾取路径"按钮，拾取现有绘制线作为路径。

（4）单击"放样融合"面板中的"编辑轮廓"按钮，打开如图 4-46 所示的"转到视图"对话框，选择"立面：前"视图绘制轮廓。如果在平面视图中绘制路径，应选择立面视图来绘制轮廓。单击"打开视图"按钮。

（5）单击"放样融合"面板中的"选择轮廓 1"按钮，然后单击"编辑轮廓"按钮，利用矩形绘制如图 4-68 所示的截面轮廓 1。单击"模式"面板中的"完成编辑模式"按钮。

图 4-67　绘制路径

图 4-68　绘制截面 1

（6）单击"放样融合"面板中的"选择轮廓 2"按钮，然后单击"绘制截面"按钮，利用圆弧绘制如图 4-69 所示的截面轮廓 2。单击"模式"面板中的"完成编辑模式"按钮，结果如图 4-70 所示。

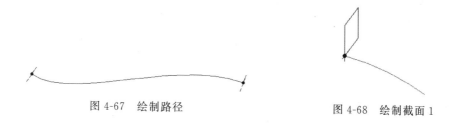

图 4-69　绘制截面 2

图 4-70　放样融合

4.5　综合实例——承台-8桩-3阶

（1）在主页中单击"族"→"新建"或者单击"文件"→"新建"→"族"菜单命令，打开"新族-选择样板文件"对话框，选择"公制结构基础.rft"为样板族，如图 4-71 所示，单击"打开"按钮进入族编辑器，如图 4-72 所示。

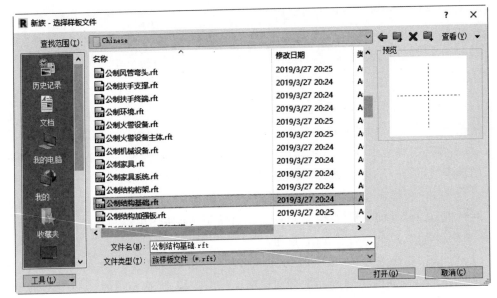

图 4-71 "新族-选择样板文件"对话框

（2）单击"创建"选项卡"形状"面板中的"拉伸"按钮📦，打开"修改|创建拉伸"选项卡，单击"绘制"面板中的"矩形"按钮▢，创建轮廓线，如图 4-73 所示。

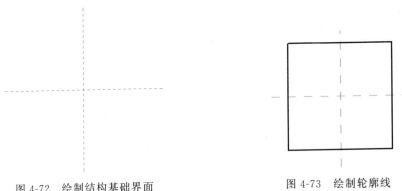

图 4-72　绘制结构基础界面　　　　图 4-73　绘制轮廓线

（3）单击"测量"面板中的"对齐尺寸标注"按钮⟋，标注总长和总宽尺寸为 800。然后依次单击左侧竖直线、中间的参照平面和右侧竖直线，标注连续尺寸，放置尺寸后单击EQ标志，创建等分尺寸。采用相同的方法标注竖直方向的等分尺寸，如图 4-74 所示。

（4）选取水平尺寸 800，在"尺寸标注"选项卡的"标签"下拉列表框中选择"长度"；选择竖直尺寸 800，在"标签"下拉列表框中选择"宽度"，结果如图 4-75 所示。

（5）单击"模式"面板中的"完成编辑模式"按钮✔，在"属性"选项板中设置拉伸起点为 0，拉伸终点为 100，如图 4-76 所示。

（6）单击"创建"选项卡"形状"面板中的"拉伸"按钮📦，打开"修改|创建拉伸"选项卡，单击"绘制"面板中的"矩形"按钮▢，创建轮廓线，然后标注尺寸，如图 4-77 所示。

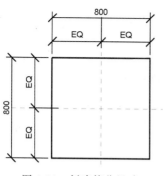

图 4-74　创建等分尺寸

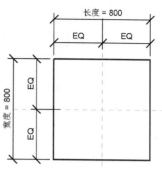

图 4-75　添加标签尺寸

图 4-76　"属性"选项板

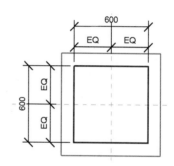

图 4-77　绘制轮廓线和标注尺寸

（7）选取水平尺寸 600，单击"标签尺寸标注"面板中的"创建参数"按钮，打开"参数属性"对话框，输入名称为"二承台长度"，设置参数分组方式为"尺寸标注"，如图 4-78 所示，其他采用默认设置，单击"确定"按钮。采用相同的方法，标注二承台的宽度，结果如图 4-79 所示。

（8）单击"模式"面板中的"完成编辑模式"按钮，在"属性"选项板中设置拉伸起点为 100，拉伸终点为 200，如图 4-80 所示。

（9）重复利用"拉伸"按钮，绘制三承台的拉伸截面并添加参数，如图 4-81 所示。在"属性"选项板中设置拉伸起点为 200，拉伸终点为 300，单击"应用"按钮。单击"模式"面板中的"完成编辑模式"按钮，完成承台的创建。

（10）单击"创建"选项卡"基准"面板中的"参照平面"按钮，绘制水平参照平面和竖直参照平面。单击"测量"面板中的"对齐尺寸标注"按钮，添加"X 方向桩间距"参数尺寸和"Y 方向桩间距"参数尺寸，然后标注等分尺寸，结果如图 4-82 所示。

（11）单击"创建"选项卡"形状"面板中的"拉伸"按钮，打开"修改｜创建拉伸"选项卡，单击"绘制"面板中的"圆"按钮，在参照平面的交点处绘制半径为 50 的圆作为桩的轮廓线。

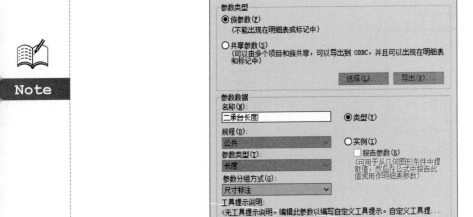

图 4-78 "参数属性"对话框

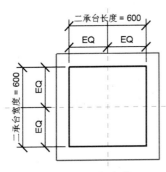

图 4-79 添加参数

图 4-80 设置拉伸参数

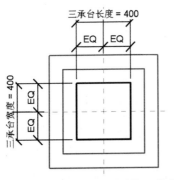

图 4-81 绘制三承台的拉伸截面轮廓

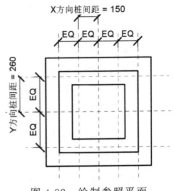

图 4-82 绘制参照平面

（12）单击"测量"面板中的"半径"按钮 ，标注图形的半径，如图4-83所示。选取尺寸，单击"标签尺寸标注"面板中的"创建参数"按钮 ，打开"参数属性"对话框，输入名称为"桩半径"，设置参数分组方式为"尺寸标注"，如图4-84所示，其他采用默认设置。单击"确定"按钮，添加所有圆的参数尺寸，结果如图4-85所示。

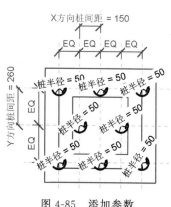

图4-83 标注尺寸

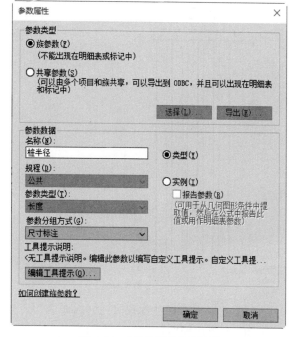

图4-84 "参数属性"对话框

（13）在"属性"选项板中设置拉伸起点为0，拉伸终点为−2000，如图4-86所示，单击"应用"按钮。单击"模式"面板中的"完成编辑模式"按钮 ，完成桩的创建。

图4-85 添加参数

图4-86 设置拉伸参数

（14）在项目浏览器中选择"立面"→"前"选项，双击打开立面视图，如图 4-87 所示。

（15）单击"修改"选项卡"测量"面板中的"对齐尺寸标注"按钮 ，标注尺寸，结果如图 4-88 所示。

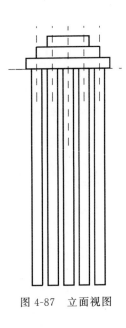

图 4-87　立面视图

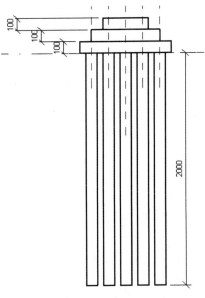

图 4-88　添加桩长度尺寸

（16）选取上步标注的尺寸 2000，单击"标签尺寸标注"面板中的"创建参数"按钮 ，打开"参数属性"对话框，输入名称为"桩深度"，设置参数分组方式为"尺寸标注"，如图 4-89 所示，其他采用默认设置，单击"确定"按钮。采用相同的方法，添加承台厚度参数尺寸，结果如图 4-90 所示。

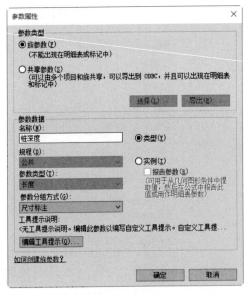

图 4-89　"参数属性"对话框

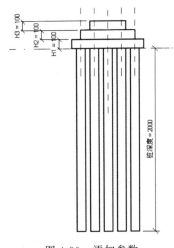

图 4-90　添加参数

（17）单击"创建"选项卡"属性"面板中的"族类型"按钮 ，打开"族类型"对话框，单击"新建"按钮 ，打开"参数属性"对话框，输入名称为 H，其他采用默认设置。单击"确定"按钮，返回到"族类型"对话框，在新添的参数 H 栏输入对应的公式为"H1＋H2＋H3"，如图 4-91 所示，单击"确定"按钮。

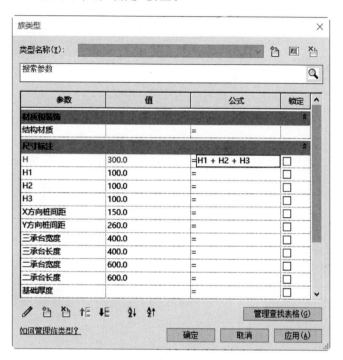

图 4-91 "族类型"对话框

（18）单击快速访问工具栏中的"保存"按钮 ，打开"另存为"对话框，输入文件名为"承台-8 桩-3 阶"，单击"保存"按钮，保存族文件。

本篇分类介绍建筑结构各单元设计的相关知识。

第2篇 结构设计篇

学习要点

- ◆ 标高和轴网
- ◆ 结构柱
- ◆ 梁设计
- ◆ 桁架与支撑
- ◆ 钢建模
- ◆ 结构墙
- ◆ 基础
- ◆ 结构楼板和楼梯
- ◆ 钢筋

第5章

标高和轴网

在 Revit 中标高和轴网是用来定位和定义楼层高度和视图平面的,也就是设计基准。在 Revit 中轴网确定了一个不可见的工作平面。轴网编号以及标高符号样式均可定制修改。

5.1 标　　高

标高是无限水平平面,用作屋顶、楼板和天花板等以层为主体的图元的参照。标高大多用于定义建筑内的垂直高度或楼层。用户可以为每个已知楼层或建筑的其他必需参照创建标高。标高必须放置于剖面或立面视图中,当标高修改后,这些建筑构件会随着标高的改变而发生高度上的变化。

5.1.1 创建标高

使用"标高"工具,可定义垂直高度或建筑内的楼层标高。用户可为每个已知楼层或其他必需的建筑参照(例如,第二层、墙顶或基础底端)创建标高。

(1) 新建一结构项目文件,并将视图切换到东立面视图,或者打开要添加标高的剖面视图或立面视图。

(2) 东立面视图中显示预设的标高,如图 5-1 所示。

3.000　标高 2

±0.000　标高 1

图 5-1　预设标高

（3）单击"结构"选项卡"基准"面板中的"标高"按钮 ，打开"修改|放置 标高"选项卡和选项栏，如图5-2所示。

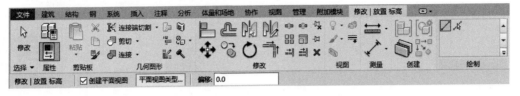

图5-2 "修改|放置 标高"选项卡和选项栏

☑ 创建平面视图：默认选中此复选框，所创建的每个标高都是一个楼层，并且拥有关联楼层平面视图和天花板投影平面视图。如果取消选中此复选框，则认为标高是非楼层的标高或参照标高，并且不创建关联的平面视图。墙及其他以标高为主体的图元可以将参照标高用作自己的墙顶定位标高或墙底定位标高。

☑ 平面视图类型：单击此选项，打开如图5-3所示的"平面视图类型"对话框，指定视图类型。

（4）当放置光标以创建标高时，如果光标与现有标高线对齐，则光标和该标高线之间会显示一个临时的垂直尺寸标注，如图5-4所示，单击确定标高的起点。也可以在显示临时尺寸时直接输入数值，确定两标高线之间的距离，如图5-5所示。

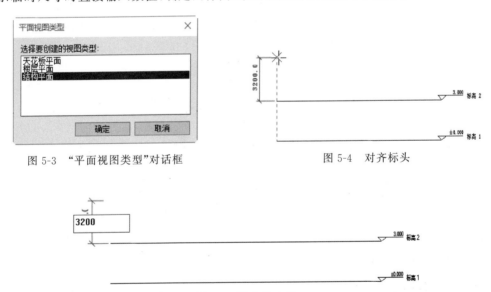

图5-3 "平面视图类型"对话框　　　　　　图5-4 对齐标头

图5-5 输入尺寸值

（5）通过水平移动光标绘制标高线，直到捕捉到另一侧标头时，单击确定标高线的终点，系统自动生成对应的标高视图，如图5-6所示。

☎ 注意：在绘制标高时，要注意光标的位置，如果光标在现有标高的上方，则会在当前标高上方生成标高；如果光标在现有标高的下方，则会在当前标高的下方生成标高。在拾取时，视图中会以虚线表示即将生成的标高位置，可以根据此预览来判断标高位置是否正确。

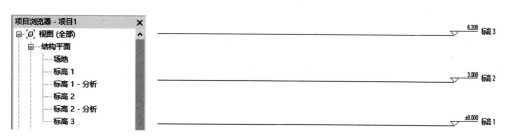

图 5-6 绘制标高线

（6）如果想要生成多条标高，还可以利用"复制"命令 ，创建多个标高。

提示：绘制标高和复制标高都是建立新标高的有效方法。两者之间的区别在于：使用绘制标高的方法新建标高时，会默认同时建立对应的结构平面，并且在视图中，标高标头的颜色为蓝色；使用复制标高的方法新建标高时，不会建立对应的平面视图，并且在视图中，标高标头的颜色为黑色。

5.1.2 编辑标高

标高创建完成后，还可以修改标高的标头样式、标高线型，调整标高标头位置。

（1）接上一节文件，选择与其他标高线对齐的标高线时，将会出现一个锁以显示对齐，如图 5-7 所示。如果水平移动标高线，则全部对齐的标高线会随之移动。

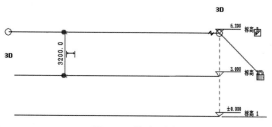

图 5-7 锁定对齐

（2）选中视图中标高的临时尺寸值，更改标高的高度。也可以双击标头上的数值，更改标高高度，如图 5-8 所示。

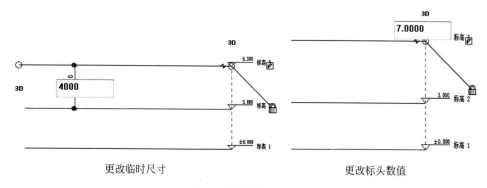

更改临时尺寸　　　　　　　　　更改标头数值

图 5-8 更改标高高度

（3）单击标高的名称，可以对其进行更改，如图 5-9 所示。在空白位置单击，打开如图 5-10 所示的"确认标高重命名"提示对话框，单击"是"按钮，则相关的结构平面的名称也将随之更新，如图 5-11 所示。如果输入的名称已存在，则会打开如图 5-12 所示"Autodesk Revit 2020"错误提示对话框，单击"取消"按钮，重新输入名称。

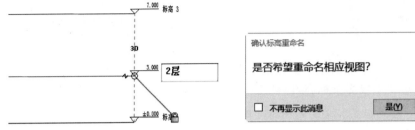

图 5-9　输入标高名称　　　　　　　　图 5-10　"确认标高重命名"提示对话框

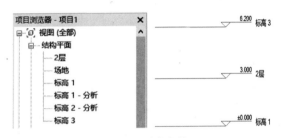

图 5-11　更改名称

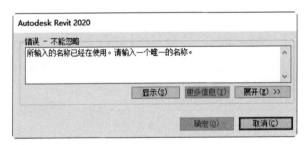

图 5-12　"Autodesk Revit 2020"错误提示对话框

（4）选取要修改的标高，在"属性"选项板中更改类型，如图 5-13 所示。

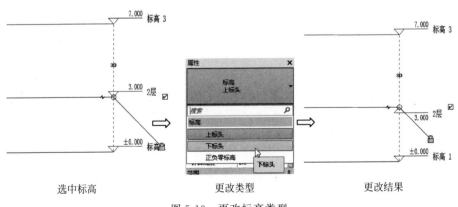

选中标高　　　　　　　　更改类型　　　　　　　　更改结果

图 5-13　更改标高类型

（5）当相邻两个标高靠得很近时，有时会出现标头文字重叠现象，可以单击"添加弯头"按钮 ，拖动控制柄到适当的位置，如图 5-14 所示。

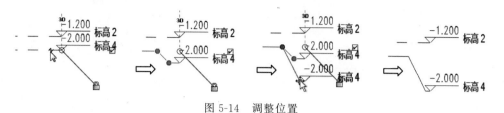

图 5-14　调整位置

（6）选取标高线，拖动标高线两端的操纵柄，向左或向右移动鼠标，调整标高线的长度，如图 5-15 所示。

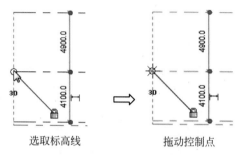

图 5-15　调整标高线长度

（7）选取一条标高线，在标高编号的附近会显示"隐藏或显示标头"复选框，取消选中此复选框，隐藏标头，选中此复选框，则显示标头，如图 5-16 所示。

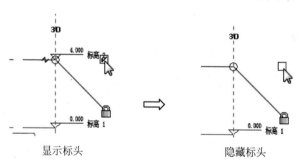

图 5-16　隐藏或显示标头

（8）选取标高后，单击"3D"字样，将标高切换到 2D 属性，如图 5-17 所示。这时拖曳标头延长标高线后，其他视图不会受到影响。

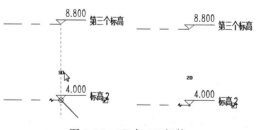

图 5-17　3D 与 2D 切换

(9) 可以通过在"属性"选项板中修改实例属性来指定标高的高程、计算高度和名称,如图 5-18 所示。对实例属性的修改只会影响当前所选中的图元。

图 5-18"属性"选项板中的选项说明如下。

☑ 立面:标高的垂直高度。

☑ 上方楼层:与"建筑楼层"参数结合使用,此参数指示该标高的下一个建筑楼层。默认情况下,"上方楼层"是下一个启用"建筑楼层"的最高标高。

☑ 计算高度:在计算房间周长、面积和体积时要使用的标高之上的距离。

☑ 名称:标高的标签。可以为该属性指定任何所需的标签或名称。

图 5-18 "属性"选项板

☑ 结构:将标高标识为主要结构(如钢顶部)。

☑ 建筑楼层:指示标高对应于模型中的功能楼层或楼板,与其他标高(如平台和保护墙)相对。

(10) 单击"属性"选项板中的"编辑类型"按钮 ,打开如图 5-19 所示的"类型属性"对话框,可以在该对话框中修改标高类型的"基面""线宽""颜色"等属性。

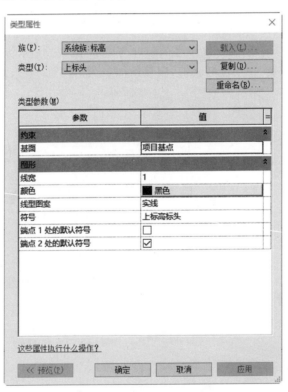

图 5-19 "类型属性"对话框

"类型属性"对话框中的选项说明如下。

☑ 基面:包括"项目基点"和"测量点"。如果选择"项目基点",则在某一标高上报告的高程基于项目原点。如果选择"测量点",则报告的高程基于固定测量点。

☑ 线宽:设置标高类型的线宽。可以从"值"列表中选择线宽型号。

☑ 颜色:设置标高线的颜色。单击"颜色"按钮,打开"颜色"对话框,从对话框的"颜色"列表中选择颜色或自定义颜色。

☑ 线型图案:设置标高线的线型图案。线型图案可以为实线或虚线和圆点的组合。可以从 Revit 定义的值列表中选择线型图案,或自定义线型图案。

☑ 符号:确定标高线的标头是否显示编号中的标高号(标高标头-圆圈)、显示标高号但不显示编号(标高标头-无编号)或不显示标高号(〈无〉)。

☑ 端点 1 处的默认符号:默认情况下,在标高线的左端点处不放置编号,选中此复选框,显示编号。

☑ 端点 2 处的默认符号:默认情况下,在标高线的右端点处放置编号。选择标高线时,标高编号旁边将显示复选框,取消选中此复选框,则隐藏编号。

5.1.3　实例——创建乡间小楼标高

从本实例开始,将以乡间小楼为综合实例贯穿全书进行讲解。

(1)在主页中单击"模型"→"新建"按钮,打开"新建项目"对话框,在样板文件下拉列表框中选择"结构样板",选择"项目"选项,如图 5-20 所示。或单击"浏览"按钮,打开"选择样板"对话框,选择"Structural Analysis-DefaultCHSCHS.rte"样板文件,如图 5-21 所示,单击"打开"按钮,返回到"新建项目"对话框。单击"确定"按钮,新建结构项目文件,系统自动切换视图到"结构平面:标高 2"。

5-1

图 5-20　"新建项目"对话框

(2)在项目浏览器中双击"立面"节点下的"东"选项,将视图切换到东立面视图,东立面视图中显示预设的标高,如图 5-22 所示。

(3)单击"建筑"选项卡"基础"面板中的"标高"按钮 ，在选项栏中选中"创建平面视图"复选框,移动光标到现有标高的上方,当光标与现有标高线对齐时单击确定标高的起点。通过水平移动光标绘制标高线,直到捕捉到另一侧标头时,单击确定标高线的终点。采用相同的方法,绘制标高线,如图 5-23 所示。按 Esc 键或在视图中右击,弹出如图 5-24 所示的快捷菜单,单击"取消"选项,退出标高命令。

(4)选取标高 2 标高线,显示标高 2 和标高 1 之间的临时尺寸。选取临时尺寸,输入新的尺寸值为 2700,按 Enter 键,更改标高线之间的尺寸值,结果如图 5-25 所示。

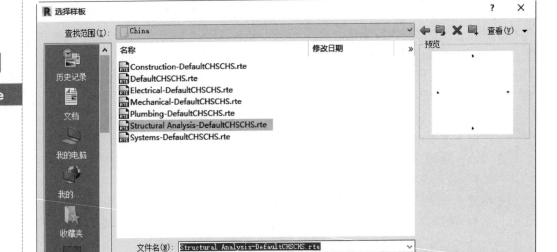

图 5-21 "选择样板"对话框

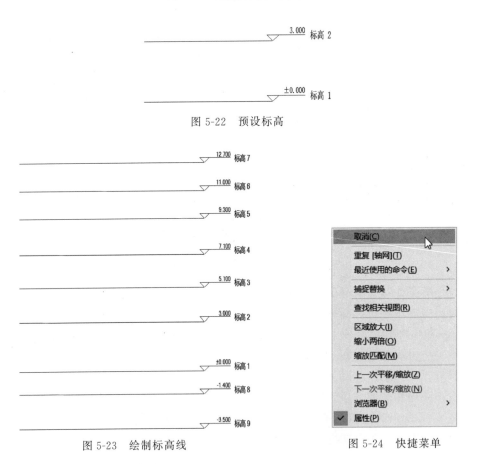

图 5-22 预设标高

图 5-23 绘制标高线

图 5-24 快捷菜单

图 5-25　更改标高尺寸

（5）双击标高 3 标头上的数值，更改标高高度为 3.000，按 Enter 键确认标高值，更改标高线之间的尺寸值，结果如图 5-26 所示。

提示：标头上的标高高度以米为单位，临时尺寸上的标高高度以毫米为单位。

（6）采用相同的方法，更改标高尺寸值，调整标高线的位置，结果如图 5-27 所示。

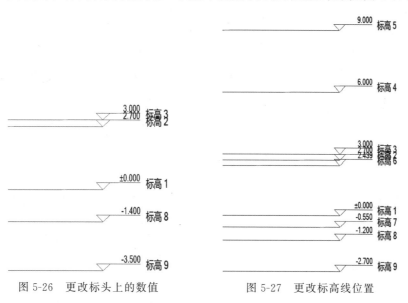

图 5-26　更改标头上的数值　　　　　　图 5-27　更改标高线位置

（7）双击标高 1 标头上的名称，输入新名称为"1 层"，打开"确认标高重命名"提示对话框，如图 5-28 所示。单击"是"按钮，更改相应的视图名称。采用相同的方法，更改其他标高，结果如图 5-29 所示。

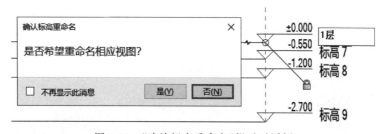

图 5-28　"确认标高重命名"提示对话框

图 5-29　更改标高名称

（8）选取"1层"标高线以下的标高线，在"属性"选项板中选择"标高 下标头"类型，更改其标头的类型，如图 5-30 所示。

（9）从图 5-29 中可以看出标头文字重叠，选取梁系统参考标高线，可以单击"添加弯头"按钮 ，拖动控制柄到适当的位置。采用相同的方法，调整天花板的标高线，结果如图 5-31 所示。

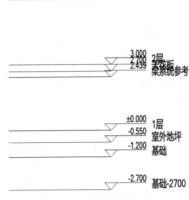

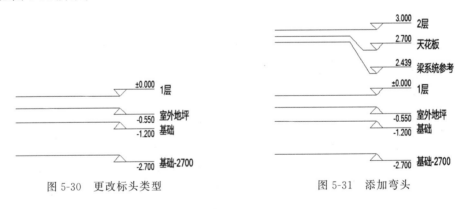

图 5-30　更改标头类型　　　　　　　图 5-31　添加弯头

5.2　轴　　网

轴网用于为构件定位，在 Revit 中轴网确定了一个不可见的工作平面。Revit 软件目前可以绘制弧形和直线轴网，不支持折线轴网。

5.2.1　创建轴网

使用"轴网"工具，可以在建筑设计中放置柱轴网线。轴网可以是直线、圆弧或多段。

（1）新建一结构项目文件，在默认的标高平面上绘制轴网。

（2）单击"建筑"选项卡"基准"面板中的"轴网"按钮 ，打开"修改|放置 轴网"选项卡和选项栏，如图 5-32 所示。

图 5-32 "修改|放置 轴网"选项卡和选项栏

（3）单击确定轴线的起点，拖动鼠标向下移动，如图 5-33 所示，到适当位置单击确定轴线的终点，完成一条竖直直线的绘制，结果如图 5-34 所示。

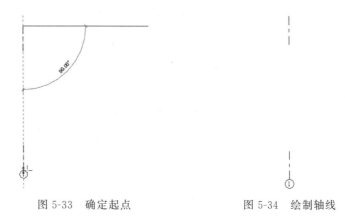

图 5-33 确定起点 图 5-34 绘制轴线

（4）继续绘制其他轴线，也可以单击"修改"面板中的"复制"按钮 ，框选上步绘制的轴线，然后按 Enter 键，指定起点，移动鼠标到适当位置，单击确定终点，如图 5-35 所示。也可以直接输入尺寸值确定两轴线之间的间距。

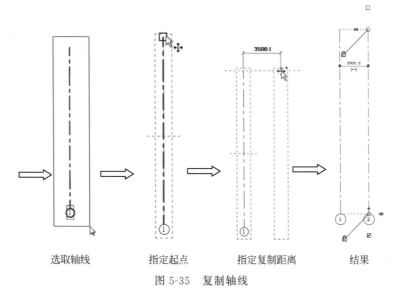

选取轴线 指定起点 指定复制距离 结果

图 5-35 复制轴线

（5）继续绘制其他竖直轴线，如图5-36所示。复制的轴线编号是自动排序的。当绘制轴线时，可以让各轴线的头部和尾部相互对齐。如果轴线是对齐的，则选择线时会出现一个锁以指明对齐。如果移动轴网范围，则所有对齐的轴线都会随之移动。

（6）继续指定轴线的起点，水平移动鼠标到适当位置单击确定终点，绘制一条水平轴线。继续绘制其他水平轴线。

（7）也可以单击"修改"面板中的"阵列"按钮 ，选取上步绘制的水平轴线，按Enter键确认，捕捉轴线端点为阵列起点，向上移动鼠标，显示轴线间的距离。然后单

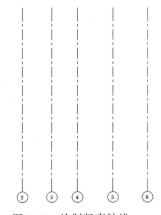

图5-36　绘制竖直轴线

击确认位置，弹出阵列个数文本框，输入阵列个数，按Enter键确认，如图5-37所示。

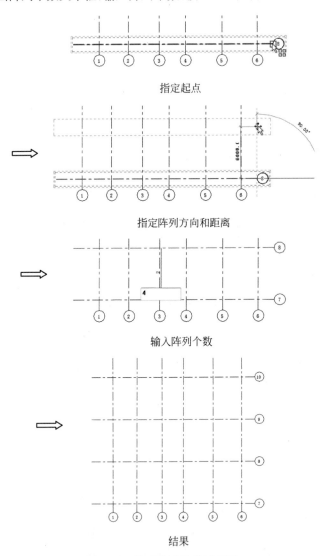

指定起点

指定阵列方向和距离

输入阵列个数

结果

图5-37　阵列水平轴线过程图

5.2.2　编辑轴网

绘制完轴网后会发现轴网中有的地方不合适,需要进行修改。

（1）接上一节文件,选取所有轴线,然后在"属性"选项板中选择"6.5mm 编号间隙"类型,如图 5-38 所示,更改后的结果如图 5-39 所示。

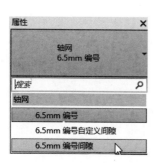

图 5-38　选择类型

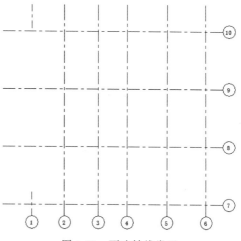

图 5-39　更改轴线类型

（2）选取更改类型后的竖直轴线,拖动如图 5-40 所示的间隙点,调整间隙宽度,结果如图 5-41 所示。

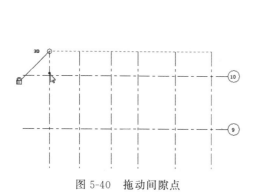

图 5-40　拖动间隙点

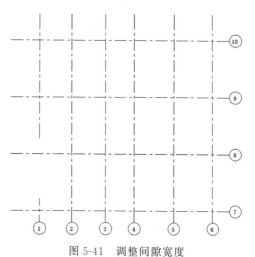

图 5-41　调整间隙宽度

（3）一般情况下横向轴线的编号按从左到右的顺序编写,纵向轴线的编号则用大写的拉丁字母从下到上编写,不能用字母 I 和 O。因为水平轴线是阵列的,阵列后的所有水平轴线是一个组,所以选取水平轴线,单击"修改|模型组"选项卡"成组"面板中的"解组"按钮 ,将水平轴线分解,双击数字"7",将其更改为"A",如图 5-42 所示,按Enter 键确认。

（4）采用相同方法更改其他纵向轴线的编号，结果如图 5-43 所示。

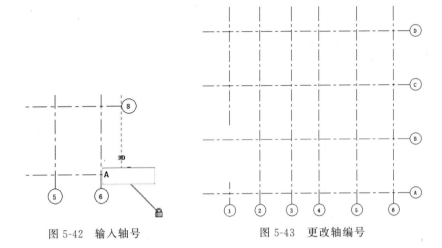

图 5-42　输入轴号　　　　　　　　　图 5-43　更改轴编号

（5）选中临时尺寸，可以编辑此轴与相邻两轴之间的尺寸，如图 5-44 所示。采用相同的方法，更改轴线之间的所有尺寸，使轴线之间的尺寸都为 6000，如图 5-45 所示。也可以直接拖曳轴线调整轴线之间的间距。

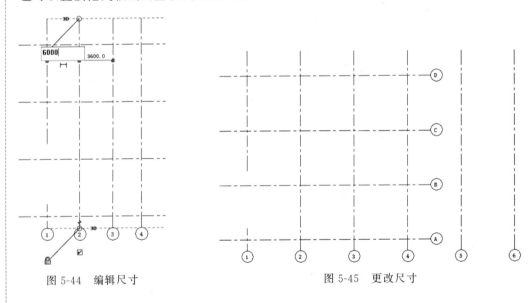

图 5-44　编辑尺寸　　　　　　　　　图 5-45　更改尺寸

（6）选取轴线，拖曳轴线端点 调整轴线的长度，如图 5-46 所示。

（7）选取任意轴线，单击"属性"选项板中的"编辑类型"按钮 或者单击"修改|轴网"选项卡"属性"面板中的"类型属性"按钮 ，打开如图 5-47 所示的"类型属性"对话框，可以在该对话框中修改轴线类型"符号""颜色"等属性。选中"平面视图轴号端点 1（默认）"复选框，单击"确定"按钮，结果如图 5-48 所示。

图 5-47 所示"类型属性"对话框中的选项说明如下。

☑ 符号：用于轴线端点的符号。

☑ 轴线中段：在轴线中显示的轴线中段的类型。包括"无""连续"或"自定义"，如

Note

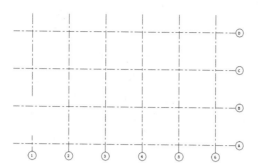

图 5-46 调整轴线长度

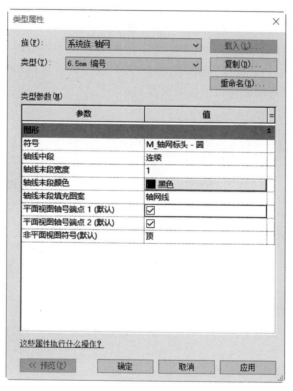

图 5-47 "类型属性"对话框

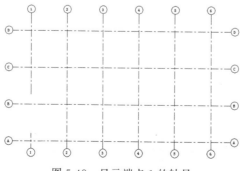

图 5-48 显示端点 1 的轴号

图 5-49 所示。

☑ 轴线末段宽度：表示连续轴线的线宽，或者在"轴线中段"为"无"或"自定义"的情况下表示轴线末段的线宽，如图 5-50 所示。

☑ 轴线末段颜色：表示连续轴线的线颜色，或者在"轴线中段"为"无"或"自定义"的情况下表示轴线末段的线颜色，如图 5-51 所示。

☑ 轴线末段填充图案：表示连续轴线的线样式，或者在"轴线中段"为"无"或"自定义"的情况下表示轴线末段的线样式，如图 5-52 所示。

☑ 平面视图轴号端点 1（默认）：在平面视图中，在轴线的起点处显示编号的默认设置。也就是说，在绘制轴线时，编号在其起点处显示。

☑ 平面视图轴号端点 2（默认）：在平面视图中，在轴线的终点处显示编号的默认设置。也就是说，在绘制轴线时，编号显示在其终点处。

☑ 非平面视图符号（默认）：在非平面视图的项目视图（例如，立面视图和剖面视图）中，轴线上显示编号的默认位置："顶""底""两者"（顶和底）或"无"。如果需要，可以显示或隐藏视图中各轴网线的编号。

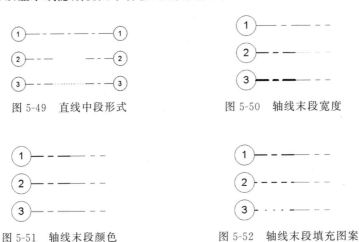

图 5-49　直线中段形式　　　　　　　　图 5-50　轴线末段宽度

图 5-51　轴线末段颜色　　　　　　　　图 5-52　轴线末段填充图案

（8）选取轴线，单击"添加弯头"按钮 ，可以对轴线添加弯头，如图 5-53 所示。拖动控制点调整弯头的位置，如图 5-54 所示。

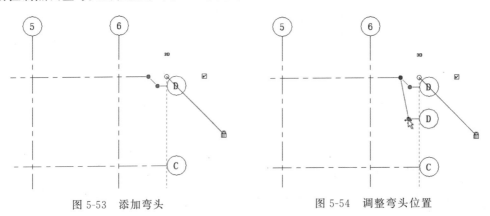

图 5-53　添加弯头　　　　　　　　　　图 5-54　调整弯头位置

Note

（9）选择任意轴线，选中或取消选中轴线外侧的方框☑，打开或关闭轴号显示，如图 5-55 所示。

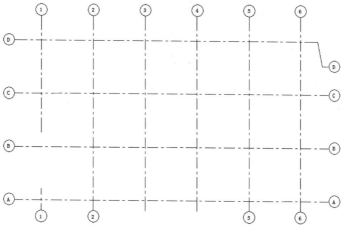

图 5-55 关闭轴号

（10）选取轴线 3，然后单击"创建和删除长度和对齐"按钮，解除对齐约束，拖动轴线 3 的下端点，调整其长度。采用相同的方法，调整轴线 4 的长度，如图 5-56 所示。

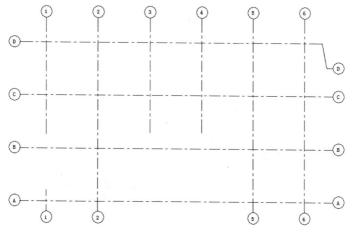

图 5-56 调整轴线长度

5.2.3 实例——创建乡间小楼轴网

本节接 5.1.3 节实例继续创建乡间小楼。

（1）在项目浏览器中双击"结构平面"节点下的"1 层"选项，或右击"1 层"，打开如图 5-57 所示的快捷菜单，单击"打开"选项卡，打开 1 层结构平面视图。

（2）单击"结构"选项卡"基准"面板中的"轴网"按钮，打开"修改|放置 轴网"选项卡和选项栏。

（3）在"属性"选项板中选择"轴网 6.5mm 编号"类型，单击"编辑类型"按钮，打开"类型属性"对话框。单击"轴线末端颜色"栏中的色块，打开"颜色"对话框，选择"红

5-2

Note

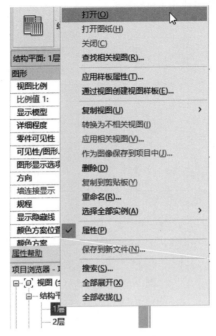

图 5-57 快捷菜单

色",如图 5-58 所示。单击"确定"按钮,返回到"类型属性"对话框,选中"平面视图轴号端点 1(默认)"复选框,其他采用默认设置,如图 5-59 所示,单击"确定"按钮。

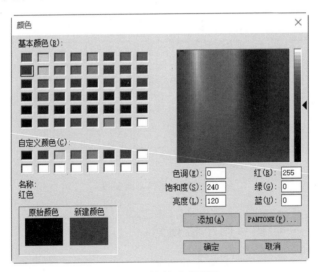

图 5-58 "颜色"对话框

　　(4) 在视图中适当位置单击确定轴线的起点,移动鼠标在适当位置单击确定轴线的终点,重复绘制如图 5-60 所示的轴线网,按 Esc 键退出命令。

　　(5) 选取轴线 9,单击轴编号,对轴号进行编辑,输入新的轴编号为 A,按 Enter 键确认。采用相同的方法,依次更改水平轴线的轴编号为 B、C、D、E、F、G、H,结果如图 5-61 所示。

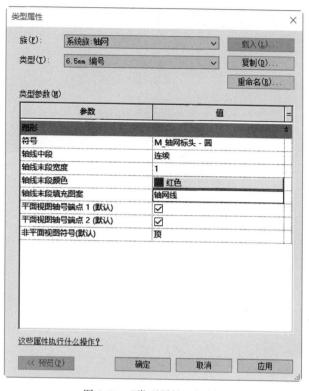

图 5-59 "类型属性"对话框

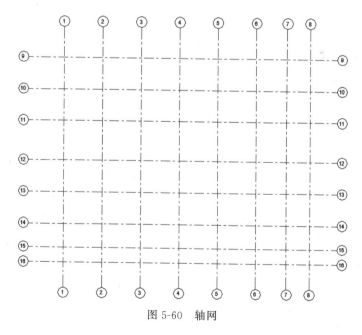

图 5-60 轴网

（6）选取轴线 2，双击轴线 1 与轴线 2 之间的临时尺寸，输入新尺寸为 1500，按 Enter 键确认，轴线根据输入的尺寸调整位置。采用相同的方法，更改轴线之间的距离，具体尺寸如图 5-62 所示。

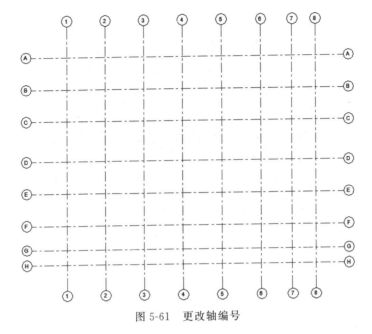

图 5-61　更改轴编号

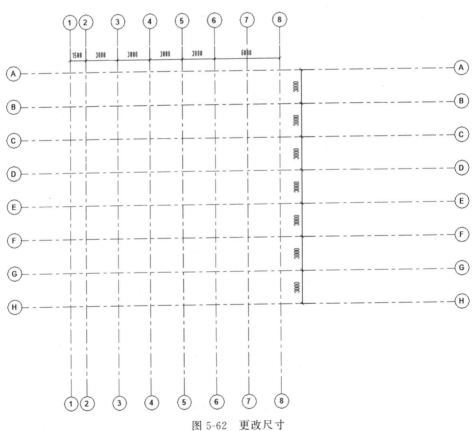

图 5-62　更改尺寸

（7）选取任意水平轴线，拖曳轴线上的控制点，调整所有水平轴线的长度。采用相同的方法，调整竖直轴线的长度，结果如图 5-63 所示。

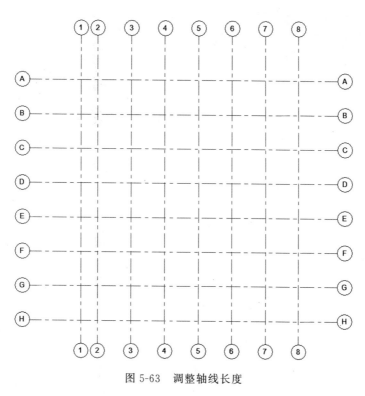

图 5-63 调整轴线长度

（8）选取水平轴线 D,取消选中轴线左侧的复选框,隐藏轴编号。采用相同的方法,隐藏其他轴线的轴编号,结果如图 5-64 所示。

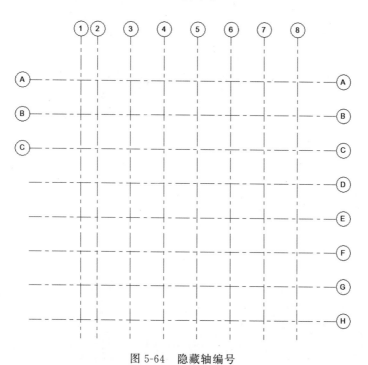

图 5-64 隐藏轴编号

（9）选取轴线 D，单击左侧的"创建或删除长度或对齐约束"图标 ，将其解锁，删除轴线 D 与其他水平轴线左侧的对齐约束关系，然后拖动轴线 D 左侧的控制点，调整轴线 D 的长度。采用相同的方法，调整其他轴线的长度，如图 5-65 所示。

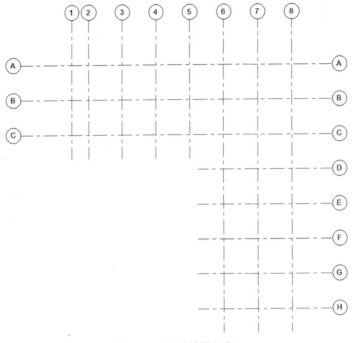

图 5-65　调整轴线长度

（10）将视图切换至其他层的视图，可以看出视图中的轴线与 1 层的轴线不一样，所以将轴线的更改应用到其他层视图。选取图中所有轴线，单击"修改 | 轴网"选项卡"基准"面板中的"影响范围"按钮 ，打开"影响基准范围"对话框，选中视图，如图 5-66 所示。单击"确定"按钮，将调整好的轴网应用到视图。

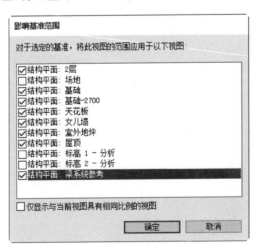

图 5-66　"影响基准范围"对话框

第6章

结构柱

结构柱是主体框架受力的竖向主要构件，是整个楼的支撑，是必须一定要放进主体计算中的构件，是主要构件，它负责把梁上传来的荷载传递给基础，负责结构的主要受力。它的配筋应通过计算得出，不仅要满足构造配筋要求，而且要满足计算配筋要求，有必要的地方还需要手工进行调整。

6.1　放置结构柱

结构柱就是所谓的承重柱，它是一种承重结构，指的是直接将本身的自重与各种外加的作用力传递给基础地基的主要结构构件和其连接的接点，包括承重的墙体、立杆、框架柱、楼板以及屋架等。

6.1.1　放置垂直结构柱

（1）新建结构项目文件，并绘制轴网，或者打开第 5 章绘制的轴网，如图 6-1 所示。

（2）单击"结构"选项卡"结构"面板上的"柱"按钮 ，打开"修改|放置 结构柱"选项卡和选项栏，系统默认激活"垂直柱"按钮，如图 6-2 所示。

☑ 放置后旋转：选中此选项可以在放置柱后立即将其旋转。

☑ 深度：此设置从柱的底部向下绘制。要从柱的底部向上绘制，则选择"高度"。

☑ 未连接：选择"未连接"，然后指定柱的高度。

（3）在选项栏设置结构柱的参数，比如放置后是否旋转、结构柱的深度等。

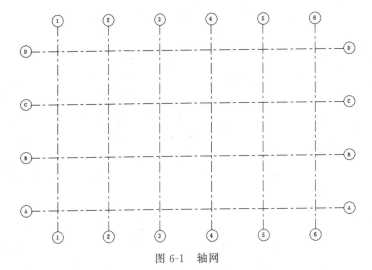

图 6-1　轴网

图 6-2　"修改|放置 结构柱"选项卡和选项栏

（4）在"属性"选项板的"类型"下拉列表框中选择结构柱的类型，柱放置在轴网交点时，两组网格线将亮显，如图 6-3 所示。单击放置柱，采用相同的方法，在其他轴网交点处放置柱，结果如图 6-4 所示。

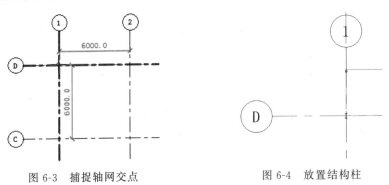

图 6-3　捕捉轴网交点　　　　　图 6-4　放置结构柱

（5）如果需要载入其他结构柱类型，应单击"模式"面板中的"载入族"按钮 ![按钮]，打开"载入族"对话框进行选择。例如，选择 China→"结构"→"柱"→"混凝土"文件夹中的"混凝土-矩形-柱.rfa"族文件，如图 6-5 所示。

（6）单击"打开"按钮，加载"混凝土-矩形-柱.rfa"，此时"属性"选项板如图 6-6 所示。

☑ 随轴网移动：将垂直柱限制条件改为轴网。

☑ 房间边界：将柱限制条件改为房间边界条件。

☑ 启用分析模型：显示分析模型，并将它包含在分析计算中。默认情况下处于选中状态。

图 6-5 "载入族"对话框

☑ 钢筋保护层-顶面：只适用于混凝土柱。设置与柱顶面间的钢筋保护层距离。

☑ 钢筋保护层-底面：只适用于混凝土柱。设置与柱底面间的钢筋保护层距离。

☑ 钢筋保护层-其他面：只适用于混凝土柱。设置从柱到其他图元面间的钢筋保护层距离。

（7）单击"属性"选项板中的"编辑类型"按钮 🔡，打开"类型属性"对话框。单击"复制"按钮，打开"名称"对话框，输入名称为"500×500mm"，如图 6-7 所示。单击"确定"按钮，返回到"类型属性"对话框中，更改 b 和 h 的值为 500，如图 6-8 所示，单击"确定"按钮。

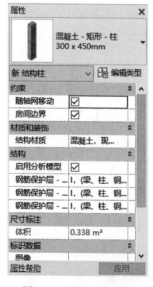

图 6-6 "属性"选项板

图 6-7 "名称"对话框

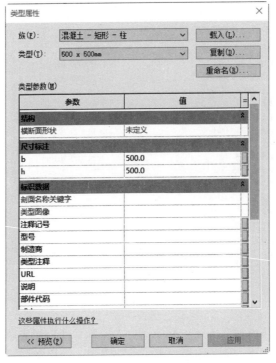

图 6-8 "类型属性"对话框

（8）在轴网交点处放置柱，按 Esc 键退出柱的放置，结果如图 6-9 所示。在项目浏览器中选择"立面"节点下的"南"选项，双击打开南立面视图，观察图形，如图 6-10 所示。

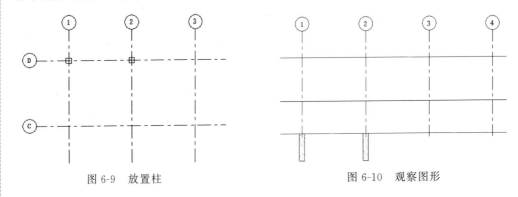

图 6-9 放置柱   图 6-10 观察图形

（9）在选项栏的下拉列表框中选择高度和标高 3，如图 6-11 所示。

图 6-11 设置选项栏

（10）在轴线 3、轴线 4 与轴线 D 的交点处放置柱，结果如图 6-12 所示。

🔒 提示：放置柱时，使用空格键更改柱的方向。每次按空格键时，柱将发生旋转，以便与选定位置的相交轴网对齐。在不存在任何轴网的情况下，按空格键时会使柱旋转 90°。

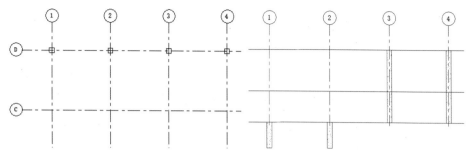

图 6-12 放置柱

6.1.2 放置多个结构柱

（1）新建结构项目文件，并绘制轴网，或者打开第 5 章绘制的轴网，如图 6-1 所示，单击"结构"选项卡"结构"面板上的"柱"按钮，打开"修改|放置 结构柱"选项卡和选项栏，单击"垂直柱"按钮。

（2）在"属性"选项板的"类型"下拉列表框中选择结构柱的类型。

（3）单击"多个"面板上的"在轴网处"按钮，打开"修改|放置 结构柱>在轴网交点处"选项卡，如图 6-13 所示。

图 6-13 "修改|放置 结构柱>在轴网交点处"选项卡

（4）框选视图中需要放置结构柱的轴网，如图 6-14 所示。也可以按住 Ctrl 键选取需要放置结构柱的轴线。在视图中会根据所选轴网在轴线交点处预览放置的柱，如图 6-15 所示。如果需要添加轴线，可以按住 Ctrl 键继续添加。

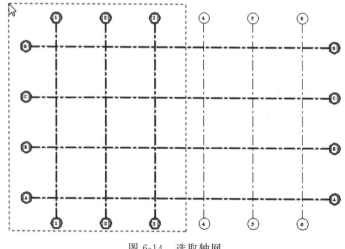

图 6-14 选取轴网

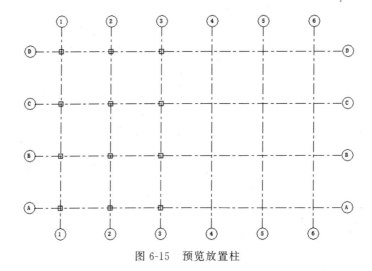

图 6-15　预览放置柱

（5）单击"多个"面板中的"完成"按钮 ✔，在所选轴网的交点处放置结构柱，如图 6-16 所示。

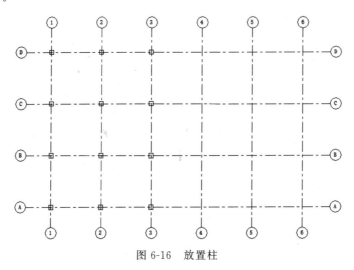

图 6-16　放置柱

6.1.3　在建筑柱处添加结构柱

（1）新建结构项目文件，并绘制轴网，或者打开第 5 章绘制的轴网，如图 6-1 所示，单击"建筑"选项卡"构建"面板中的"柱：建筑"按钮 ▮，打开"修改|放置 柱"选项卡和选项栏，如图 6-17 所示。注意放置结构柱和建筑柱时，选项卡和选项栏的区别。

图 6-17　"修改|放置 柱"选项卡和选项栏

（2）在"属性"选项板中选择所需的建筑柱类型，这里选择"圆柱 610mm 直径"类型。

（3）在视图中轴网交点处单击，放置建筑柱，如图 6-18 所示。

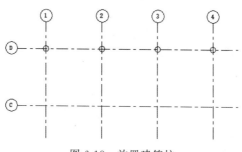

图 6-18　放置建筑柱

（4）单击"结构"选项卡"结构"面板上的"柱"按钮，打开"修改|放置 结构柱"选项卡和选项栏，单击"垂直柱"按钮。

（5）单击"多个"面板上的"在柱处"按钮，打开"修改|放置 结构柱>在建筑柱处"选项卡，如图 6-19 所示。

图 6-19　"修改|放置 结构柱>在建筑柱处"选项卡

（6）选择各个建筑柱，或者在视图中拖曳一个拾取框选择多个建筑柱，来选取多个柱，结构柱捕捉到建筑柱的中心，如图 6-20 所示。

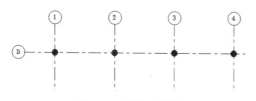

图 6-20　选取建筑柱

（7）选取完成后，单击"多个"面板中的"完成"按钮，在建筑柱中放置结构柱，如图 6-21 所示。

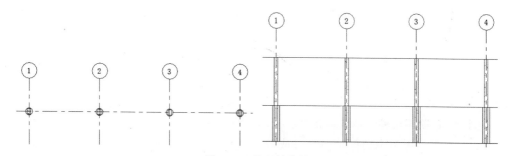

图 6-21　放置结构柱

6.1.4 放置斜结构柱

斜结构柱由两次单击、与这些单击相关联的标高以及为这些单击定义的偏移量来定义。

（1）新建结构项目文件，并绘制轴网，或者打开第 5 章绘制的轴网，如图 6-1 所示。单击"结构"选项卡"结构"面板上的"柱"按钮，打开"修改|放置 结构柱"选项卡和选项栏，单击"斜柱"按钮，选项卡和选项栏如图 6-22 所示。

图 6-22 "修改|放置 结构柱"选项卡和选项栏

☑ 第一次单击：选择柱起点所在的标高，在文本框中指定柱端点的偏移量。

☑ 第二次单击：选择柱端点所在的标高，在文本框中指定柱端点的偏移量。

☑ 三维捕捉：如果希望在柱的起点和终点之一或二者都捕捉到之前放置的结构图元，则需要选中此复选框。

（2）在"属性"选项板的"类型"下拉列表框中选择结构柱的类型，设置结构柱截面样式以及延伸，如图 6-23 所示。

☑ 底部/顶部截面样式：指定未附着到参照或图元时柱的底部/顶部的截面样式，包括垂直于轴线、水平和竖直，如图 6-24 所示。

图 6-23 "属性"选项板

垂直于轴线　　水平　　竖直

图 6-24 顶部截面样式

☑ 底部/顶部延伸：未附着到参照或图元时柱的底部偏移。

（3）在平面视图中捕捉轴网交点或者在任意位置单击，根据选项栏"第一次单击"选择的标高处以及输入的偏移值指定柱的起点，如图 6-25 所示。

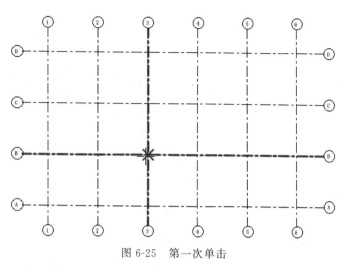

图 6-25   第一次单击

（4）再次在平面视图中捕捉轴网交点或者在任意位置单击，根据选项栏"第二次单击"选择的标高处以及输入的偏移值指定柱的终点，如图 6-26 所示。

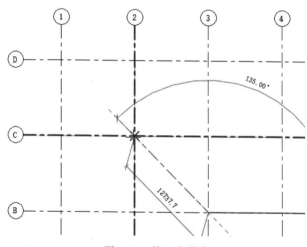

图 6-26   第二次单击

（5）根据两次单击生成的斜结构柱如图 6-27 所示。
斜柱放置规则如下：

（1）放置斜柱时，柱顶部的标高始终要比底部的标高高。放置柱时，处于较高标高的端点为顶部，处于较低标高的端点为底部。定义后，不得将顶部设置在底部下方。

（2）如果放置在三维视图中，"第一次单击"和"第二次单击"设置将定义柱的关联标高和偏移。如果放置在立面或横截面中，端点将与其最近的标高关联。默认情况下，端点与立面之间的距离就是偏移。

（3）如果不选中"三维捕捉"复选框，则针对当前工

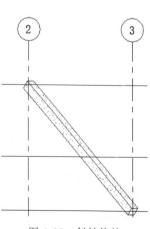

图 6-27   斜结构柱

作平面中的图元显示捕捉参照,以及典型的临时尺寸标注。在启用"三维捕捉"的情况下放置柱时,如果未发现或利用捕捉参照,则将使用"第一次单击"和"第二次单击"标高设置。

(4)斜柱不会出现在图形柱明细表中。处于倾斜状态的柱不会显示与图形柱明细表相关的图元属性,如"柱定位轴线"。

(5)"复制/监视"工具不适用于斜柱。

6.2 结构柱修改

6.2.1 修改柱的倾斜程度

(1)在三维视图中,选取要编辑的结构柱,"属性"选项板如图6-28所示。

(2)在"属性"选项板中更改柱样式为"倾斜-角度控制",结构柱上显示其底部标高、顶部标高以及高程,如图6-29所示。

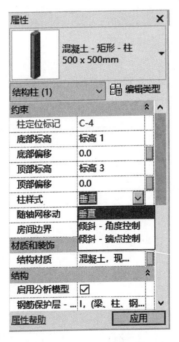

图6-28 "属性"选项板

图6-29 选取柱

(3)拖曳斜结构柱上的控制点,在视图中显示柱的高程和倾斜角度,如图6-30所示。拖动控制点到适当位置后,取消拖曳,结果如图6-31所示。

(4)在"属性"选项板中更改柱样式为"倾斜-端点控制",在端点控制结构柱的两端,垂直箭头控制点显示为蓝色箭头,拖曳此控制点可调整柱顶部或底部的高程。柱端点仅可以沿垂直方向移动,如图6-32所示。

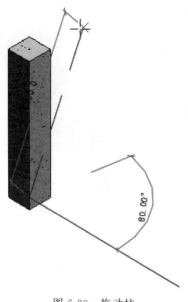

图 6-30 拖动柱   图 6-31 更改结果

（5）在柱的两端均显示蓝色的端点控制点，拖动此控制点可调整柱顶部或底部的位置，如图 6-33 所示。

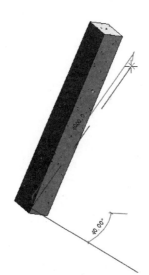

图 6-32 拖曳垂直箭头   图 6-33 拖曳控制点

（6）双击柱上的文字，可以对其进行手动编辑。输入高程以重定位关联的顶部或底部，输入柱的顶部标高或底部标高，柱端点仅可以沿垂直方向移动，如图 6-34 所示。

（7）在端点控制斜柱的两端，垂直箭头控制点显示为蓝色箭头，如图 6-35 所示。拖曳这些控制点可调整柱顶部或底部的高程。柱端点仅可以沿垂直方向移动。

图 6-34　更改数值　　　　　　　　　图 6-35　拖动箭头

（8）如果柱是端点控制的，则修改柱的相关图元时，柱端点将垂直移动；如果柱是角度控制的，则端点将沿相关图元移动以保持其角度。

（9）按空格键可将所选的柱绕着中心按顺时针方向旋转 90°（沿从底部到顶部的方向查看）。

6.2.2　修改斜柱样式

斜结构柱的"柱样式"参数根据模型进行参数化调整，包括倾斜-端点控制和倾斜-角度控制。

（1）当柱附着的图元重新定位时，角度控制柱将保持柱的角度，如图 6-36 所示。

原始位置　　　　　　　梁高程升高　　　　　　　梁高程

图 6-36　角度控制

（2）当柱附着的图元重新定位时，端点控制柱将保持柱的连接端点位置，如图 6-37 所示。

原始位置　　　　　　　梁高程升高　　　　　　　梁高程

图 6-37　端点控制

（3）如果柱两端均从中间连接到梁、连接另一个斜柱或附着到轴网，"柱样式"参数将变为"倾斜-端点控制"，示意图如图 6-38 所示。

（4）如果角度控制柱的一端从中间连接到梁、连接另一个斜柱或附着到轴网，"柱样式"将保持其当前设置，如图 6-39 所示。

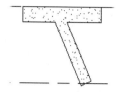

图 6-38 柱在两端连接　　　　　　图 6-39 柱在顶部或底部连接

① 如果连接的图元在保持角度控制关系的情况下重新定位,柱将随图元一起移动,如图 6-40 所示。

② 如果连接的图元在保持端点控制关系的情况下移动,则仅柱的连接端移动,如图 6-41 所示。

梁高程升高　　　　梁高程降低　　　　　　　　梁高程升高　　　　梁高程降低

图 6-40　角度控制　　　　　　　　　　图 6-41　端点控制

(5) 当角度控制斜柱附着到结构楼板或屋顶时,柱的附着端将沿定位线移动以确定其连接位置,如图 6-42 所示。然而,当附着的图元重新定位时,端点控制柱的连接端却垂直移动,如图 6-43 所示。

原图　　　　　结构楼板高程升高　　　　结构楼板高程降低

图 6-42　附着到结构楼板的角度控制

原图　　　　　结构楼板高程升高　　　　结构楼板高程降低

图 6-43　附着到结构楼板的端点控制

6.2.3　柱附着到梁

(1) 选取附着到梁的柱时,"属性"选项板如图 6-44 所示。

(2) 通过将几何图形对齐可以指定梁的"定位线""梁顶部""梁底部"或"梁中心"。修改这些值将相对于柱几何图形的定位线来偏移斜柱几何图形的位置,如图 6-45 所示。(图中 1 号线代表柱和梁的定位线,2 号线代表几何图形中心线,3 号箭头显示用来

图 6-44 "属性"选项板

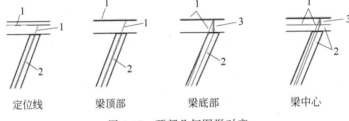

定位线　　　　梁顶部　　　　梁底部　　　　梁中心

图 6-45 顶部几何图形对齐

确定新中心线对齐位置的垂直偏移量。)

（3）附着对正可以定义附着柱端点的显示方式，包括最小相交、相交柱中线、最大相交和切点，如图 6-46 所示。可以利用"从顶部附着点偏移"和"从基点附着点偏移"属性来进一步调整柱的偏移量。

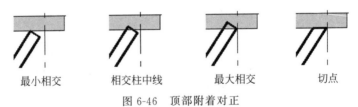

最小相交　　　相交柱中线　　　最大相交　　　　切点

图 6-46 顶部附着对正

6.3　实例——创建乡间小楼结构柱

本节接 5.2.3 节的实例继续创建乡间小楼。

（1）单击"结构"选项卡"结构"面板中的"柱"按钮[0]，打开"修改|放置 柱"选项卡和选项栏，设置高度：2层。

（2）在"属性"选项板中选择"混凝土-矩形-柱 300×450mm"类型,单击"编辑类型"按钮,打开"类型属性"对话框。单击"复制"按钮,打开如图 6-47 所示的"名称"对话框,输入名称为 450×450mm,单击"确定"按钮,新建"450×450mm"类型。返回到"类型属性"对话框,输入 b 为 450,h 为 450,其他采用默认设置,如图 6-48 所示。单击"确定"按钮,完成"混凝土-矩形-柱 450×450mm"类型的创建。

图 6-47　"名称"对话框

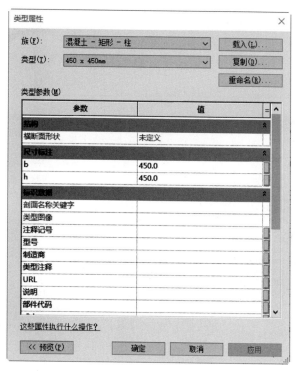

图 6-48　"类型属性"对话框

（3）在轴线 B 与轴线 3、轴线 4 中间位置放置柱,如图 6-49 所示。在"属性"选项板中更改底部偏移为-350,其他采用默认设置,如图 6-50 所示。

（4）在项目浏览器中双击"结构平面"节点下的"室外地坪层",将视图切换至室外地坪结构层。

（5）单击"结构"选项卡"结构"面板中的"柱"按钮,在打开的选项卡中单击"载入族"按钮,打开"载入族"对话框,选择 China→"结构"→"柱"→"钢"文件夹中的"方形冷弯空心型钢柱.rfa"族文件,如图 6-51 所示。

（6）单击"打开"按钮,打开"指定类型"对话框,选择"$B60\times60\times5$"类型,如图 6-52 所示,单击"确定"按钮,载入所选类型文件。

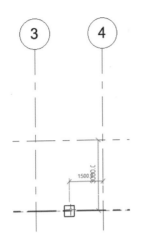

图 6-49　放置 450×450 柱

图 6-50　设置结构柱参数

图 6-51　"载入族"对话框

图 6-52　"指定类型"对话框

（7）在"属性"选项板中单击"编辑类型"按钮 ，打开"类型属性"对话框。单击"复制"按钮，打开"名称"对话框，输入名称为 B63.5×63.5×7.9，单击"确定"按钮，新建"B63.5×63.5×7.9"类型。返回到"类型属性"对话框，输入宽度和高度均为 6.35cm，墙公称厚度为 0.79cm，内圆角为 0.31cm，外圆角为 1.11cm，其他采用默认设置，如图 6-53 所示。单击"确定"按钮，完成"方形冷弯空心型钢柱 B63.5×63.5×7.9"类型的创建。

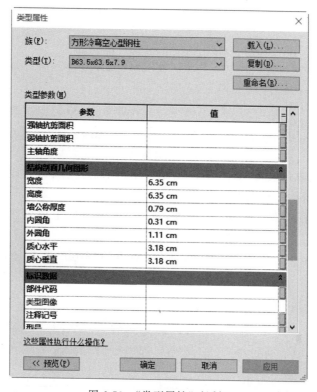

图 6-53 "类型属性"对话框

（8）在轴线上和轴线的交点处放置柱，如图 6-54 所示。

（9）单击"注释"选项卡"尺寸标注"面板中的"对齐"按钮 ⤢，标注柱到轴线之间的尺寸。然后选取柱，使尺寸处于编辑状态，单击尺寸，输入新的尺寸值，调整柱的位置，如图 6-55 所示。最后删除标注的尺寸。

（10）按住 Ctrl 键，选择视图中的方形冷弯空心型钢柱 B63.5×63.5×7.9，在"属性"选项板中设置底部偏移为−44，顶部标高为"梁系统参考"，顶部偏移为−240，其他采用默认设置，如图 6-56 所示。

（11）在项目浏览器中双击"结构平面"节点下的"基础"，将视图切换至基础。

（12）单击"结构"选项卡"结构"面板中的"柱"按钮 ⨉，在"属性"选项板中选择"热轧 H 型钢柱 HW388×402×15×15"类型，单击"编辑类型"按钮 ，打开"类型属性"对话框。单击"复制"按钮，打开"名称"对话框，输入名称为"HW203×133×7.8×5.8"，单击"确定"按钮，新建"HW203×133×7.8×5.8"类型。返回到"类型属性"对话框，输入宽度为 13.3cm，高度为 20.3cm，法兰厚度为 0.78cm，腹杆厚度为 0.58cm，腹杆圆角为

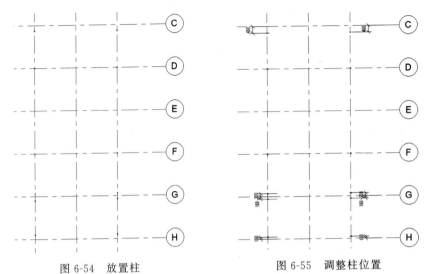

图 6-54　放置柱
图 6-55　调整柱位置

0.89cm，其他采用默认设置，如图 6-57 所示。单击"确定"按钮，完成"热轧 H 型钢柱 HW203×133×7.8×5.8"类型的创建。

（13）在选项栏中设置高度：女儿墙，在视图中的轴线上放置热轧 H 型钢柱，如图 6-58 所示。

（14）在项目浏览器中双击"结构平面"节点下的"2 层"，将视图切换至 2 层结构视图。

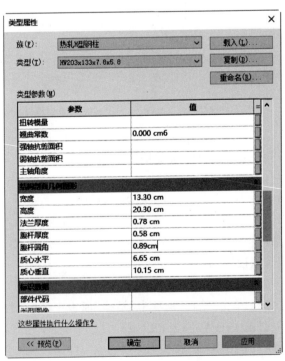

图 6-56　"属性"选项板
图 6-57　"类型属性"对话框

（15）单击"结构"选项卡"结构"面板中的"柱"按钮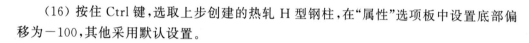，在选项栏中设置高度：女儿墙，在轴线上放置热轧 H 型钢柱，如图 6-59 所示。

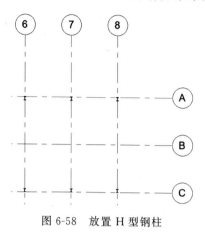

图 6-58 放置 H 型钢柱

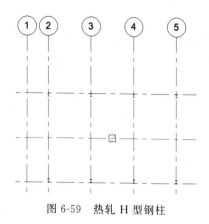

图 6-59 热轧 H 型钢柱

（16）按住 Ctrl 键，选取上步创建的热轧 H 型钢柱，在"属性"选项板中设置底部偏移为-100，其他采用默认设置。

第 7 章

梁设计

以弯曲为主要变形的构件称为梁。梁由支座支承,承受的外力以横向力和剪力为主。梁承受着建筑物上部构架中的构件及屋面的全部重力,是建筑上部构架中最为重要的部分。

7.1 概　述

梁一般水平放置,用来支撑板并承受板传来的各种竖向荷载和梁的自重,梁和板共同组成建筑的楼面和屋面结构。与其他的横向受力结构(如桁架、拱等)相比,梁的受力性能是较差的,但它分析简单、制作方便,故在中小跨度建筑中仍得到了广泛应用。

常见的结构梁有地梁和框架梁,具体种类如下。

(1) 地梁(DL):也叫基础梁、地基梁,简单地说就是基础上的梁。一般用于框架结构和框-剪结构中,框架柱落在地梁或地梁的交叉处。其主要作用是支撑上部结构,并将上部结构的荷载转递到地基上。

(2) 框架梁(KL):指两端与框架柱相连的梁,或者两端与剪力墙相连但跨高比不小于 5 的梁。框架梁可以分为以下几种。

① 屋面框架梁(WKL):指框架结构屋面最高处的框架梁。

② 楼层框架梁(KL):指各楼面的框架梁。

③ 地下框架梁(DKL):指设置在基础顶面以上且低于建筑标高正负零(室内地面)以下并以框架柱为支座,不受地基反力作用,或者地基反力仅仅由地下梁及其覆土

Note

的自重产生,而不是由上部荷载的作用所产生的梁。

(3) 圈梁(QL):是沿建筑物外墙四周及部分内横墙设置的连续封闭的梁。其作用是增强建筑的整体刚度及墙身的稳定性。在房屋的基础上部连续的钢筋混凝土梁叫基础圈梁,也叫地圈梁;而在墙体上部,紧挨楼板的钢筋混凝土梁叫上圈梁。在砌体结构中,圈梁有钢筋砖圈梁和钢筋混凝土圈梁两种。

(4) 连梁(LL):在剪力墙结构和框架-剪力墙结构中,连接墙肢与墙肢的梁。其两端与剪力墙相连,且跨高比小于 5。连梁一般具有跨度小、截面大,与它相连的墙体刚度又很大等特点。一般在风荷载和地震荷载的作用下,连梁的内力往往很大。

(5) 暗梁(AL):指完全隐藏在板类构件或者混凝土墙类构件中的梁,钢筋设置方式与单梁和框架梁类构件非常近似。暗梁总是配合板或者墙类构件共同工作。板中的暗梁可以提高板的抗弯能力,因而仍然具备梁的通用受力特征。混凝土墙中的暗梁作用比较复杂,已不属于简单的受弯构件,它一方面强化墙体与顶板的节点构造,另一方面为横向受力的墙体提供边缘约束。

(6) 边框梁(BKL):框架梁伸入剪力墙区域就变成边框梁。

(7) 框支梁(KZL):因为建筑功能的要求,下部大空间,上部部分竖向构件不能直接连续贯通落地,而通过水平转换结构与下部竖向构件连接。当布置的转换梁支撑上部的剪力墙的时候,转换梁叫框支梁,支撑框支梁的柱子就叫作框支柱。

(8) 悬挑梁(XL):不是两端都有支撑,是一端埋在或者浇筑在支撑物上,另一端伸出挑出支撑物的梁。一般为钢筋混凝土材质。

(9) 井式梁(JSL):就是不分主次,高度相当的梁,其同位相交,呈井字形。这种梁一般用在正方形楼板或者长宽比小于 1.5 的矩形楼板。这种梁大厅比较多见,梁间距 3m 左右,由同一平面内相互正交或斜交的梁所组成。又称交叉梁或格形梁。

(10) 次梁:在主梁的上部,主要起传递荷载的作用。

(11) 拉梁:是指独立基础之间设置的梁。

(12) 过梁(GL):当墙体上开设门窗洞口时,为了支撑洞口上部砌体所传来的各种荷载,并将这些荷载传给窗间墙,常在门窗洞口上设置横梁,该梁称为过梁。

(13) 悬臂梁:这种梁的一端为不产生轴向、垂直位移和转动的固定支座,另一端为自由端(可以产生平行于轴向和垂直于轴向的力)。

(14) 平台梁:指通常在楼梯段与平台相连处设置的梁,以支承上下楼梯和平台板传来的荷载。

(15) 冠梁(GL):设置在基坑周边支护(围护)结构(多为桩和墙)顶部的钢筋混凝土连续梁。其作用一是把所有的桩基连到一起(如钻孔灌注桩、旋挖桩等),防止基坑(竖井)顶部边缘发生坍塌;二是通过牛腿承担钢支撑(或钢筋混凝土支撑)的水平挤靠力和竖向剪力。

7.2 梁

将梁添加到平面视图中时,必须将底剪裁平面设置为低于当前标高;否则,梁在该视图中不可见。但是如果使用结构样板,通过视图范围和可见性设置会相应地显示梁。

每个梁的图元是通过特定梁族的类型属性定义的。此外，还可以通过修改各种实例属性来定义梁的功能。

可以使用以下任一方法，将梁附着到项目中的任何结构图元：

（1）绘制单个梁；

（2）创建梁链；

（3）选择位于结构图元之间的轴线；

（4）创建梁系统。

根据建筑功能的要求，确定梁系的布置形式后，按照建筑外立面造型、室内净高、外观要求、使用功能等需要，并结合结构受力和变形所需，综合确定梁截面的高度。当某梁高度因受力或变形需要而大于典型梁高时，需判断是否会对建筑使用功能造成影响，可能存在影响时，则必须与建筑专业协商后确定最终解决方案。

7.2.1　创建单个梁

梁的结构属性还具有以下特性。

（1）可以使用"属性"选项板修改默认的"结构用途"设置。

（2）可以将梁附着到任何其他结构图元（包括结构墙）上，但是它们不会连接到非承重墙。

（3）结构用途参数可以列在结构框架明细表中，这样便可以计算大梁、托梁、檩条和水平支撑的数量。

（4）由结构用途参数值可确定粗略比例视图中梁的线样式。可使用"对象样式"对话框修改结构用途的默认样式。

（5）梁的另一结构用途是作为结构桁架的弦杆。

操作步骤如下：

（1）打开6.1.2节绘制的结构柱。

（2）单击"结构"选项卡"结构"面板中的"梁"按钮，打开"修改|放置 梁"选项卡和选项栏，如图7-1所示。

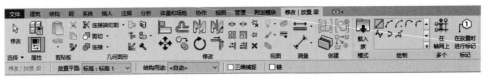

图7-1　"修改|放置 梁"选项卡和选项栏

☑ 放置平面：在列表中可以选择梁的放置平面。

☑ 结构用途：指定梁的结构用途，包括大梁、水平支撑、托梁、檩条以及其他。

☑ 三维捕捉：选中此复选框来捕捉任何视图中的其他结构图元，不论高程如何，屋顶梁都将捕捉到柱的顶部。

☑ 链：选中此复选框后依次连续放置梁。在放置梁时的第二次单击将作为下一个梁的起点。按 Esc 键完成链式放置梁。

（3）在"属性"选项板的"类型"下拉列表框中选择结构柱的类型。

（4）也可以单击"模式"面板中的"载入族"按钮 ，打开"载入族"对话框，选择
China→"结构"→"框架"→"混凝土"文件夹中的"混凝土-矩形梁.rfa"文件，如图 7-2
所示。

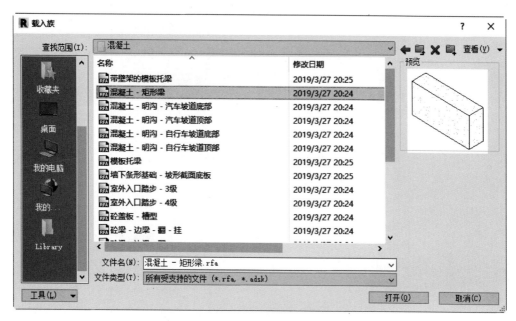

图 7-2　"载入族"对话框

（5）混凝土梁的"属性"选项板如图 7-3 所示。Revit 中提供了不同属性的梁，其属
性参数也稍有不同。

☑ 参照标高：标高限制。这是一个只读的值，取决于放置梁的工作平面。

☑ YZ 轴对正：包括"统一"和"独立"两个选项。使用"统一"可为梁的起点和终点
设置相同的参数，使用"独立"可为梁的起点和终点
设置不同的参数。

☑ Y 轴对正：指定物理几何图形相对于定位线的位
置，可以为"原点""左侧""中心"或"右侧"。

☑ Y 轴偏移值：几何图形偏移的数值。它是指在"Y
轴对正"参数中设置的定位线与特性点之间的
距离。

☑ Z 轴对正：指定物理几何图形相对于定位线的位
置，可以为"原点""顶部""中心"或"底部"。

☑ Z 轴偏移值：在"Z 轴对正"参数中设置的定位线与
特性点之间的距离。

（6）单击"属性"选项板中的"编辑类型"按钮 ，打开
"类型属性"对话框，新建"300×600mm"类型，更改 b 为
300，h 为 600，其他采用默认设置，如图 7-4 所示。

（7）在选项栏中设置放置平面为"标高 1"，其他采用

图 7-3　混凝土梁的"属性"
选项板

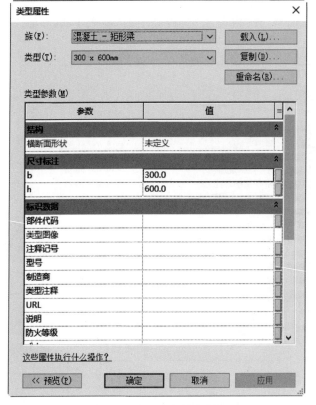

图 7-4 "类型属性"对话框

默认设置。

（8）在绘图区域中单击柱的中点作为梁的起点，如图 7-5 所示。

（9）移动鼠标，光标将捕捉到其他结构图元（例如柱的质心或墙的中心线），状态栏将显示光标的捕捉位置，这里捕捉另一柱的中心为梁的终点，如图 7-6 所示。若要在绘制时指定梁的精确长度，应在起点处单击，然后沿其延伸的方向移动光标。输入所需长度，然后按 Enter 键以放置梁，如图 7-7 所示。

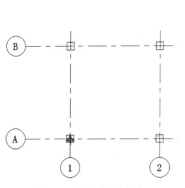

图 7-5 指定梁的起点

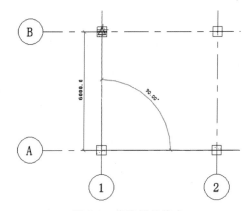

图 7-6 指定梁的终点

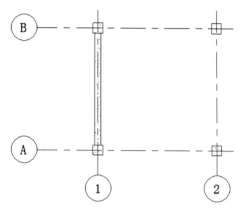

图 7-7 绘制梁

7.2.2 创建轴网梁

Revit 沿轴线放置梁时,它将使用下列条件:

(1) 将扫描所有与轴线相交的可能支座,例如柱、墙或梁。

(2) 如果墙位于轴线上,则不会在该墙上放置梁。墙的各端用作支座。

(3) 如果梁与轴线相交并穿过轴线,则此梁被认为是中间支座。

(4) 如果梁与轴线相交但不穿过轴线,则此梁由在轴线上创建的新梁支撑。

操作步骤如下:

(1) 打开 6.1.2 节绘制的结构柱,将视图切换至 2 层结构平面视图。

(2) 单击"结构"选项卡"结构"面板中的"梁"按钮 ![icon],打开"修改│放置 梁"选项卡和选项栏。

(3) 在选项栏中设置放置平面为"2 层",其他采用默认设置。

(4) 单击"多个"面板上的"在轴网上"按钮 ![icon],打开"修改│放置 梁>在轴网线上"选项卡,如图 7-8 所示。

图 7-8 "修改│放置 梁>在轴网线上"选项卡

(5) 框选视图中绘制好的轴网,如图 7-9 所示。

(6) 单击"多个"面板中的"完成"按钮 ![icon],系统根据轴网中的柱生成梁,如图 7-10 所示。

7.2.3 修改梁

可以使用常用的图元编辑工具来对齐、移动、复制和调整梁。

(1) 接上一节文件,选取要修改的梁,如图 7-11 所示。

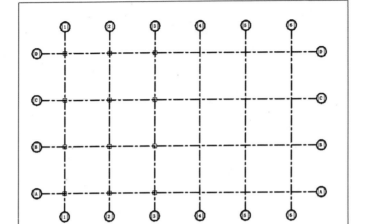

图 7-9　框选轴网

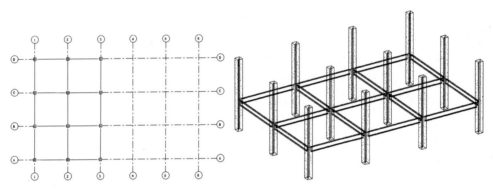

图 7-10　创建轴网梁

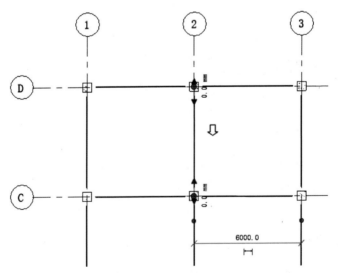

6000.0

图 7-11　选取梁

（2）分别拖动梁两端的控制点，可以调整梁的长度，如图 7-12 所示。

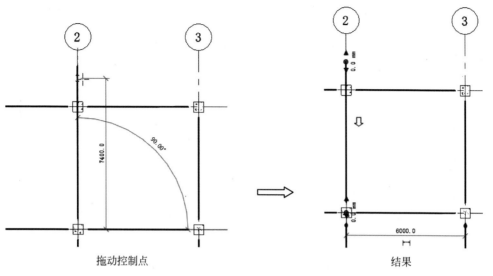

拖动控制点　　　　　　　　　　　结果

图 7-12　调整长度

（3）单击视图上的终点/起点标高偏移，输入新的偏移值，或者直接在"属性"选项板中输入终点/起点标高偏移，如图 7-13 所示。

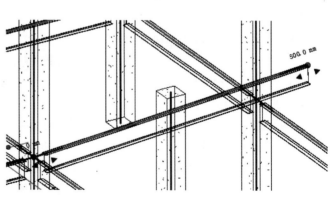

图 7-13　修改起点/终点标高偏移

（4）单击视图上的梁的位置尺寸值，输入新的尺寸值，按 Enter 键确认，梁根据输入的尺寸值调整位置，如图 7-14 所示。也可以直接拖梁到适当位置。

提示：如果梁与其他图元之间有连接，在移动梁时，系统会打开如图 7-15 所示的错误提示对话框。单击"取消连接图元"按钮，取消梁与图元之间的连接，移动梁；单击"取消"按钮，梁保持不变。

Note

| 选取梁 | 输入尺寸 | 调整位置 |

图 7-14　调整梁位置

图 7-15　错误提示对话框

7.2.4　实例——绘制乡间小楼梁

本节接 6.3 节实例继续创建乡间小楼。

（1）单击快速访问工具栏中的"打开"按钮 📂，打开"打开"对话框，选择 China→"结构"→"框架"→"钢"文件夹中的"热轧槽钢.rfa"族文件，如图 7-16 所示。单击"打开"按钮，打开热轧槽钢族文件。

（2）在"属性"选项板中单击横断面形状栏中的按钮 🔲，打开"结构剖面属性"对话框，选择"C 型槽钢平行法兰"剖面形状，如图 7-17 所示，单击"确定"按钮。

（3）单击快速访问工具栏中的"保存"按钮 📂，打开"另存为"对话框，设置保存位置，输入名称为"热轧槽钢（平行法兰）"，单击"保存"按钮，保存族文件。

（4）在项目浏览器中双击"结构平面"节点下的"室外地坪层"，将视图切换至室外地坪结构层。

（5）单击"结构"选项卡"结构"面板中的"梁"按钮 🕗，打开"修改│放置 梁"选项卡和选项栏。单击"模式"面板中的"载入族"按钮 🔛，打开"载入族"对话框，选择前面保存的"热轧槽钢（平行法兰）.rfa"文件，单击"打开"按钮，载入"热轧槽钢（平行法兰）"族文件。

（6）在"属性"选项板中单击"编辑类型"按钮 🔡，打开"类型属性"对话框。单击

图 7-16 "打开"对话框

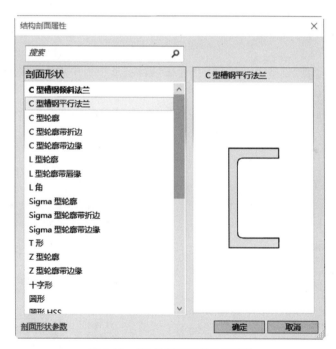

图 7-17 "结构剖面属性"对话框

"复制"按钮,打开"名称"对话框,输入名称为 C20b,单击"确定"按钮,新建"C20b"类型,返回到"类型属性"对话框,输入倾斜法兰角度为 0,宽度为 7.5cm,高度为 20cm,法兰厚度为 1.2cm,腹杆厚度为 0.6cm,腹杆圆角为 1.2cm,其他采用默认设置,如图 7-18 所示。单击"确定"按钮,完成"C20b"类型的创建。

(7) 沿着轴线 8、轴线 H 和轴线 6 绘制梁,单击"翻转实例面"按钮 $\leftrightarrow$,使槽钢的槽向外,如图 7-19 所示。

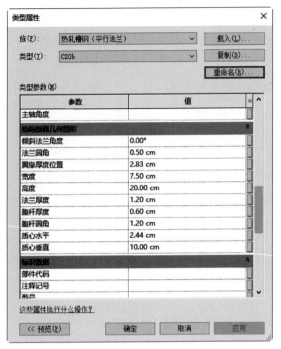

图 7-18 "类型属性"对话框

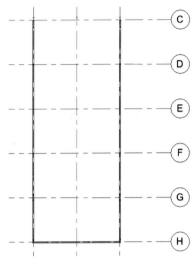

图 7-19 绘制槽钢梁

（8）按住 Ctrl 键，选取上步绘制的梁，在"属性"选项板中设置起点标高偏移和终点标高偏移为-44，其他采用默认设置，如图 7-20 所示。

（9）采用相同的方法，在相同的位置绘制梁，具体参数如图 7-21 所示。

图 7-20 "属性"选项板

图 7-21 设置梁参数

（10）在项目浏览器中双击"结构平面"节点下的"2 层"，将视图切换至 2 层结构平面视图。

（11）单击"结构"选项卡"结构"面板中的"梁"按钮，打开"修改|放置 梁"选项卡和选项栏。在"属性"选项板中选择"热轧 H 型钢 HW294×302×12×12"类型，单击"编辑类型"按钮，打开"类型属性"对话框。单击"复制"按钮，打开"名称"对话框，输入名称为 HW203×133×7.8×5.8，单击"确定"按钮，新建"HW203×133×7.8×5.8"类型。返回到"类型属性"对话框，输入宽度为 13.3cm，腹杆厚度为 0.58cm，腹杆圆角为 0.89cm，高度为 20.3cm，法兰厚度为 0.78cm，其他采用默认设置，如图 7-22 所示。单击"确定"按钮，完成"热轧 H 型钢 HW203×133×7.8×5.8"类型的创建。

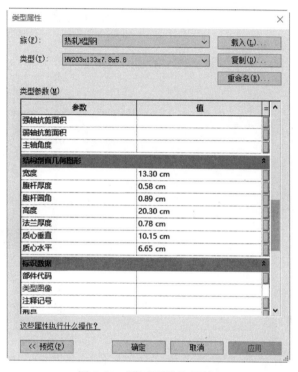

图 7-22　"类型属性"对话框

（12）沿着轴线绘制梁，如图 7-23 所示。按住 Ctrl 键，选取梁，在"属性"选项板中设置起点标高偏移和终点标高偏移为−100，其他采用默认设置，如图 7-23 所示。

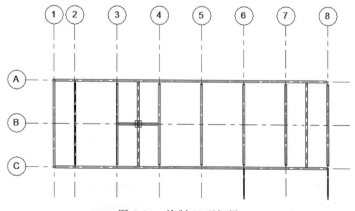

图 7-23　绘制 H 型钢梁

（13）单击"结构"选项卡"工作平面"面板中的"设置"按钮 ，打开"工作平面"对话框，选择"名称"选项，在下拉列表框中选择"轴网：8"，如图7-24所示，单击"确定"按钮。

（14）打开"转到视图"对话框，选择"立面：东"视图，如图7-25所示，单击"打开视图"按钮，将视图切换至东立面视图，如图7-26所示。

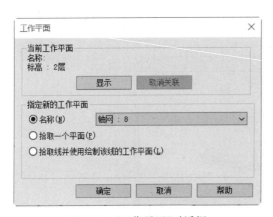

图7-24　"工作平面"对话框

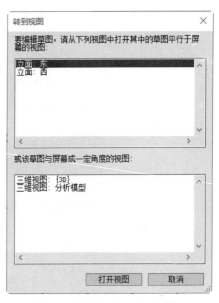

图7-25　"转到视图"对话框

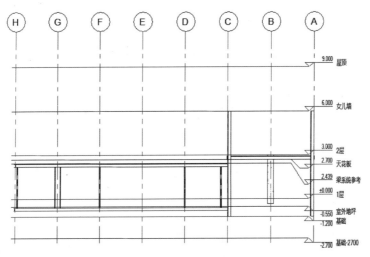

图7-26　东立面视图

（15）单击"结构"选项卡"结构"面板中的"梁"按钮 ，在"属性"选项板中选择"HW203×133×7.8×5.8"类型，以轴线C和女儿墙标高线的交点为起点，或者捕捉轴线C上柱的左上端点为起点，向右上角移动鼠标，当显示临时角度为45°并与轴线B相交时单击确定梁的终点。采用相同的方法，绘制轴线A到轴线B的梁，如图7-27所示。

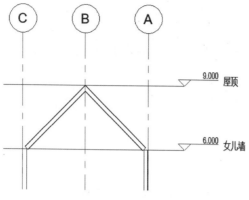

图 7-27 绘制斜梁

（16）重复步骤（13）～（15），分别在轴线 7、6、5、4、3、2、1 截面上绘制斜梁。也可以将视图切换至北立面视图，选取斜梁，单击"修改|结构框架"选项卡"修改"面板中的"复制"按钮 ，在选项栏中选中"多个"复选框，捕捉梁的下端点为起点，复制到轴线 7、6、5、4、3、2、1 上的柱上端点，结果如图 7-28 所示。

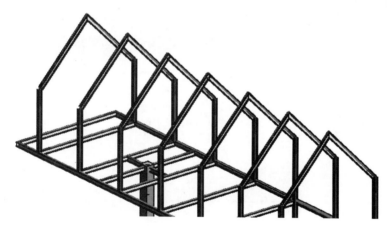

图 7-28 复制梁

（17）在项目浏览器中双击"结构平面"节点下的"女儿墙层"，将视图切换至女儿墙结构平面视图。

（18）单击"结构"选项卡"结构"面板中的"梁"按钮 ，打开"修改|放置 梁"选项卡和选项栏。在"属性"选项板中选择"热轧无缝钢管 102×5"类型，单击"编辑类型"按钮 ，打开"类型属性"对话框。单击"复制"按钮，打开"名称"对话框，输入名称为"88.9×5"，单击"确定"按钮，新建"88.9×5"类型。返回到"类型属性"对话框，输入直径为 8.89cm，其他采用默认设置，如图 7-29 所示，单击"确定"按钮，完成"热轧无缝钢管 88.9×5"类型的创建。

（19）沿着轴线绘制无缝钢管梁，如图 7-30 所示。选取中间的无缝钢管梁，在"属性"选项板中设置起点标高偏移和终点标高偏移为 3000，其他采用默认设置。

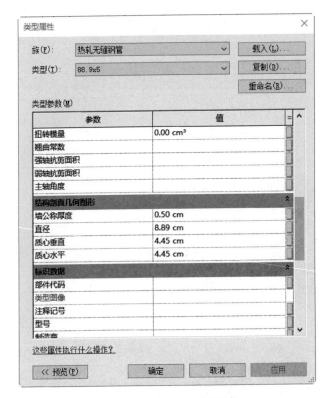

图 7-29　"类型属性"对话框

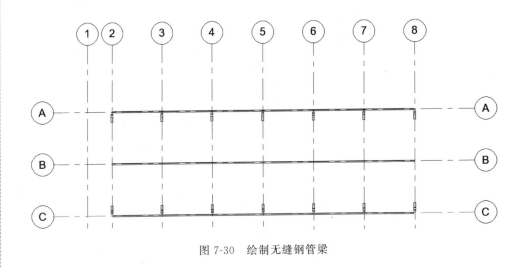

图 7-30　绘制无缝钢管梁

7.3 梁 系 统

梁系统参数随设计中的改变而调整。例如,如果重新定位了一个柱,梁系统参数将自动随其位置的改变而调整。

创建梁系统时,如果两个面积的形状和支座不相同,则粘贴的梁系统面积可能不会如期望的那样附着到支座。在这种情况下,可能需要修改梁系统。

7.3.1 自动创建梁系统

(1)打开 7.2.2 节绘制的文件,单击"结构"选项卡"结构"面板中的"梁系统"按钮 ▥,打开"修改|放置 结构梁系统"选项卡和选项栏,如图 7-31 所示。系统默认激活"自动创建梁系统"按钮 ▥。

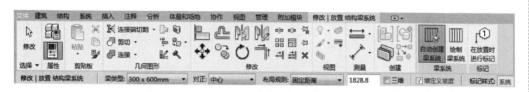

图 7-31 "修改|放置 结构梁系统"选项卡和选项栏

☑ 梁类型:在下拉列表框中选取创建梁系统的梁类型。

☑ 对正:指定梁系统相对于所选边界的起始位置,包括起点、终点和中心。

- 起点:位于梁系统顶部或左侧的第一个梁将用于进行对正。
- 终点:位于梁系统底部或右侧的第一个梁将用于进行对正。
- 中心:第一个梁将放置在梁系统的中心位置,其他梁则在中心位置两侧以固定距离分隔放置。

☑ 布局规则:指定梁间距规则。包括固定距离、固定数量、最大间距和净间距。

- 固定距离:指定梁系统内各梁中心线之间的距离,梁系统中的梁的数量根据选择的边界进行计算。
- 固定数量:指定梁系统内梁的数量,这些梁在梁系统内的间距相等且居中。
- 最大间距:指定各梁中心线之间的最大距离,梁系统所需的梁的数量会自动进行计算,且在梁系统中居中。
- 净间距:类似于"固定距离"值,但测量的是梁外部之间的间距,而不是中心线之间的间距。当调整梁系统中的具有净间距布局规则值的单个梁的尺寸值时,邻近的梁将相应移动以保持它们之间的距离。

☑ 三维:选中此复选框,在梁绘制线定义梁立面的地方,创建非平面梁系统。

(2)在"属性"选项板中设置系统梁的参数,比如梁类型、对正以及布局规则等,如图 7-32 所示。

(3)将光标移至要添加梁系统的结构构件处,系统根据所选最近的结构件创建平行的梁系统,如图 7-33 所示,然后可以单击添加梁系统,如图 7-34 所示。

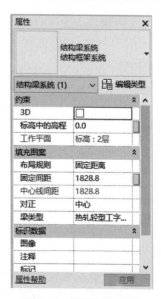

图 7-32 "属性"选项板

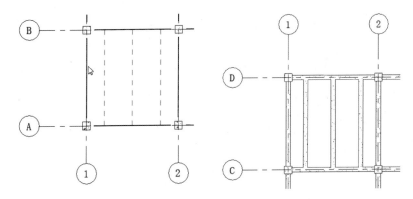

图 7-33　选结构件

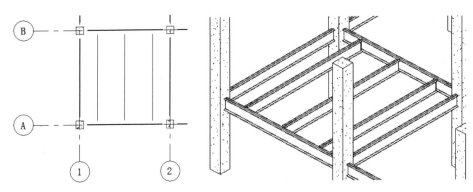

图 7-34　创建梁系统

7.3.2　绘制梁系统

（1）接上一节文件，单击"结构"选项卡"结构"面板中的"梁系统"按钮 ，在打开的选项卡中单击"绘制梁系统"按钮 ，打开"修改|创建梁系统边界"选项卡和选项栏，如图 7-35 所示。

图 7-35　"修改|创建梁系统边界"选项卡和选项栏

（2）在"属性"选项板的"图案填充"栏中设置梁类型，在"固定间距"文本框中输入两个梁之间的间距值，输入标高中的高程，这里采用默认设置，如图 7-36 所示。

（3）单击"绘制"面板中的"线"按钮 和"圆心-端点弧"按钮 ，绘制边界线，如图 7-37 所示。

注意：梁系统的布置方向同绘制的第一条边界线方向。

（4）单击"模式"面板中的"完成编辑模式"按钮 ，完成的结构梁系统如图 7-38 所示。

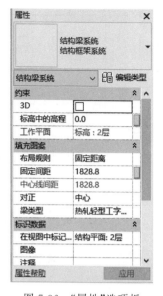

图 7-36 "属性"选项板

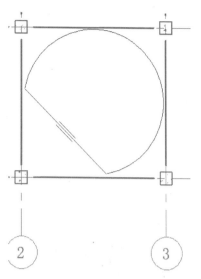

图 7-37 边界线

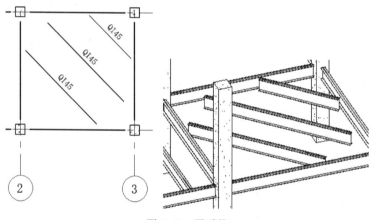

图 7-38 梁系统

7.3.3 修改梁系统

(1) 接上一节文件,选取梁系统,打开"修改|结构梁系统"选项卡,如图 7-39 所示,然后单击"编辑边界"按钮 ,进入编辑边界环境。

图 7-39 "修改|结构梁系统"选项卡

(2) 单击"绘制"面板中的"梁方向"按钮 ,拾取水平直线为梁方向,单击"模式"面板中的"完成编辑模式"按钮 ,更改梁系统的方向,结果如图 7-40 所示。

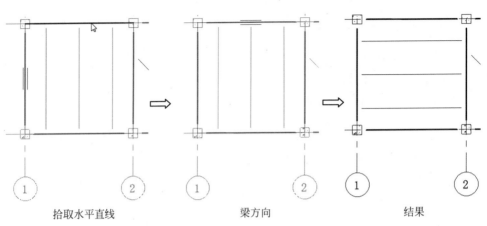

图 7-40　更改梁系统方向

（3）选取梁系统，打开"修改|结构梁系统"选项卡，如图 7-39 所示，然后单击"编辑边界"按钮 ，进入编辑边界环境；或者双击梁系统，编辑边界。

（4）使用草图工具进行任何必要的修改。可以在边界内绘制闭合环，以在梁系统中剪切出一个洞口，如图 7-41 所示。

（5）单击"模式"面板中的"完成编辑模式"按钮 ，更改梁系统的边界，结果如图 7-42 所示。

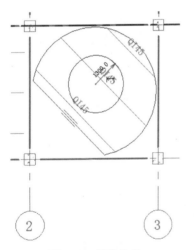

图 7-41　编辑边界

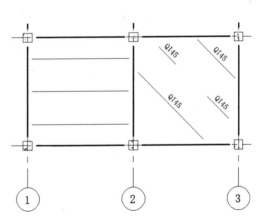

图 7-42　更改边界后的梁系统

（6）在"属性"选项板中设置固定间距为 1000，在视图中的标记新构件为"无"，其他采用默认设置，如图 7-43 所示。

（7）选取梁系统，打开"修改|结构梁系统"选项卡，单击"删除梁系统"按钮 ，删除梁系统并将梁系统的框架图元保持在原来的位置。

7.3.4　实例——绘制乡间小楼梁系统

本节接 7.2.4 节实例继续创建乡间小楼。

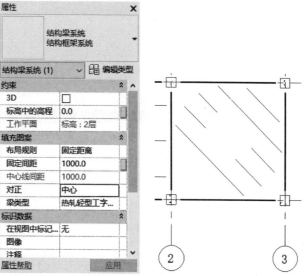

图 7-43　修改设计参数

（1）在项目浏览器中双击"结构平面"节点下的"梁系统参考"，将视图切换至梁系统参考结构视图。

（2）单击"结构"选项卡"结构"面板中的"梁系统"按钮▥，打开"修改|放置 结构梁系统"选项卡，单击"绘制梁系统"按钮▥，打开"修改|创建梁系统边界"选项卡。

（3）单击"插入"选项卡"从库中载入"面板中的"载入族"按钮▤，打开"载入族"对话框，选择 China→"结构"→"框架"→"木质"文件夹中的"木质空腹托梁.rfa"族文件，如图 7-44 所示。

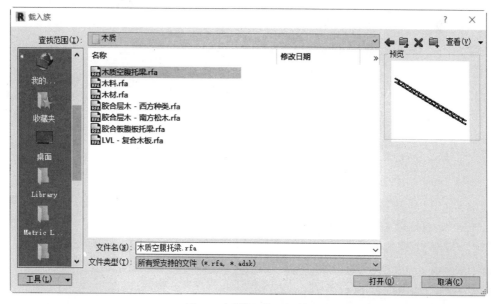

图 7-44　"载入族"对话框

（4）单击"打开"按钮，打开"指定类型"对话框，选择356mm类型，如图7-45所示，单击"确定"按钮，载入所选类型文件。

图7-45 "指定类型"对话框

（5）在"属性"选项板中设置标高中的高程为40，布局规则为"固定距离"，固定间距为450，在"梁类型"下拉列表框中选择上步载入的"木质空腹托梁：356mm"，在"在视图中标记新构件"下拉列表框中选择"无"，其他采用默认设置，如图7-46所示。

（6）单击"绘制"面板中的"矩形"按钮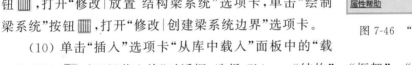，绘制边界线，注意梁的方向为水平，如图7-47所示。

（7）单击"模式"面板中的"完成编辑模式"按钮 ✔，完成的木质空腹托梁系统如图7-48所示。

（8）在项目浏览器中双击"结构平面"节点下的"2层"，将视图切换至2层结构视图。

（9）单击"结构"选项卡"结构"面板中的"梁系统"按钮 ▥，打开"修改|放置 结构梁系统"选项卡，单击"绘制梁系统"按钮 ▦，打开"修改|创建梁系统边界"选项卡。

图7-46 "属性"选项板

（10）单击"插入"选项卡"从库中载入"面板中的"载入族"按钮 ，打开"载入族"对话框，选择China→"结构"→"框架"→"木质"文件夹中的"木料.rfa"族文件，如图7-49所示。

（11）单击"打开"按钮，打开"指定类型"对话框，选择"64×140"类型，如图7-50所示，单击"确定"按钮，载入所选类型文件

（12）在"属性"选项板中设置标高中的高程为−90，布局规则为"固定距离"，固定间距为450，在"梁类型"下拉列表框中选择上步载入的"木料：64×140"，在"在视图中标记新构件"下拉列表框中选择"无"，其他采用默认设置，如图7-51所示。

（13）单击"绘制"面板中的"矩形"按钮 □，沿着梁的中心线绘制边界线，注意梁的方向为水平，如图7-52所示。

（14）单击"模式"面板中的"完成编辑模式"按钮 ✔，完成的木料梁系统如图7-53所示。

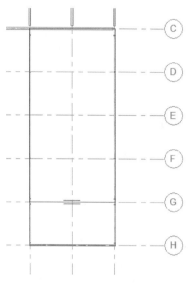

图 7-47　绘制梁系统边界

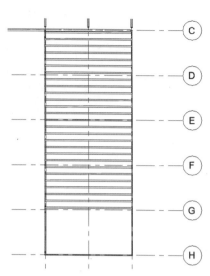

图 7-48　绘制木质空腹托梁系统

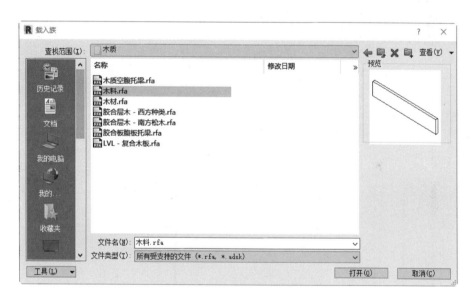

图 7-49　"载入族"对话框

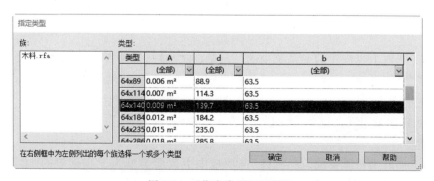

图 7-50　"指定类型"对话框

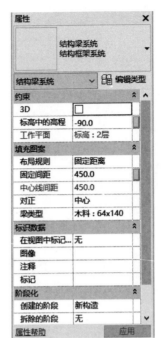

图 7-51　"属性"选项板

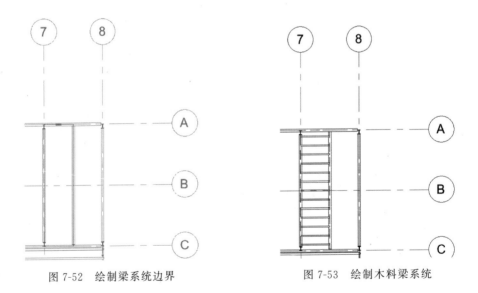

图 7-52　绘制梁系统边界　　　　　　图 7-53　绘制木料梁系统

（15）选取上步创建的梁系统中的任意梁，在"属性"选项板中单击"编辑类型"按钮
，打开"类型属性"对话框。单击"复制"按钮，打开"名称"对话框，输入名称为"50×
200"，单击"确定"按钮，新建"50×200"类型。返回到"类型属性"对话框，输入 b 为 50，
d 为 200，其他采用默认设置，如图 7-54 所示。单击"确定"按钮，完成"木料 50×200"类
型的创建。

（16）选取木料梁系统，在"属性"选项板中更改梁类型为上步创建的"木料：50×
200"类型，更改梁系统中的梁类型。

Note

（17）单击"结构"选项卡"结构"面板中的"梁系统"按钮 ，打开"修改 | 放置 结构梁系统"选项卡，单击"绘制梁系统"按钮 ，打开"修改 | 创建梁系统边界"选项卡。

（18）在"属性"选项板中设置标高中的高程为−90，布局规则为"固定距离"，固定间距为 450，在"梁类型"下拉列表框中选择"木料：50×200"，在"在视图中标记新构件"下拉列表框中选择"无"，其他采用默认设置，如图 7-55 所示。

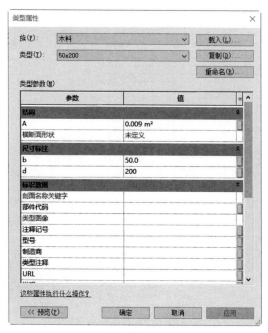

图 7-54　"类型属性"对话框

图 7-55　"属性"选项板

（19）单击"绘制"面板中的"矩形"按钮 ，沿着梁的中心线绘制边界线，注意梁的方向为水平，如图 7-56 所示。

（20）单击"模式"面板中的"完成编辑模式"按钮 ，完成的木料梁系统如图 7-57 所示。

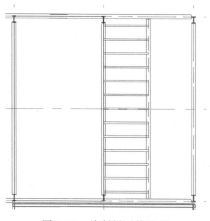

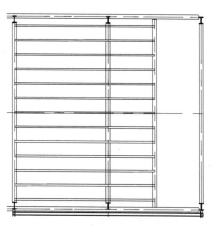

图 7-56　绘制梁系统边界

图 7-57　绘制木料梁系统

（21）采用相同的方法和参数绘制 2 层上的木料梁系统，结果如图 7-58 所示。

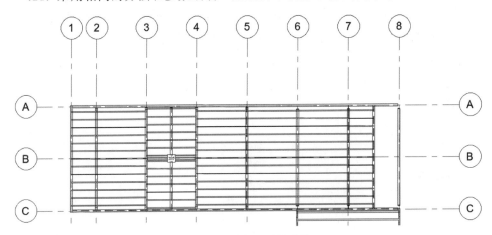

图 7-58　绘制木料梁系统

（22）在项目浏览器中双击"立面"节点下的"东"，将视图切换至东立面视图。

（23）单击"结构"选项卡"工作平面"面板中的"参照平面"按钮 ，打开"修改|放置 参照平面"选项卡和选项栏。在选项栏中输入偏移值为 150，如图 7-59 所示，沿屋顶钢梁外侧绘制参照平面，如图 7-60 所示。

图 7-59　"修改|放置 参照平面"选项卡和选项栏

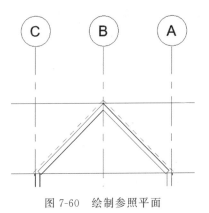

图 7-60　绘制参照平面

（24）单击"结构"选项卡"工作平面"面板中的"设置"按钮 ，打开"工作平面"对话框，选择"拾取一个平面"选项，如图 7-61 所示。单击"确定"按钮，在视图中选取左侧参照平面，打开如图 7-62 所示的"转到视图"对话框，选择"立面：南"视图，单击"打开视图"按钮，打开南立面视图。

（25）单击"结构"选项卡"结构"面板中的"梁系统"按钮 ，打开"修改|放置 结构梁系统"选项卡，单击"绘制梁系统"按钮 ，打开"修改|创建梁系统边界"选项卡。

Note

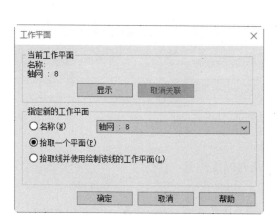

图 7-61 "工作平面"对话框

图 7-62 "转到视图"对话框

（26）单击"插入"选项卡"从库中载入"面板中的"载入族"按钮，打开"载入族"对话框，选择 China→"结构"→"框架"→"轻型钢"文件夹中的"冷弯内卷边槽钢.rfa"族文件，如图 7-63 所示。

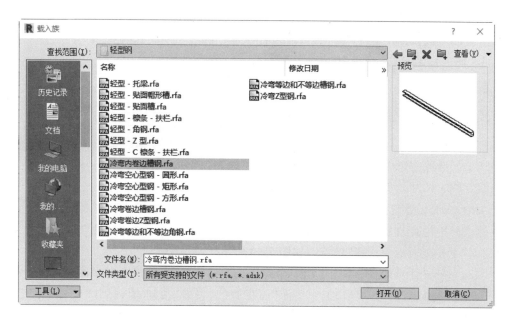

图 7-63 "载入族"对话框

（27）单击"打开"按钮，打开"指定类型"对话框，选择"CN140×60×20×3.0"类型，如图 7-64 所示，单击"确定"按钮，载入所选类型文件。

（28）在"属性"选项板中设置布局规则为"固定距离"，固定间距为 600，在"梁类型"下

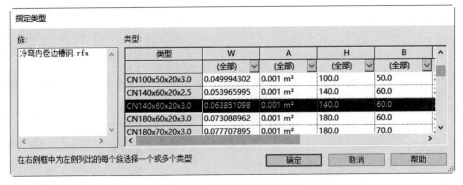

图 7-64 "指定类型"对话框

拉列表框中选择上步载入的"冷弯内卷边槽钢：CN140×
60×20×3.0"，在"在视图中标记新构件"下拉列表框中选
择"无"，其他采用默认设置，如图 7-65 所示。

（29）单击"绘制"面板中的"矩形"按钮 □，沿着梁的
中心线绘制边界线，注意梁的方向为水平，如图 7-66
所示。

（30）单击"模式"面板中的"完成编辑模式"按钮 ✔，
完成的冷弯内卷边槽钢梁系统如图 7-67 所示。

（31）选取上步创建的梁系统中的任意梁，在"属性"选
项板中单击"编辑类型"按钮 🔠，打开"类型属性"对话框。
单击"复制"按钮，打开"名称"对话框，输入名称为 CN152×
60.5×18×1.2，单击"确定"按钮，新建"CN152×60.5×
18×1.2"类型。返回到"类型属性"对话框，输入 H 为
152，B 为 60.5，C 为 18，t 为 1.2，其他采用默认设置，如
图 7-68 所示。单击"确定"按钮，完成"冷弯内卷边槽钢
CN152×60.5×18×1.2"类型的创建。

（32）选取冷弯内卷边槽钢梁系统，在"属性"选项板
中更改梁类型为上步创建的冷弯内卷边槽钢 CN152×
60.5×18×1.2 类型。

图 7-65 "属性"选项板

（33）按住 Ctrl 键选取冷弯内卷边槽钢梁系统中的梁，然后在"属性"选项板的"结
构用途"下拉列表框中选择"檩条"，如图 7-69 所示。

（34）在项目浏览器中双击"立面"节点下的"东"，将视图切换至东立面视图。

（35）单击"结构"选项卡"工作平面"面板中的"设置"按钮 🔳，打开"工作平面"对
话框。选择"拾取一个平面"选项，单击"确定"按钮，在视图中选取右侧参照平面，打开
如图 7-70 所示的"转到视图"对话框，选择"立面：北"视图，单击"打开视图"按钮，打开
北立面视图。

（36）单击"结构"选项卡"结构"面板中的"梁系统"按钮 ▥，打开"修改|放置 结构
梁系统"选项卡，单击"绘制梁系统"按钮 ▥，打开"修改|创建梁系统边界"选项卡。

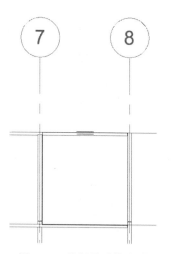

图 7-66　绘制梁系统边界

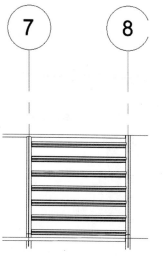

图 7-67　绘制冷弯内卷边槽钢梁系统

图 7-68　"类型属性"对话框

图 7-69　"属性"选项板

（37）在"属性"选项板中设置布局规则为固定距离，固定间距为600，在"梁类型"下拉列表框中选择前面载入的"冷弯内卷边槽钢：CN152×60.5×18×1.2"，在"在视图中标记新构件"下拉列表框中选择"无"，其他采用默认设置，如图7-71所示。

图 7-70 "转到视图"对话框

图 7-71 "属性"选项板

（38）单击"绘制"面板中的"矩形"按钮 ▢，沿着梁的中心线绘制边界线，注意梁的方向为水平，如图 7-72 所示。

（39）单击"模式"面板中的"完成编辑模式"按钮 ✔，完成的冷弯内卷边槽钢梁系统如图 7-73 所示。

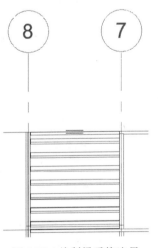

图 7-72 绘制梁系统边界

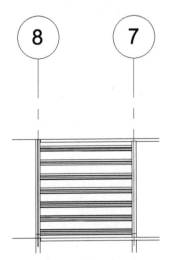

图 7-73 绘制冷弯内卷边槽钢梁系统

（40）按住 Ctrl 键选取冷弯内卷边槽钢梁系统中的梁，然后在"属性"选项板的"结构用途"下拉列表框中选择"檩条"。

（41）重复上述步骤，创建屋顶两侧其他冷弯内卷边槽钢梁系统，结果如图 7-74 所示。

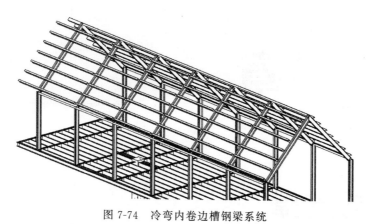

图 7-74 冷弯内卷边槽钢梁系统

桁架与支撑

桁架结构常用于大跨度的厂房、展览馆、体育馆和桥梁等公共建筑中,由于其大多用于建筑的屋盖结构,因此桁架通常也被称作屋架。

8.1 桁　　架

桁架是一种由杆件通过焊接、铆接或螺栓连接而成的支撑横梁结构。桁架的优点是杆件主要承受拉力或压力,从而能充分利用材料的强度,在跨度较大时可比实腹梁节省材料,减轻自重和增大刚度。

8.1.1 桁架分类

桁架按照结构可分为三角形桁架、梯形桁架、多边形桁架、空腹桁架和桁架桥。按照产品类型可分为固定桁架、折叠桁架、蝴蝶桁架和球节桁架。

(1) 三角形桁架:在沿跨度均匀分布的节点荷载下,上下弦杆的轴力在端点处最大,向跨中逐渐减少;腹杆的轴力则相反。三角形桁架由于弦杆内力差别较大,材料消耗不够合理,多用于瓦屋面的屋架中。

(2) 梯形桁架:和三角形桁架相比,杆件受力情况有所改善,而且用于屋架中可以更容易满足某些工业厂房的工艺要求。如果梯形桁架的上、下弦平行就是平行弦桁架,其杆件受力情况较梯形略差,但腹杆类型大为减少,多用于桥梁和栈桥中。

(3) 多边形桁架:也称折线形桁架。上弦节点位于二次抛物线上,如上弦呈拱形可减少节间荷载产生的弯矩,但制造较为复杂。在均布荷载作用下,桁架外形和简支梁的弯矩图形相似,因而上下弦轴力分布均匀,腹杆轴力较小,用料最省,是工程中常用的一种桁架形式。

(4) 空腹桁架:基本取用多边形桁架的外形,无斜腹杆,仅以竖腹杆和上下弦相连接。杆件的轴力分布和多边形桁架相似,但在不对称荷载作用下杆端弯矩值变化较大。其优点是在节点相交会的杆件较少,施工制造方便。

(5) 桁架桥:是桥梁的一种形式,一般多见于铁路和高速公路,分为上弦受力和下弦受力两种。

桁架的设计要求为:要有符合要求的杆件;要有良好的连接件,包括铆钉、销钉及焊接。这就涉及桁架的类型、杆件的尺寸和材料,但首先是静力学分析。

8.1.2　绘制新桁架族布局

用户可以创建自定义桁架放置在结构模型中。

桁架布局族由定义桁架图元(如弦杆和腹板)的线组成。创建弦杆和腹板构件时,其中心线(本地 X 轴)要与在桁架布局族中定义的布局线对齐。

(1) 在主页界面中单击"族"→"新建"或者单击"文件"→"新建"→"族"菜单命令,打开"新族-选择样板文件"对话框,选择"公制结构桁架.rft"为样板族,如图 8-1 所示,单击"打开"按钮进入族编辑器。

图 8-1　"新族-选择样板文件"对话框

(2) 结构桁架族样板提供了 5 个永久性参照平面:顶、底、左、中心和右。左平面和右平面指示桁架的跨度距离,如图 8-2 所示。终结于这些平面或与这些平面重合的桁架布局线将在项目环境中进行布局变换时保持相应的关系。

(3) 双击桁架长度,输入新的长度值,修改桁架长度,如图 8-3 所示。

(4) 单击"创建"选项卡"详图"面板中的"上弦杆"按钮 ,沿顶部参照平面进行绘制以定义上弦杆,如图 8-4 所示。

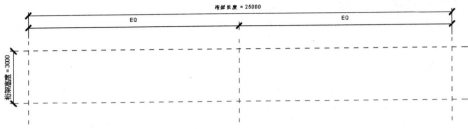

图 8-2　桁架参照

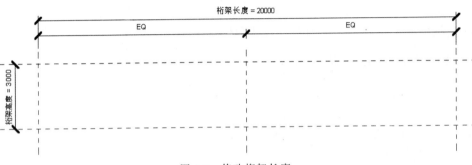

图 8-3　修改桁架长度

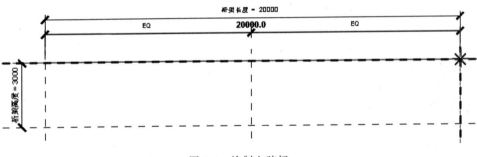

图 8-4　绘制上弦杆

（5）单击"创建"选项卡"详图"面板中的"下弦杆"按钮 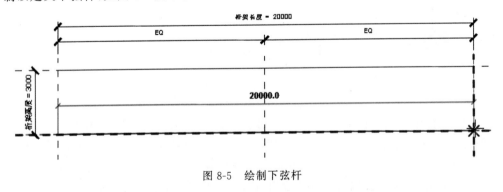，沿顶部参照平面进行绘制以定义下弦杆，如图 8-5 所示。

图 8-5　绘制下弦杆

（6）单击"创建"选项卡"详图"面板中的"腹板"按钮 ，绘制嵌板腹板，如图 8-6 所示。

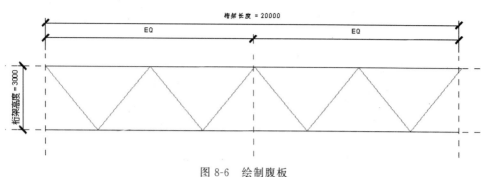

图 8-6 绘制腹板

（7）单击"插入"选项卡"从库中载入"面板上的"载入框架库"按钮 ，打开"载入族"对话框，选择 China→"结构"→"框架"→"钢"文件夹中的"热轧轻型工字钢.rfa"族文件，如图 8-7 所示。

图 8-7 "载入族"对话框

（8）单击"打开"按钮，打开如图 8-8 所示的"指定类型"对话框，采用默认类型，单击"确定"按钮，载入热轧轻型工字钢族文件。

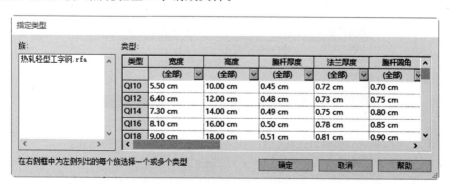

图 8-8 "指定类型"对话框

（9）单击"创建"选项卡"属性"面板中的"族类型"按钮，打开如图8-9所示的"族类型"对话框。

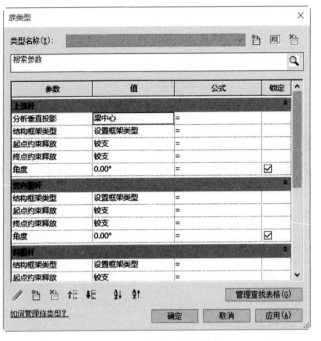

图8-9 "族类型"对话框

（10）分别设置上弦杆、下弦杆、竖向腹板和斜腹板的框架类型为上步载入的热轧轻型工字钢，如图8-10所示，其他采用默认设置，单击"确定"按钮。

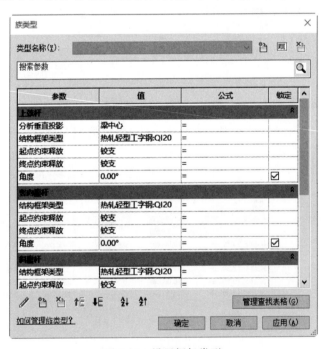

图8-10 设置框架类型

（11）单击快速访问工具栏中的"保存"按钮 ，打开"另存为"对话框，输入文件名为"热轧轻型工字钢桁架"，单击"保存"按钮，保存族文件。

8.1.3 放置桁架

（1）新建一结构项目文件，并切换至标高 1 结构平面。

（2）单击"结构"选项卡"结构"面板中的"桁架"按钮 ，打开"修改|放置 桁架"选项卡和选项栏，如图 8-11 所示。

图 8-11 "修改|放置 桁架"选项卡和选项栏

（3）单击"模式"面板中的"载入族"按钮 ，打开"载入族"对话框，在 China→"结构"→"桁架"文件夹中选择需要的桁架族，这里选择"豪威氏水平桁架.rfa"，如图 8-12 所示，单击"打开"按钮，载入"豪威氏水平桁架.rfa"族文件。

图 8-12 "载入族"对话框

（4）在"属性"选项板中更改桁架高度、支承弦杆位置、跨度和其他属性，如图 8-13 所示。

    ☑ 创建上弦杆：如果不想创建上弦杆，则取消选中该复选框，这样有助于在创建三维空间桁架时避免重叠。

    ☑ 创建下弦杆：如果不想创建下弦杆，则取消选中该复选框，这样有助于在创建三维空间桁架时避免重叠。

    ☑ 支承弦杆：指定桁架相对于定位线的位置。

☑ 旋转角度：设置桁架轴旋转。

☑ 旋转弦杆及桁架：旋转时将弦杆与桁架平面对齐。取消选中该复选框将弦杆与桁架放置平面对齐。

☑ 支承弦杆竖向对正：设置支承弦杆构件的"垂直对正"参数，包括中心线、顶和底。

☑ 单线示意符号位置：指定桁架的粗略视图平面表示的位置，包括上弦杆、下弦杆和支承弦杆。

☑ 桁架高度：在桁架布局族中指定顶部和底部参照平面之间的距离。

☑ 非支承弦杆偏移：指定非支承弦杆距离定位线之间的水平偏移。

☑ 跨度：指定桁架沿着定位线跨越的最远距离。

（5）单击"绘制"面板中的"线"按钮，指定桁架的起点和终点，也可以单击"拾取线"按钮，选择约束桁架模型所需要的边或线。

（6）将视图切换至北立面图，桁架如图 8-14 所示。

图 8-13　"属性"选项板

图 8-14　桁架

8.1.4　编辑桁架轮廓

在非平面、垂直立面、剖面或三维视图中，可以编辑桁架的范围。根据需要，可以创建新线、删除现有线，以及使用"修剪/编辑"工具调整轮廓。通过编辑桁架的轮廓，可以将其上弦杆和下弦杆修改为任何所需形状。

（1）打开上节绘制的桁架文件。

（2）选取视图中的桁架，打开"修改|结构桁架"选项卡，如图 8-15 所示。

（3）单击"模式"面板中的"编辑轮廓"按钮，打开"修改|结构桁架>编辑轮廓"选项卡，如图 8-16 所示。

图 8-15　"修改|结构桁架"选项卡

图 8-16　"修改|结构桁架>编辑轮廓"选项卡

（4）单击"绘制"面板中的"上弦杆"按钮 和"线"按钮 ，绘制上弦杆的轮廓，如图 8-17 所示。

（5）删除旧的上弦杆轮廓线，如图 8-18 所示。

图 8-17　绘制轮廓

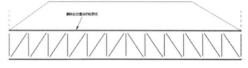

图 8-18　删除轮廓线

（6）单击"模式"面板中的"完成编辑模式"按钮 ，完成桁架轮廓的编辑，如图 8-19 所示。

（7）单击"模式"面板中的"重设轮廓"按钮 ，将桁架构件重新锁定并设定回其默认定义。

8.1.5　将桁架附着到屋顶或结构楼板

（1）打开源文件中的"桁架附着与分离.rvt 文件"，如图 8-20 所示。

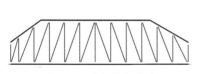

图 8-19　编辑桁架轮廓

图 8-20　打开文件

（2）选取视图中的桁架，打开"修改|结构桁架"选项卡，如图 8-21 所示。

图 8-21　"修改|结构桁架"选项卡

（3）单击"模式"面板中的"附着顶部/底部"按钮 ，选取上端的结构板为桁架要附着的位置，结果如图 8-22 所示。

图 8-22 附着到顶部

☎ **注意**：不是所有桁架族都能正确附着到屋顶或结构楼板。为了使弦杆与相应屋顶或结构楼板的形状吻合，布局族的弦杆绘制线必须与顶部参照平面重合。屋顶/结构楼板轮廓定义的是族的参照平面的转换，而不是弦杆的形状。桁架轮廓的形状将不改变。如果稍后分离桁架，原始轮廓将显示出来。

（4）选取上步附着后的桁架，单击"模式"面板中的"分离顶部/底部"按钮 。

（5）选择要从中分离桁架的屋顶或结构楼板。

（6）也可以在选项栏中单击"全部分离"按钮，分离上弦杆和下弦杆。可以看到桁架分离，并保持其原始轮廓形状。

8.2 支　　撑

在软弱底层的基坑工程中，支撑结构是承受围护墙所传递的土压力、水压力的结构体系。支撑结构体系包含围檩、支撑、立柱及其他附属构件。

8.2.1 概述

1．支撑分类

支撑按材料分类，分为钢支撑、钢筋混凝土支撑和钢-钢筋混凝土组合支撑。

1）钢支撑

钢结构支撑具有自重小、安装和拆除方便，且可以重复使用等优点。根据土方开挖进度，钢支撑可以做到随挖随撑，并可施加预应力，可以通过调整轴力而有效控制围护墙的变形，这对控制墙体变形是十分有利的。因此，在一般情况下，应优先采用钢支撑。

其缺点是：钢结构支撑整体刚性较差，安装节点比较多，当节点构造不合理、施工不当或不符合设计要求时，往往容易造成因节点变形与钢支撑变形，进而造成基坑过大的水平位移。有时甚至由于节点破坏，造成断一点而破坏整体的后果。对此应通过合理设计、严格现场管理和提高施工技术水平等措施加以控制。

2）钢筋混凝土支撑

现浇钢筋混凝土支撑具有较大的刚度，适用于各种复杂平面形状的基坑。现浇节点不会产生松动而增加墙体位移。工程实践表明，在钢结构支撑施工技术水平不高的情况下，钢筋混凝土支撑具有更高的可靠性。但混凝土支撑具有自重大、材料不能重复使用，支撑浇注、养护时间长，拆除困难等缺点。当采用爆破方法拆除支撑时，会对周围环境产生影响。由于混凝土支撑从钢筋、模板、浇捣至养护的整个施工过程需要较长的时间,因此不能做到随挖随撑,这对控制墙体变形是不利的。

3)钢-钢筋混凝土组合支撑

通过将以上支撑进行组合,可以扬长避短。常用于面积较大的不规则基坑,在基坑的端头、斜角等不规则部位采用钢筋混凝土结构支撑,矩形或条形部分采用钢结构支撑。

2.结构支撑的布置原则

(1)屋盖水平支撑:屋盖横向支撑宜布置在温度区间端部第一或第二开间,当设在第二开间时,在第一开间相应位置设刚性系杆。

(2)柱间支撑:无吊车时,宜取 30～45 米间距;当有吊车时,宜设在温度区段中部,或温度区段较长时宜设在三分点处,且间距不宜大于 60 米。

(3)当建筑物宽度大于 60 米时,在内柱列间宜适当增设柱间支撑。

(4)当屋面高度相对于柱间距较大时,柱间支撑宜分层设置。

(5)在刚架转折处应沿房屋全长设置刚性系杆。

(6)由支撑斜杆等组成的水平桁架,其直腹杆宜按刚性系杆考虑。

(7)在设有驾驶室且起重量大于 15 吨桥式吊车的跨间,应在屋盖边缘设置纵向支撑桁架,当桥式吊车起重量较大时,尚应采取措施以增加吊车梁的侧向刚度。

(8)设有起重量不小于 5 吨的桥式吊车时,柱间支撑宜采用型钢支撑,在温度区段吊车梁以下不宜设柱间刚性支撑。

(9)当不允许设柱间支撑时,可设置纵向刚架。

8.2.2　添加结构支撑

可以通过在两个结构图元之间绘制线来创建支撑。可以在平面视图或框架立面视图中添加支撑。支撑会将其自身附着到梁和柱,并根据建筑设计中的修改进行参数化调整。

(1)打开框架立面图。

(2)单击"结构"选项卡"结构"面板中的"支撑"按钮 ,打开"修改|放置 支撑"选项卡,如图 8-23 所示。

图 8-23　"修改|放置 支撑"选项卡

(3)在"属性"选项板中选择支撑类型,如图 8-24 所示。

☑ 参照标高:标高限制。

☑ 开始延伸:将支撑几何图形添加到超出支撑起点的尺寸标注。

☑ 端点延伸:将支撑几何图形添加到超出支撑终点的尺寸标注。

☑ 起点连接缩进:支撑的起点边缘和支撑连接到的图元之间的尺寸标注。

☑ 端点连接缩进:支撑的终点边缘和支撑连接到的图元之间的尺寸标注。

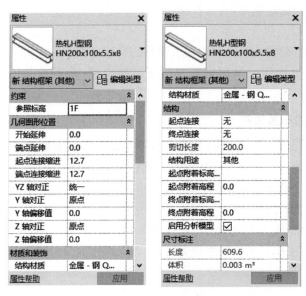

图 8-24 "属性"选项板

☑ YZ 轴对正：包括"统一"和"独立"两个选项。使用"统一"可为支撑的起点和终点设置相同的参数。使用"独立"可为支撑的起点和终点设置不同的参数。

☑ Y/Z 轴对正：指定物理几何图形相对于定位线的位置，包括"原点""左侧""中心"和"右侧"。

☑ Y/Z 轴偏移值：设置的定位线与特性点之间的距离。

☑ 起点/终点连接：支撑起点/终点的弯矩框架或悬臂符号。

☑ 剪切长度：是指物理长度，而不是分析长度。

☑ 结构用途：包括"竖向支撑""加强支撑""腹杆"和"其他"。

☑ 起点/终点附着标高参照：支撑起点/终点的约束标高。

☑ 起点/终点附着高程：参照自"起点/终点附着标高参照"的起点高程。

（4）单击"编辑类型"按钮 ，打开如图 8-25 所示的"类型属性"对话框，可以通过修改支撑类型属性来更改尺寸标注、标识数据和其他属性。

☑ 横断面形状：指定图元的结构剖面形状族类别。

☑ 清除腹板高度：腹板角焊焊趾之间的详细深度。

☑ 翼缘角焊焊趾：从腹板中心到翼缘角焊焊趾的详细距离。

☑ 腹板角焊焊趾：翼缘外侧边与腹板角焊焊趾之间的距离。

☑ 螺栓间距：腹板两侧翼缘螺栓孔之间的标准距离。

☑ 螺栓直径：螺栓孔最大直径。

☑ 两行螺栓间距：腹板两侧翼缘两个螺栓孔之间的距离。

☑ 行间螺栓间距：腹板两侧翼缘螺栓行之间的距离。

☑ 宽度：剖面形状的外部宽度。

☑ 腹杆厚度：剖面形状中的翼缘之间的距离（沿腹板）。

☑ 腹杆圆角：剖面形状中的翼缘末端的圆角半径。

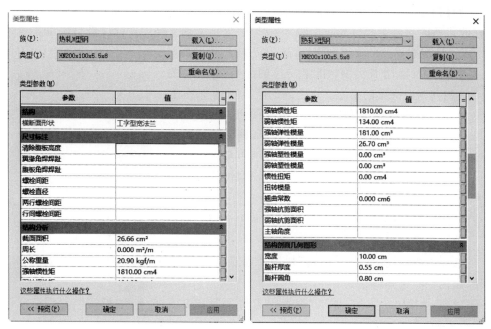

图 8-25 "类型属性"对话框

☑ 高度：剖面形状的外部高度。

☑ 法兰厚度：剖面形状中的腹板外表面之间的距离。

☑ 质心垂直：沿垂直轴从剖面形状质心到下端的距离。

☑ 质心水平：沿水平轴从剖面形状质心到左侧末端的距离。

（5）在绘图区域中，高亮显示要从中开始支撑的捕捉点，单击以放置起点，如图 8-26 所示。

（6）沿对角线方向移动指针以绘制支撑，并将光标靠近另一结构图元以捕捉到它。单击以放置终点，结果如图 8-27 所示。

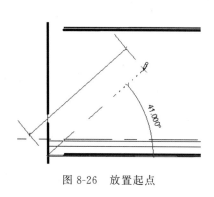

图 8-26 放置起点

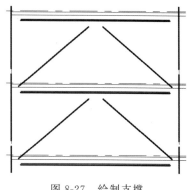

图 8-27 绘制支撑

8.2.3 修改结构支撑

在添加支撑图元后，可以修改支撑属性以控制支撑沿梁的方向保持位置的方式。

通过指定"距离"或与梁端点的长度比率，可以保持每个支撑端点与梁的位置。如果修改了所附着的梁的位置或长度，则支撑会根据所选支撑设置修改进行调整。

（1）选取要修改的支撑，"属性"选项板如图 8-28 所示。

☑ 起点/终点附着类型：指定支撑的起点/终点位置与其附着的梁的指定终点之间的距离测量类型，包括"距离"和"比例值"。

图 8-28　"属性"选项板

- 距离：如果支撑起点位于梁上，则该值指定的是梁的最近端与支撑起点之间的距离。
- 比率：如果支撑起点位于梁上，则该值指定的是该起点位置相对于梁的百分比。例如，值为 0.5，会将起点放置在附着梁的两个端点之间的正中位置。

（2）在"属性"选项板的"结构"栏选择起点附着类型，包括"距离"和"比率"。

（3）选择相应选项后，输入"起点附着比率"或"起点附着距离"的值。

☑ 起点附着比率：指定支撑的起点位置与其附着的梁的指定终点之间的距离。

☑ 起点附着距离：指定支撑的起点位置与其附着的梁的指定终点之间的比例值（0.0～1.0）。

（4）为"参照图元的终点"属性选择一个值。该值将指定从哪个参照图元（梁）的终点开始测量距离或比率。

（5）在"属性"选项板的"结构"栏选择终点附着类型，比如选择"比率"，然后输入"终点附着比率"属性的值。

8.2.4　实例——绘制乡间小楼梁支撑

8-1

本节接 7.2.4 节实例继续创建乡间小楼。

（1）在项目浏览器中双击"立面"节点下的"南"，将视图切换至南立面视图。

（2）单击"结构"选项卡"结构"面板中的"支撑"按钮，打开"修改|放置 支撑"选项卡和选项栏。

（3）单击"模式"面板中的"载入族"按钮，打开"载入族"对话框，选择 China→"结构"→"框架"→"钢"文件夹中的"圆钢.rfa"族文件，如图 8-29 所示。

（4）单击"打开"按钮，打开"指定类型"对话框，选择"圆形-30"类型，如图 8-30 所示。单击"确定"按钮，载入所选类型文件。

（5）在绘图区域中，捕捉工字钢与轴线的交点为起点，移动鼠标捕捉右侧工字钢的终点为终点，如图 8-31 所示。结果如图 8-32 所示。

（6）将视图切换至东立面视图，观察支撑的位置，如图 8-33 所示。从图中可以看出，支撑没有贴邻檩条，不能起到支撑作用。选取支撑，在"属性"选项板中更改 Z 轴偏移值为 100，调整支撑的位置，如图 8-34 所示。

图 8-29 "载入族"对话框

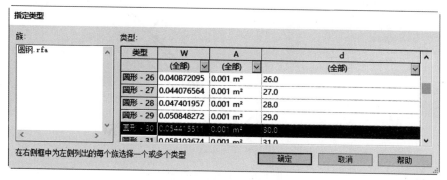

图 8-30 "指定类型"对话框

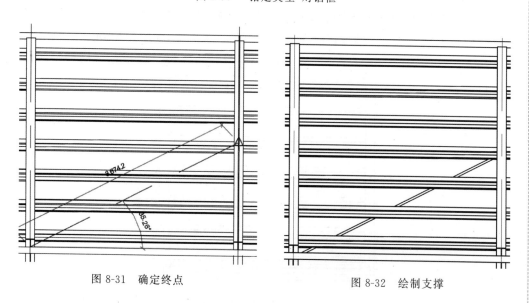

图 8-31 确定终点

图 8-32 绘制支撑

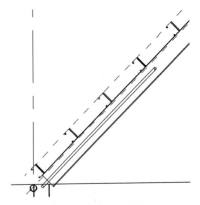

图 8-33　观察支撑位置

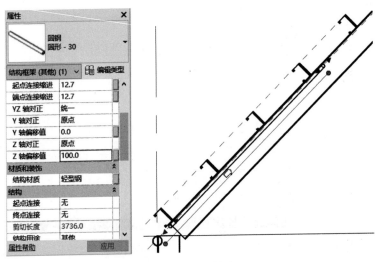

图 8-34　更改支撑位置

（7）将视图切换至南立面视图，单击"结构"选项卡"结构"面板中的"支撑"按钮 图，在"属性"选项板中设置 Z 轴偏移值为 100，绘制另一根支撑，如图 8-35 所示。

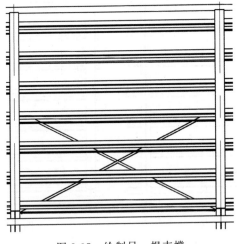

图 8-35　绘制另一根支撑

（8）重复"支撑"命令，分别捕捉工字钢的终点为起点，绘制上部支撑，如图 8-36 所示。

（9）重复"支撑"命令，采用相同的方法，绘制轴线 3 和轴线 4 之间的支撑，如图 8-37 所示。

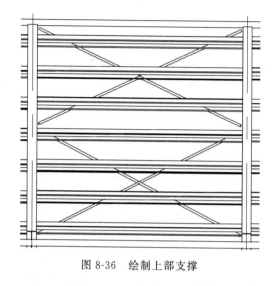

图 8-36　绘制上部支撑

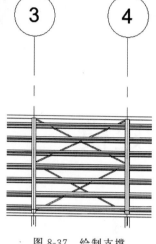

图 8-37　绘制支撑

（10）在项目浏览器中双击"立面"节点下的"北"，将视图切换至北立面视图。重复"支撑"命令，采用相同的方法，绘制北立面视图上的支撑，如图 8-38 所示。

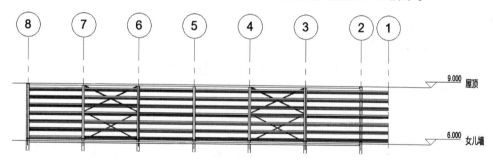

图 8-38　绘制北立面视图上的支撑

第9章

钢建模

在 Architectural structure 中钢预制工具允许放置 100 多种类型的标准参数化结构连接，并在所需位置快速创建自定义连接和钢预制图元。

9.1 预 制 图 元

9.1.1 绘制钢结构板

（1）打开6.1.2节绘制的文件，单击"钢"选项卡"预制图元"面板中的"板"按钮，打开"修改|创建钢板"选项卡和选项栏，如图9-1所示。

图 9-1　"修改|创建钢板"选项卡和选项栏

（2）单击"绘制"面板中的绘图工具绘制钢板边界，这里单击"矩形"按钮，绘制边界，如图9-2所示。

（3）在"属性"选项板中设置结构材质、厚度以及涂层材料，如图9-3所示。

☑ 结构材质：在"结构材质"栏中单击按钮，打开"材质浏览器"对话框，选择钢板材质。

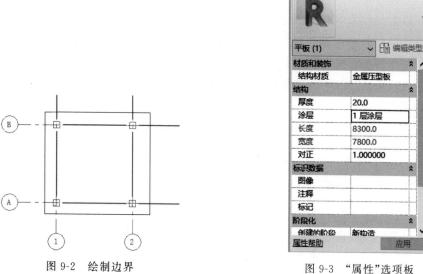

图 9-2 绘制边界

图 9-3 "属性"选项板

☑ 厚度：指定钢连接板的厚度。

☑ 涂层：在"涂层"下拉列表框中选取钢板涂层的材质。

☑ 长度/宽度：显示钢板的长度和宽度值。

☑ 对正：板相对于定义工作平面的位置。对正可以是介于 0 和 1 之间的任意值。1 表示上，0.50 表示中，0 表示下。

（4）单击"模式"面板中的"完成编辑模式"按钮 ✔，完成钢制结构楼板的添加，如图 9-4 所示。结构楼板将添加到其所在的标高之下。

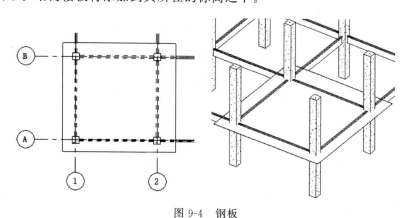

图 9-4 钢板

🔒 提示：板和切角仅在视图的"详细程度"设置为"精细"时可见。

9.1.2 放置螺栓

可以绘制矩形或圆形螺栓图案以将螺栓放置在三维视图或平面视图中的结构图元上。

（1）新建一结构项目文件，并利用"板"命令绘制钢板，或者打开上一节绘制的图形。

（2）单击"钢"选项卡"预制图元"面板中的"螺栓"按钮 ，选择要连接的钢图元，这里选取上一节绘制的钢板，按 Enter 键确认。

（3）选择螺栓图案将垂直于的图元表面，这里选取钢板上表面放置螺栓。

（4）系统打开"修改|创建螺栓图案"选项卡，如图 9-5 所示。可以利用此选项卡绘制矩形或圆形图案。

图 9-5 "修改|创建螺栓图案"选项卡

（5）单击"绘制"面板中的"矩形"按钮 ▢，绘制螺栓图案形状，如图 9-6 所示。

（6）在"属性"选项板中更改螺栓数量、螺栓标准、等级以及直径，如图 9-7 所示。

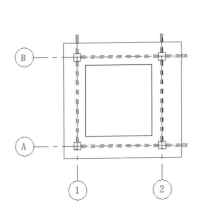

图 9-6 绘制螺栓图案

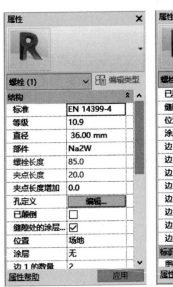

图 9-7 "属性"选项板

☑ 标准：指定螺栓的规格标准。

☑ 等级：指定螺栓抗拉强度和屈服强度的等级。

☑ 直径：指定螺栓杆的直径。

☑ 部件：指定螺栓连接的装配零件。例如：螺栓、螺母和两个垫圈（Na2W）。

☑ 螺栓长度：指定螺栓的长度，通过计算得出。

☑ 夹点长度：指定连接图元的厚度，通过计算得出。

☑ 夹点长度增加：添加到计算的夹点长度，默认值为 0。示意图如图 9-8 所示。

☑ 孔定义：单击"编辑"按钮 编辑... ，打开如图 9-9 所示的"孔参数"对话框，可以在对话框中配置选定螺栓组的每个连接图元的孔。

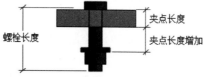

图 9-8　螺栓长度示意图

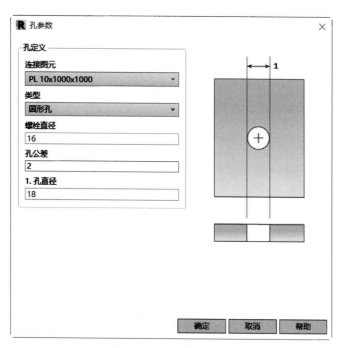

图 9-9　"孔参数"对话框

☑ 已颠倒：选中此复选框，反转螺栓的方向。

☑ 缝隙处的涂层计算：如果要连接的图元之间存在缝隙，则螺栓长度计算可以于缝隙处完成。

☑ 位置：指定螺栓装配位置。例如，场地或车间。

☑ 涂层：在下拉列表框中指定螺栓涂层的材质。

☑ 边1上的数量：沿螺栓图案的较长草图绘制边分布的螺栓数，仅限矩形螺栓图案。

☑ 边2上的数量：沿螺栓图案的较短草图绘制边分布的螺栓数，仅限矩形螺栓图案。

☑ 边1上的长度：螺栓图案的较长绘制边的长度，仅限矩形螺栓图案。

☑ 边2上的长度：螺栓图案的较短绘制边的长度，仅限矩形螺栓图案。

☑ 边1的间距：沿螺栓图案的较长草图绘制边的螺栓之间的距离，仅限矩形螺栓图案。

☑ 边2的间距：沿螺栓图案的较短草图绘制边的螺栓之间的距离，仅限矩形螺栓图案。

☑ 边 1 上的边缘距离：图案的较长草图绘制边的边缘与第一个螺栓之间的距离，仅限矩形螺栓图案。

☑ 边 2 上的边缘距离：图案的较短草图绘制边的边缘与第一个螺栓之间的距离，仅限矩形螺栓图案。

☑ 半径：绘制的圆形螺栓图案的半径，仅限圆形螺栓图案。

☑ 数量：围绕绘制的圆形螺栓图案分布的螺栓数量，仅限圆形螺栓图案。

沿钢图元放置锚固件、孔、剪力钉的绘制布置同沿钢图元放置螺栓，这里不再一一介绍。

（7）单击"模式"面板中的"完成编辑模式"按钮 ，完成螺栓绘制，如图 9-10 所示。

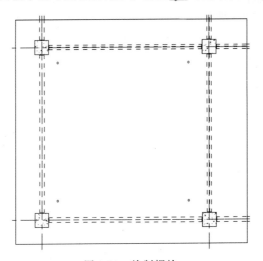

图 9-10　绘制螺栓

（8）在"属性"选项板中设置边 1 的数量为 4，边 2 的数量为 3，边 1 的长度为 3800，边 2 的长度为 3800，单击"应用"按钮，调整螺栓位置和参数，如图 9-11 所示。

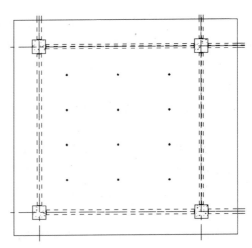

图 9-11　调整螺栓参数

9.1.3 焊接

可以通过添加焊接在钢结构图元之间建立连接。

（1）新建一项目文件，并绘制钢板。单击"钢"选项卡"预制图元"面板中的"焊缝"按钮 📐，在视图中选择要连接的图元，如图 9-12 所示，按 Enter 键确认。

（2）拾取其中一个要连接的可用图元边以放置焊接，如图 9-13 所示。

（3）焊接在视图中显示为一个十字符号，可用于为文档添加标记，如图 9-14 所示。

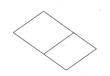
图 9-12 选择图元

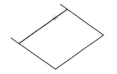
图 9-13 选取放置焊接边

图 9-14 焊接符号

（4）在"属性"选项板中更改主要厚度、长度、位置、螺距等，如图 9-15 所示。

☑ 主要类型：指定主焊缝的类型。

☑ 主要厚度：指定主焊缝的厚度。

☑ 长度：指定主焊接缝的长度。

☑ 位置：指定放置焊缝的位置，包括"场地""车间"和"无"。

☑ 连续：指定焊缝为连续焊缝，默认情况下，不选中此复选框。

☑ 螺距：指定连接一侧上的焊缝中心之间的距离。

☑ 主要文本：指定用于注释中的主焊缝的用户定义属性。

☑ 表面形状：指定主焊接缝处的准备表面形状。

☑ 主要焊接准备：指定主焊接缝处的特殊焊缝准备要求。

☑ 主要根部洞口：指定主焊接缝根处的间隙。

☑ 主要有效管喉：指定焊缝的有效喉深尺寸。

☑ 主要准备高度：指定焊接缝处的准备深度。

☑ 双重类型：指定连接处的双焊缝类型。

☑ 文本模块：指定注释文字标签的标准化方法。

☑ 前缀：指定要在注释文字标签中使用的前缀。

图 9-15 "属性"选项板

9.2 结 构 连 接

9.2.1 载入连接

Revit 中提供有 130 个标准钢连接。用户可以在自己的模型中加载并使用这些连接。

（1）单击"结构"选项卡"连接"面板中的"连接设置"按钮 ↘，打开"结构连接设置"对话框，如图 9-16 所示。

图 9-16　"结构连接设置"对话框

（2）在"连接组"下拉列表框中选取组别。

（3）在"可用连接"列表框中选择需要的连接，如力矩连接，单击"添加"按钮
，将其添加到载入的连接列表中，如图 9-17 所示。

图 9-17　载入连接

（4）单击"确定"按钮，完成连接载入。

9.2.2 放置结构连接

（1）单击"结构"选项卡"连接"面板中的"连接"按钮 ，打开"修改|放置结构连接"选项卡。

（2）在"属性"选项板中选择连接类型，系统默认只有"常规连接"类型，采用上一节中的方法，载入需要的连接类型为"剪裁角度"，如图9-18所示。

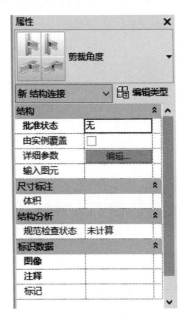

图9-18　选择连接类型

（3）在视图中选择要连接的图元，如图9-19所示。

（4）按Enter键或空格键确认，生成连接，如图9-20所示，显示连接符号。

（5）在控制栏中单击"详细程度精细"按钮 ，显示连接的详细几何图形，如图9-21所示。

（6）在"属性"选项板中单击"编辑类型"按钮 ，打开如图9-22所示的"类型属性"对话框。单击"修改参数"栏中的"编辑"按钮 ，打开如图9-23所示的"编辑连接类型"对话框，更改连接参数，单击"确定"按钮。

图9-19　选取图元　　　　图9-20　创建连接　　　　图9-21　详细连接

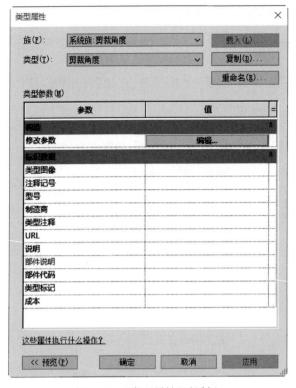

图 9-22 "类型属性"对话框

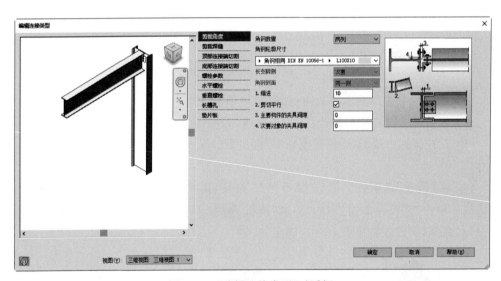

图 9-23 "编辑连接类型"对话框

9.2.3 自定义连接

可以将连接图元添加到钢模型，以创建自定义连接。

（1）选择一个或多个从中创建自定义连接的标准或常规连接，本节选取如图 9-24 所示的连接，打开"修改|子连接"选项卡，如图 9-25 所示。

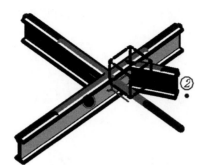

图 9-24 选取连接

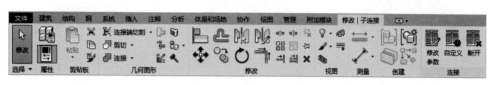

图 9-25 "修改|子连接"选项卡

（2）单击"连接"面板中的"自定义"按钮 ，打开"创建自定义连接"对话框。输入新的名称为"连接1"，如图 9-26 所示，单击"确定"按钮，打开如图 9-27 所示的"编辑自定义连接类型"面板。

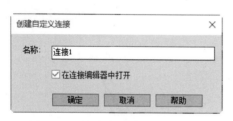

图 9-26 "创建自定义连接"对话框

图 9-27 "编辑自定义连接类型"面板

（3）在"编辑自定义连接类型"面板中单击"添加"按钮，选择将构成自定义连接类型的子图元。

（4）单击"删除"按钮，从自定义连接类型中排除选定子图元。

（5）添加或删除连接子图元后，单击"完成"按钮 ✔，完成自定义连接。如果单击"取消"按钮 ✖，则关闭面板，但不保存更改。

9.3 参数化切割

9.3.1 连接端切割

可以在相交结构梁上创建参数化连接端切割，同时在梁之间生成相关连接。

（1）单击"钢"选项卡"参数化切割"面板中的"连接端切割"按钮，在视图中选取要进行切割的图元,如图 9-28 所示。可以框选,也可以按住 Ctrl 键选取两个及两个以上相交图元。

(2)按 Enter 键确认,将创建连接端切割且框架图元之间的子连接显示为虚线框,如图 9-29 所示。

(3)单击"编号"标签下的菱形符号以更改由"连接端切割"工具剪切的图元,如图 9-30 所示。

图 9-28　选取相交图元　　　图 9-29　切割　　　图 9-30　调整剪切图元

9.3.2　剪切工具

1.斜接

可以使用相关连接在两个钢图元连接处创建斜切割。

(1)单击"钢"选项卡"参数化切割"面板中的"斜接"按钮 ,在视图中选取要进行切割的图元,如图 9-31 所示。可以框选,也可以按住 Ctrl 键选取两个及两个以上相交图元。

(2)按 Enter 键确认,图元之间的子连接显示为虚线框,如图 9-32 所示。

图 9-31　选取相交图元　　　　　图 9-32　斜切

2.锯切-法兰

单击"钢"选项卡"参数化切割"面板"斜接" 下拉列表框中的"锯切-法兰"按钮 ,选取相交图元后,按 Enter 键确认,结果如图 9-33 所示。

3.锯切-腹板

单击"钢"选项卡"参数化切割"面板"斜接" 下拉列表框中的"锯切-腹板"按钮 ,选取相交图元后,按 Enter 键确认,结果如图 9-34 所示。

4.贯穿切割

单击"钢"选项卡"参数化切割"面板中的"贯穿切割"按钮 ,选取相交图元后,按 Enter 键确认,结果如图 9-35 所示。

Note

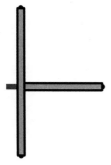

图 9-33　锯切-法兰

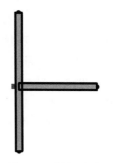

图 9-34　锯切-腹板

5. 切割方式

单击"钢"选项卡"参数化切割"面板中的"切割方式"按钮，选取相交图元后，按 Enter 键确认，结果如图 9-36 所示。

图 9-35　贯穿切割

图 9-36　切割方式

9.3.3　修改连接参数

可以更改参数、几何图形、分析信息或进行其他修改。

（1）选择要修改的连接，打开"修改|子连接"选项卡。

（2）单击"连接"面板中的"修改参数"按钮，打开特定的连接对话框，例如：选取 "锯切-翼缘"连接，单击"修改参数"按钮，打开"锯切-翼缘"对话框，如图 9-37 所示。

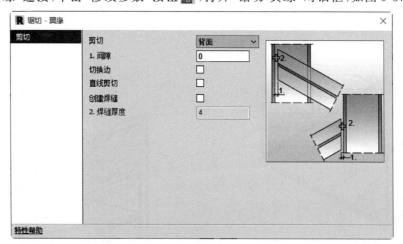

图 9-37　"锯切-翼缘"对话框

（3）在对话框中更改相关参数，模型会随之更改。

单击对话框上的"关闭"按钮，关闭对话框，还可以执行以下操作，关闭对话框。

① 打开、关闭或保存项目。

② 重新载入最新项目或同步到多用户环境中的中心模型。

③ 打开或更改视图。

④ 关闭当前视图。

⑤ 创建、编辑或删除图元。

⑥ 打开另一个钢连接参数对话框。

⑦ 打开其他编辑器。

⑧ 使用修改工具。

9-1

9.3.4 实例——乡村小楼钢结构连接

本节接 8.2.4 节实例继续创建乡间小楼。

（1）将视图切换至三维视图，观察视图中工字钢梁之间的连接是否符合要求，如图 9-38 所示。

（2）单击"钢"选项卡"参数化切割"面板中的"斜接"按钮 ，按住 Ctrl 键选取如图 9-39 所示的工字钢梁，按 Enter 键确认，生成斜接，如图 9-40 所示。

图 9-38　观察图形　　　图 9-39　选取工字钢　　　图 9-40　工字钢斜接

（3）采用相同的方法，对其他几个工字钢的连接处进行斜接处理，如图 9-41 所示。

（4）放大屋顶处的视图，观察视图中工字钢梁之间的连接是否符合要求，如图 9-42 所示。

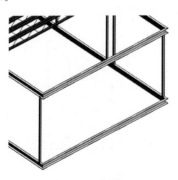

图 9-41　斜接　　　　　　　图 9-42　观察图形

Note

（5）单击"钢"选项卡"参数化切割"面板中的"斜接"按钮 ，按住 Ctrl 键选取如图 9-43 所示的工字钢梁，按 Enter 键确认，生成斜接，如图 9-44 所示。

图 9-43 选取工字钢

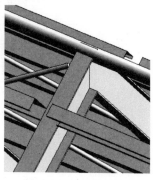

图 9-44 工字钢斜接

（6）采用相同的方法，对其他几个工字钢的连接处进行斜接处理，如图 9-45 所示。

（7）放大二层工字钢梁处观察图形，如图 9-46 所示，可以看出水平工字钢梁的位置不对，工字钢梁的连接处也不符合要求。

图 9-45 斜接

图 9-46 观察图形

（8）将视图切换至二层结构平面视图，单击"修改"选项卡"修改"面板中的"对齐"按钮 ，选取工字钢柱的内边线，然后选取水平工字钢梁的上边线，使工字钢梁位于工字钢柱的内部。采用相同的方法，使轴线 C 上的工字钢梁与工字钢柱内侧对齐，如图 9-47 所示。

（9）将视图切换到三维视图。单击"钢"选项卡"参数化切割"面板"斜接" 下拉列表框中的"锯切-法兰"按钮 ，按住 Ctrl 键选取如图 9-48 所示的工字钢梁，按 Enter 键确认，生成法兰斜接，如图 9-49 所示。采用相同的方法，添加梁之间的连接。

（10）放大工字钢柱与斜工字钢梁的连接处，如图 9-50 所示，可以看出柱与梁的连接不符合要求。

（11）单击"钢"选项卡"参数化切割"面板"斜接" 下拉列表框中的"锯切-法兰"按钮 ，按住 Ctrl 键选取如图 9-50 所示的工字钢梁，按 Enter 键确认，生成法兰斜接，如图 9-51 所示。

（12）单击"修改|子连接"选项卡"连接"面板中的"修改参数"按钮 ，打开"锯切-翼缘"对话框，选中"切换边"和"直线剪切"复选框，其他采用默认设置，如图 9-52 所示。单击"关闭"按钮 ，关闭对话框，生成如图 9-53 所示的斜接。

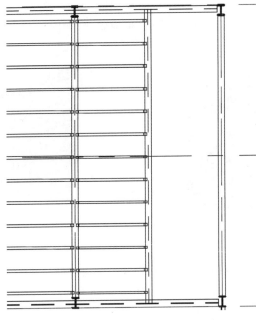

图 9-47　工字钢柱与工字钢梁对齐

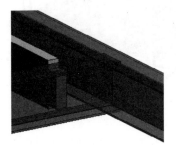

图 9-48　选取工字钢

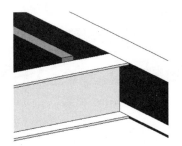

图 9-49　锯切-法兰

图 9-50　观察图形

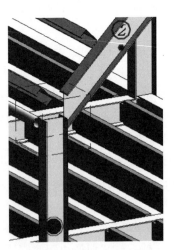

图 9-51　生成法兰斜接

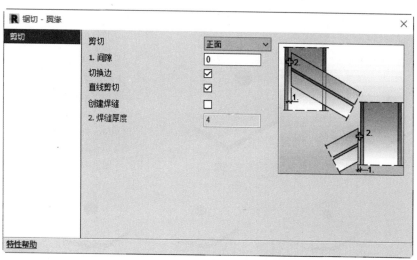

图 9-52 "锯切-翼缘"对话框

图 9-53 斜接

（13）采用相同的方法，创建竖直柱与斜梁之间的连接。

9.4 钢图元剪切工具

9.4.1 绘制切角

可以创建切角以自定义结构板形状。

（1）打开 9.1.2 节绘制的文件，单击"钢"选项卡"修改器"面板中的"角点切割"按钮 ，单击结构板，系统在单击位置最近的角上创建切角，如图 9-55 所示。

（2）在"属性"选项板中更改切角类型以及大小，如图 9-56 所示。

☑ 类型：指定角处的剪切类型，包括外凸、凹和直线，如图 9-57 所示。

☑ 边 1：指定直线切角的第一个边的长度，仅限直线类型。

☑ 边 2：指定直线切角的第二个边的长度，仅限直线类型。

☑ 半径：指定计算凸面或凹面切角的线段长度，仅限外凸和凹类型。

Note

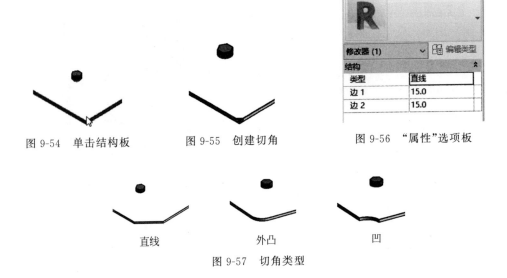

图 9-54 单击结构板　　　　图 9-55 创建切角　　　　图 9-56 "属性"选项板

直线　　　　　　外凸　　　　　　凹

图 9-57 切角类型

9.4.2 连接端切割倾斜

可以对钢梁、支撑或柱的前端、末端、顶部或底部进行连接端切割,以适应钢预制图元所需的连接和几何图形。

(1)在视图中绘制一段梁。

(2)单击"钢"选项卡"修改器"面板中的"连接端切割倾斜"按钮 ,单击结构图元的任一端,如图 9-58 所示。

(3)在选定结构图元的最接近边缘和侧边、顶部或底部创建剪切,在创建后,无法更改其位置,如图 9-59 所示。

图 9-58 单击结构图元　　　　图 9-59 剪切连接端

提示:连接端切割倾斜仅在视图的"细节级别"设为"精细"时可见。

(4)在"属性"选项板中更改剪切类型及其尺寸,如图 9-60 所示,单击"应用"按钮,结果如图 9-61 所示。

☑ 缩进:指定连接端切割平面至钢图元末端的缩进距离。

☑ Z 轴偏移:指定连接端切割平面沿 Z 轴的偏移距离。

☑ 横截面旋转:指定连接端切割平面围绕钢图元轴的旋转角度。

☑ 围绕梁轴:指定围绕钢图元轴的横截面旋转。取消选中此复选框,则该横截面将围绕其与轴偏移位置的距离旋转。

☑ 平面旋转：指定连接端切割平面围绕其 Z 轴的旋转角度。

☑ 倾斜角度：指定连接端切割平面围绕其 X 轴的旋转角度。

☑ 半径：指定位于连接端切割角的角半径。

☑ 钻孔：指定连接端切割角依据半径尺寸标注而不是凹曲线钻出。

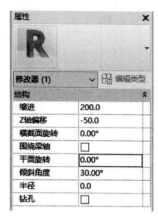

图 9-60　"属性"选项板

图 9-61　更改剪切尺寸

9.4.3　缩短

可以缩短钢梁、支撑或柱的前端、末端、顶部或底部，以适应钢预制图元所需的几何图形。

（1）在视图中绘制一段梁。

（2）单击"钢"选项卡"修改器"面板中的"缩短"按钮 ，单击钢框架图元，如图 9-62 所示。在离单击图元的位置最近的端点上剪切，如图 9-63 所示。将在所选结构图元的最近边上创建剪切，并且在完成创建后无法更改其位置。

🔒 提示：通过缩短而产生的图元剪切仅在视图的"细节级别"设为"精细"时可见。

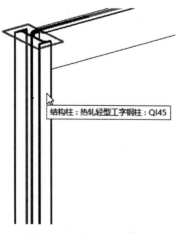

图 9-62　单击结构图元

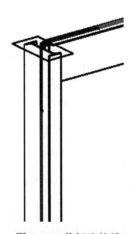

图 9-63　剪切连接端

（3）在"属性"选项板中更改缩短的长度和角度标注，如图9-64所示。

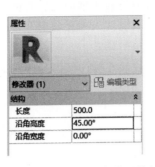

图9-64　设置缩短参数

☑ 长度：指定钢图元末端至缩短平面的深度，增加长度值进一步缩短剪切，输入负
长度值以延伸图元。

☑ 沿角高度：指定缩短平面围绕X轴的旋转角度。

☑ 沿角宽度：指定缩短平面围绕Z轴的旋转角度。

9.4.4　轮廓切割

可以在钢框架图元或板的选定面上创建轮廓剪切。

（1）单击"钢"选项卡"修改器"面板中的"轮廓切割"按钮 ，选择要在其上绘制
轮廓剪切的图元表面，如图9-65所示。

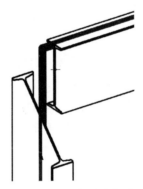

图9-65　选取图元表面

（2）打开"修改│创建等高线"选项卡，如图9-66所示。使用"绘制"面板上的绘制
工具来绘制轮廓的形状，如图9-67所示。

图9-66　"修改│创建等高线"选项卡

（3）单击"模式"面板中的"完成编辑模式"按钮 ✔，根据绘制的轮廓创建垂直于图
元的选定面的剪切，如图9-68所示。

Note

（4）在"属性"选项板中更改间隙宽度和边界距离，如图9-69所示。

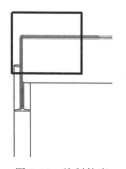

图9-67　绘制轮廓

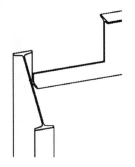

图9-68　轮廓切割

- ☑ 间隙宽度：指定超出轮廓剪切草图绘制图案的额外间隙距离。
- ☑ 半径：指定由"间隙宽度"参数创建的轮廓剪切角的半径。
- ☑ 钻孔：指定轮廓剪切角由半径尺寸标注钻出，而不是由凹曲线钻出。
- ☑ 边界：指定沿Z轴的轮廓边界，包括"无""边1""边2""两个"选项，例如选择"两个"，轮廓切割将根据边界距离进行，如图9-70所示。

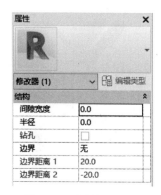

图9-69　"属性"选项板

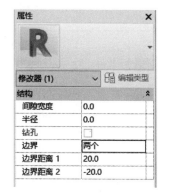

图9-70　设置边界

- ☑ 边界距离1：指定从主体底部沿Z轴正方向测量的轮廓剪切的底部边界。
- ☑ 边界距离2：指定从主体顶部沿Z轴负方向测量的轮廓剪切的顶部边界。

9.4.5　实例——修改乡间小楼钢图元

本节接9.3.4节实例继续创建乡间小楼。

（1）单击"钢"选项卡"修改器"面板中的"轮廓切割"按钮 ，选取如图9-71所示的轴线8上的斜梁，打开"修改|创建等高线"选项卡，如图9-72所示。

（2）为了方便绘制轮廓，单击ViewCube上的"右"，切换视图到右视图，单击"绘制"面板中的"线"按钮 ╱，绘制如图9-73所示的轮廓。

（3）单击"模式"面板中的"完成编辑模式"按钮 ✔，根据绘制的轮廓创建垂直于图元的选定面的剪切，如图9-74所示。

9-2

图 9-71　选取梁

图 9-72　"修改|创建等高线"选项卡

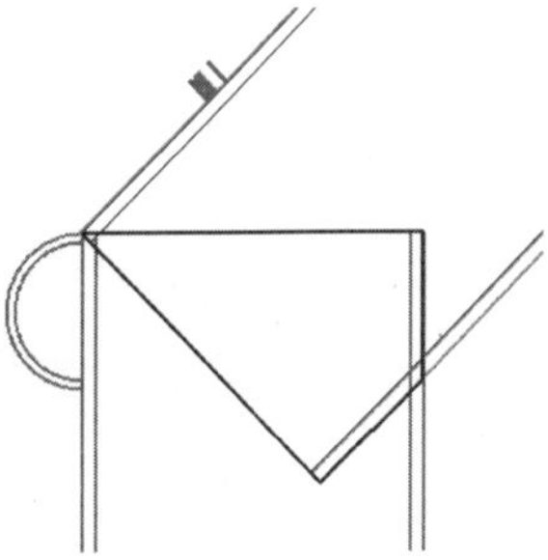

图 9-73　绘制轮廓

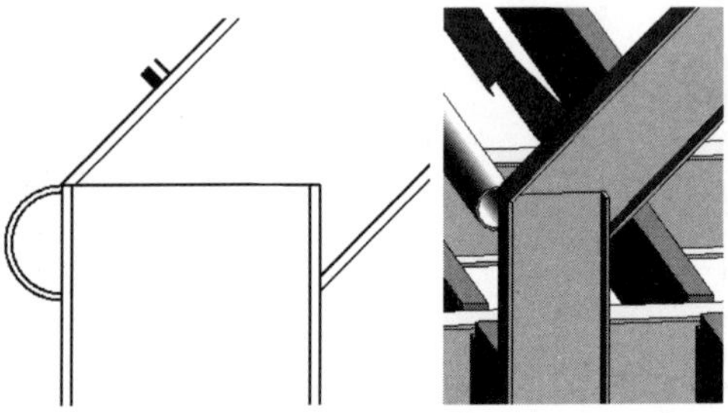

图 9-74　剪切轮廓

（4）单击"钢"选项卡"修改器"面板中的"轮廓切割"按钮，选取如图 9-75 所示的轴线 8 上的另一侧斜梁，打开"修改|创建等高线"选项卡，如图 9-72 所示。

（5）单击"绘制"面板中的"线"按钮，绘制如图 9-76 所示的轮廓。

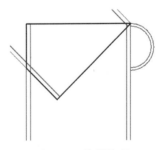

图 9-75　选取梁

图 9-76　绘制轮廓

（6）单击"模式"面板中的"完成编辑模式"按钮，根据绘制的轮廓创建垂直于图元的选定面的剪切，如图 9-77 所示。

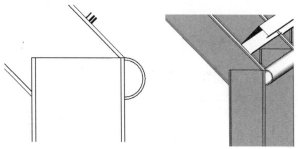

图 9-77 剪切轮廓

（7）采用相同的方法，对轴线 1～7 上工字钢柱和工字钢梁的相交处进行轮廓切割，如图 9-78 所示。

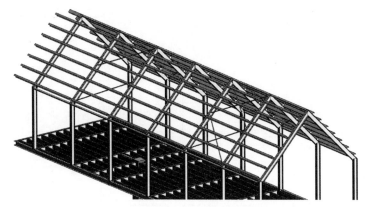

图 9-78 轮廓切割

（8）在项目浏览器中双击"结构平面"节点下的"屋顶"，将视图切换至屋顶结构视图。

（9）选取屋顶上的热轧无缝钢管，如图 9-79 所示。打开"修改|结构框架"选项卡，单击"修改"面板中的"拆分图元"按钮 ，在如图 9-80 所示的轴线处单击，将无缝钢管在轴线处进行拆分，如图 9-81 所示。

（10）继续在轴线 1 到轴线 7 处单击，将无缝钢管在轴线处进行拆分，如图 9-82 所示。

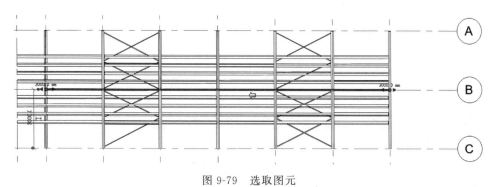

图 9-79 选取图元

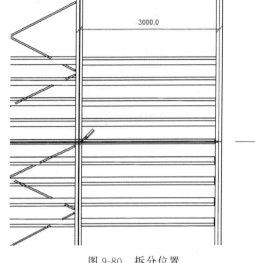

图 9-80　拆分位置　　　　　　　　　　图 9-81　拆分图元

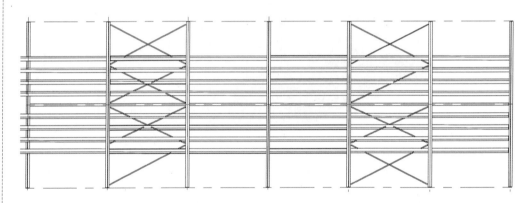

图 9-82　拆分无缝钢管

（11）将视图切换至南立面图，选取如图 9-83 所示的无缝钢管，单击"修改"面板中的"拆分图元"按钮 ，在各个轴线处单击，拆分无缝钢管，如图 9-84 所示。

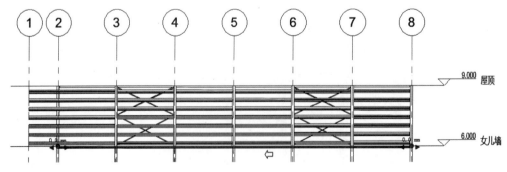

图 9-83　选取无缝钢管

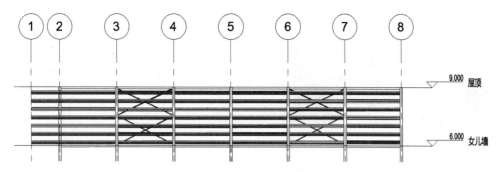

图 9-84　拆分无缝钢管

（12）将视图切换至北立面图，重复上述步骤，将无缝钢管在轴线处进行拆分。

第10章

结构墙

结构墙是房屋等建筑物或构筑物中主要承受风荷载或地震作用引起的水平荷载和竖向荷载（重力）的墙体，以防止结构剪切（受剪）破坏。它又称剪力墙，一般用钢筋混凝土做成。

10.1 绘制结构墙体

通过单击"墙：结构"工具，选择所需的墙类型，并将该类型的实例放置在平面视图或三维视图中，可以将墙添加到模型中。

可以在功能区中选择一个绘制工具，在绘图区域中绘制墙的线性范围，或者通过拾取现有线、边或面来定义墙的线性范围。墙相对于所绘制路径或所选现有图元的位置由墙的某个实例属性的值来确定，即"定位线"。

具体绘制步骤如下：

（1）打开7.2.2节绘制的轴网文件，单击"结构"选项卡"结构"面板"墙"下拉列表框中的"墙：结构"按钮🖾，打开"修改|放置 结构墙"选项卡和选项栏，如图10-1所示。

图 10-1 "修改|放置 结构墙"选项卡和选项栏

☑ 深度：为墙的底部约束选择标高，或者默认设置"未连接"，然后输入高度值。如果希望从墙的墙底定位标高向上延伸，则选择"高度"。

☑ 定位线：指定使用墙的哪一个垂直平面相对于所绘制的路径或在绘图区域中指定的路径来定位墙，包括"墙中心线"（默认）、"核心层中心线""面层面：外部""面层面：内部""核心面：外部""核心面：内部"等选项。在简单的砖墙中，"墙中心线"和"核心层中心线"平面将会重合，然而它们在复合墙中，从左到右绘制墙时可能会不同，其外部面（面层面：外部）默认情况下位于顶部。

☑ 链：选中此复选框，以绘制一系列在端点处连接的墙分段。

☑ 偏移：输入一个距离值，以指定墙的定位线与光标位置或选定的线或面之间的偏移。

☑ 连接状态：选择"允许"选项以在墙相交位置自动创建对接（默认），选择"不允许"选项以防止各墙在相交时连接。每次打开软件时默认选择"允许"选项，但上一选定选项在当前会话期间保持不变。

（2）在选项栏中设置高度为 2 层，定位线为墙中心线，如图 10-2 所示。

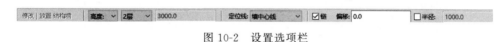

图 10-2　设置选项栏

（3）从"属性"选项板的类型下拉列表框中选择墙的类型，这里选择"基本墙 外部-225mm 混凝土"类型，其他采用默认设置，如图 10-3 所示。

☑ 定位线：指定墙相对于项目立面中绘制线的位置。即使类型发生变化，墙的定位线也会保持相同。

☑ 底部约束：指定墙底部参照的标高。

☑ 底部偏移：指定墙底部距离其墙底定位标高的偏移。

☑ 已附着底部：指示墙底部是否附着到另一个构件，如结构楼板。

☑ 底部延伸距离：指明墙层底部移动的距离。

☑ 顶部约束：指定墙顶部参照的标高。

☑ 无连接高度：如果顶部约束定义为不连续，则输入墙的无连接高度；如果设置了顶部约束，则此选项不能更改。

☑ 顶部偏移：指定墙顶部距离其墙顶定位标高的偏移，只有顶部约束定义为标高时此选项才可用。

☑ 已附着顶部：指示墙顶部是否附着到另一个构件，如结构楼板。

☑ 顶部延伸距离：指明墙层顶部移动的距离。

☑ 房间边界：指明墙是否是房间边界的一部分。在放置墙后可启用此选项。

☑ 与体量有关：勾选此选项，该墙体从体量图元创建。

☑ 结构：指定墙为结构图元能够获得一个分析模型。

☑ 结构用途：指定墙的结构用途，如承重、剪力或复合结构。

☑ 启用分析模型：显示分析模型，并将它包含在分析计算中。默认情况下为选中状态。

☑ 钢筋保护层-外部面：指定与墙外部面之间的钢筋保护层距离。

☑ 钢筋保护层-内部面：指定与墙内部面之间的钢筋保护层距离。

☑ 钢筋保护层-其他面：指定与邻近图元之间的钢筋保护层距离。

☑ 估计的钢筋体积：指定选定图元的估计钢筋体积。仅在已放置钢筋的情况下才显示。

（4）系统默认激活"线"按钮 ，在视图中捕捉轴网的交点或结构柱的中心为墙的起点，如图10-4所示。移动鼠标到适当位置确定墙体的终点，如图10-5所示。接续绘制墙体，如图10-6所示。

图 10-3 "属性"选项板

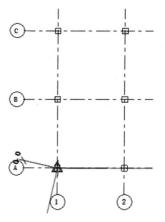

图 10-4 指定墙体起点

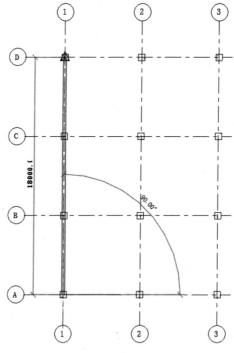

图 10-5 指定终点

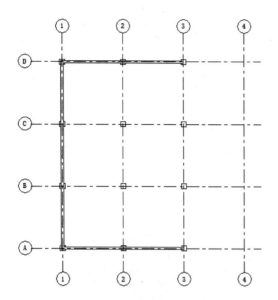

图 10-6 绘制墙体

可以使用三种方法来放置墙。

① 绘制墙：使用默认的"线"工具可通过在图形中指定起点和终点来放置直墙分段。或者，可以指定起点，沿所需方向移动光标，然后输入墙长度值。

② 沿着现有的线放置墙：使用"拾取线"工具可以沿在图形中选择的线来放置墙分段。线可以是模型线、参照平面或图元(如屋顶、幕墙嵌板和其他墙)边缘。

③ 将墙放置在现有面上：使用"拾取面"工具可以将墙放置于在图形中选择的体量面或常规模型面上。

(5) 单击"绘制"面板中"起点-终点-半径弧"按钮 ，捕捉轴线的交点作为起点和终点，在适当位置指定半径，完成圆弧墙的绘制，如图 10-7 所示。

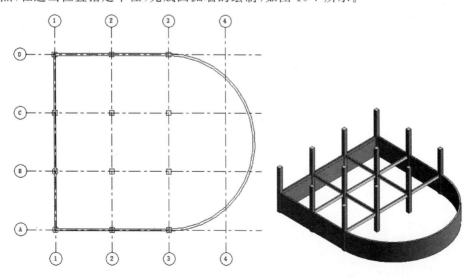

图 10-7 圆弧墙

10.2 修改结构墙

10.2.1 修改墙形状

（1）接上一节文件，选取要修改的墙体，然后在"属性"选项板中更改顶部约束为"直到标高：标高3"，结果如图10-8所示。

（2）也可以直接拖动墙体上的造型操作柄，调整墙体的高度，如图10-9所示。同时在"属性"选项板中显示顶部偏移值或底部偏移值。

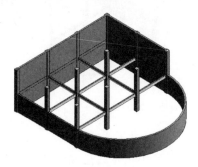

图10-8 修改墙体　　　　图10-9 调整墙体高度

（3）选取左侧墙体作为要修改的墙体，单击"修改|墙"选项卡"模式"面板中的"编辑轮廓"按钮，打开"修改|墙>编辑轮廓"选项卡，如图10-10所示。

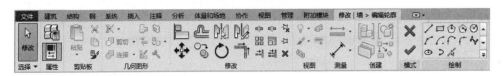

图10-10 "修改|墙>编辑轮廓"选项卡

（4）使用"修改"和"绘制"面板上的工具，根据需要编辑轮廓。绘制如图10-11所示的墙体轮廓，注意绘制的轮廓必须是封闭的。

（5）单击"模式"面板中的"完成编辑模式"按钮，完成轮廓编辑后的墙体如图10-12所示。

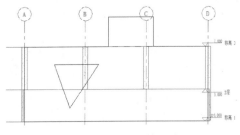
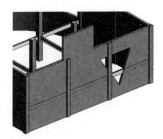

图10-11 编辑墙体轮廓　　　　图10-12 编辑后墙体

（6）选取上步编辑的墙体，单击"重设轮廓"按钮![icon]，墙体恢复到编辑前的墙体。

（7）选取墙体，然后在"属性"选项板的类型下拉列表框中选取其他类型，更改墙体类型，也可以新建墙体类型。

10.2.2　修改墙结构

（1）接上一节文件，在"属性"选项板中单击"编辑类型"按钮![icon]，打开如图 10-13 所示"类型属性"对话框，可以修改墙体的结构、功能等其他属性。

图 10-13　"类型属性"对话框

☑ 结构：指定墙层。单击"编辑"按钮，打开"编辑部件"对话框，添加、修改或删除墙层。

☑ 在插入点包络：插入点的条件可设定为"不包络""外部""内部"或"两者"。

☑ 在端点包络：墙的端点条件可设定为"内部"或"外部"，以控制材质将包络到墙的哪一侧。如果不想对墙的层进行包络，则将端点条件设定为"无"，如图 10-14 所示。

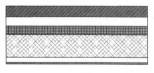
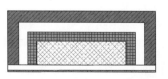
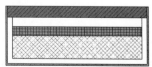

无　　　　　　　　外部　　　　　　　　内部

图 10-14　在端点包络

☑ 厚度：指定墙的厚度。

☑ 功能：指定标示特定属性的墙功能，包括内墙、外墙、基础墙、挡土墙、檐底板墙或核心竖井。可以过滤视图中的墙显示，以便仅显示/隐藏那些提供特定功能的墙。创建墙明细表时，还可以使用此属性按照功能包括或排除墙。

☑ 粗略比例填充样式：指定粗略比例视图中图元的填充样式。

☑ 粗略比例填充颜色：为粗略比例视图中的图元指定填充样式的颜色。

☑ 结构材质：为图元结构指定材质。

☑ 传热系数（U）：用于计算热传导，通常根据流体和实体之间的对流和阶段变化。

☑ 热阻（R）：用于测量对象或材质抵抗热流量（每时间单位的热量或热阻）的温度差。

☑ 热质量：等同于热容或热容量。

☑ 吸收率：用于测量对象吸收辐射的能力，等于吸收的辐射通量与入射通量的比率。

☑ 粗糙度：用于测量表面的纹理。

（2）单击"复制"按钮，打开"名称"对话框，输入名称为"混凝土墙"，单击"确定"按钮，新建"混凝土墙"类型，返回到"类型属性"对话框。

（3）在"结构"栏中单击"编辑"按钮，打开"编辑部件"对话框，如图 10-15 所示。

（4）单击"插入"按钮 ┃插入(I)┃，插入一个构造层，选择功能为"面层 1[4]"，如图 10-16 所示。

图 10-15 "编辑部件"对话框

	功能	材质	厚度	包络	结构材质
1	核心边界	包络上层	0.0		
2	结构 [1]	<按类别>	0.0	☐	☐
3	结构 [1]	土，现场	225.0	☐	☑
4	衬底 [2]	下层	0.0		
	保温层/空气层 [3]				
	面层 1 [4]				
	面层 2 [5]				
	涂膜层				

图 10-16 设置功能

提示：Revit 软件提供了 6 种层，分别为结构[1]、衬底[2]、保温层/空气层[3]、涂膜层、面层 1[4]、面层 2[5]。

☑ 结构[1]：支撑其余墙、楼板或屋顶的层。

☑ 衬底[2]：作为其他材质基础的材质(例如胶合板或石膏板)。

☑ 保温层/空气层[3]：隔绝并防止空气渗透。

☑ 涂膜层：通常用于防止水蒸气渗透的薄膜。涂膜层的厚度应该为零。

☑ 面层 1[4]：面层 1 通常是外层。

☑ 面层 2[5]：面层 2 通常是内层。

层的功能具有优先顺序，其规则为：

① 结构层具有最高优先级(优先级 1)；

② "面层 2"具有最低优先级(优先级 5)；

③ Revit 首先连接优先级高的层，然后连接优先级最低的层。

(5) 单击"面层 1[4]"材质中的浏览器按钮，打开"材质浏览器"对话框，选择"混凝土，沙/水泥找平"材质，其他采用默认设置，如图 10-17 所示。单击"确定"按钮，返回到"编辑部件"对话框。

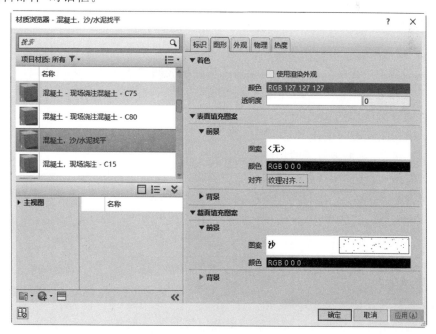

图 10-17 "材质浏览器"对话框

（6）输入"面层 1[4]"的厚度为 10，采用相同的方法，插入具有相同参数的面层 1[4]。

（7）单击"向上"按钮 向上(U) 或"向下"按钮 向下(Q) ，将其中一个面层 1[4] 调整到结构层下方，单击"预览"按钮 预览 >>(P) ，可以查看所设置的层，如图 10-18 所示。

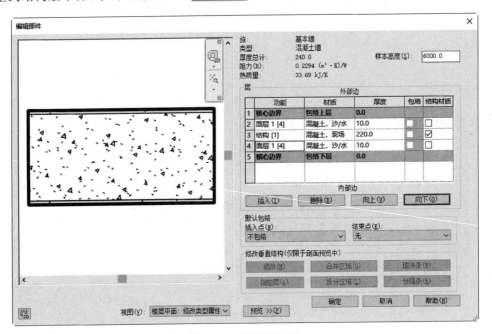

图 10-18 预览墙类型

（8）连续单击"确定"按钮，完成"混凝土墙"类型的设置，所选取的墙被更改。

10.2.3 连接墙

使用"连接几何图形"工具可以在共享公共面的两个或多个主体图元（例如墙和楼板）之间创建连接。也可以使用此工具连接主体和内建族或者主体和项目族。

在族编辑器中连接几何图形时，会在不同形状之间创建连接。但是在项目中，连接图元之一实际上会根据下列方案剪切其他图元。

（1）墙剪切柱。

（2）结构图元剪切主体图元（墙、屋顶、天花板和楼板）。

（3）楼板、天花板和屋顶剪切墙。

（4）檐沟、封檐带和楼板边剪切其他主体图元。檐口不剪切任何图元。

具体步骤如下：

（1）单击"修改"选项卡"几何图形"面板中"连接"下的"连接几何图形"按钮 ，打开"连接"选项栏，如图 10-19 所示。

☑ 多重连接：将所选的第一个几何图形实例连接到其他几
个实例。

☐多重连接

图 10-19 "连接"选项栏

（2）选择要连接的第一个墙。

（3）选择要与第一个墙连接的第二个墙。如果某一面墙具有插入对象（如窗），则它将剪穿连接墙。插入对象周围的任何几何图形（例如框架）均不会显示在连接墙上。

10.2.4　剪切墙体

使用"剪切几何图形"工具可以拾取并选择要剪切和不剪切的几何图形。

具体步骤如下：

（1）接上一节文件，单击"修改"选项卡"几何图形"面板中"剪切"下的"剪切几何图形"按钮 ⑤，打开"剪切"选项栏，如图10-20所示。

（2）选择要被剪切的墙体，如图10-21所示。

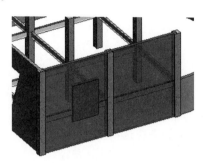

Note

图10-20　"剪切"选项栏

图10-21　选择要被剪切的墙体

（3）选取与主体平行的墙或用于剪切的族实例，如图10-22所示。

（4）隐藏用于修剪的墙体，结果如图10-23所示。

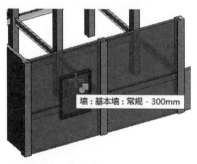

图10-22　选取要用于剪切的图元

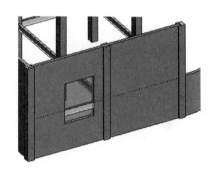

图10-23　隐藏图元

10.2.5　墙连接

墙相交时，Revit默认情况下会创建平接连接，并通过删除墙与其相应构件层之间的可见边来清理平面视图中的显示。

具体步骤如下：

（1）单击"修改"选项卡"几何图形"面板中的"墙连接"按钮 ⬛，打开"墙连接"选项栏，如图10-24所示。

（2）将光标移至墙连接上，然后单击显示的灰色方块。

图10-24　"墙连接"选项栏

（3）若要选择多个相交墙连接进行编辑，应按下 Ctrl 键选择每个连接。

（4）在选项栏中选择连接类型为平接（默认连接类型）、斜接或方接，如图 10-25 所示。

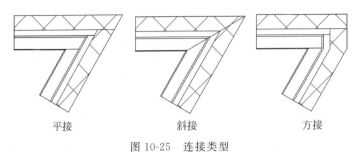

平接　　　　　　　　　斜接　　　　　　　　　方接

图 10-25　连接类型

（5）如果选定的连接类型为"平接"或"方接"，则可以单击"下一步"和"上一步"按钮。

（6）如果在选项栏中选择"允许连接"，则在"显示"下拉列表框中包含"清理连接""不清理连接""使用视图设置"。

☑ 清理连接：显示平滑连接。选择连接进行编辑时，临时实线指示墙层实际在何处结束，如图 10-26 所示；退出"墙连接"工具且不打印时，这些线将消失。

☑ 不清理连接：显示墙端点彼此平接的情况，如图 10-27 所示。

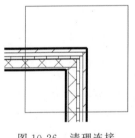 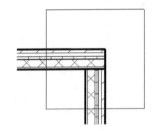

图 10-26　清理连接　　　　　　　　　图 10-27　不清理连接

☑ 使用视图设置：按照视图的"墙连接显示"实例属性清理墙连接。此属性控制清理功能适用于所有的墙类型还是仅适用于同种类型的墙。

（7）如果在选项栏中选中"不允许连接"单选按钮，则指定相交墙的墙端点不连接。该单选按钮决定墙端点的连接行为，与墙放置位置无关。

10.2.6　拆分墙体

可以使用"拆分面"工具拆分图元的所选面，该工具不改变图元的结构。可以在任何非族实例上使用"拆分面"。在拆分面后，可使用"填色"工具为此部分面应用不同材质。

具体步骤如下：

（1）单击"修改"选项卡"几何图形"面板中的"拆分面"按钮 🗋，选择要拆分的面，如图 10-28 所示。

（2）打开如图 10-29 所示的"修改|拆分面>创建边界"选项卡和选项栏，可以直接

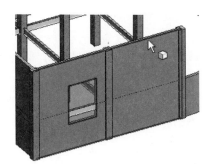

图 10-28 选择要拆分的面

图 10-29 "修改|拆分面>创建边界"选项卡和选项栏

在提取边界后输入偏移值，也可以单击绘图命令绘制边界，如图 10-30 所示。单击"完成编辑模式"按钮 ，完成边界绘制。

（3）完成面的拆分，如图 10-31 所示。

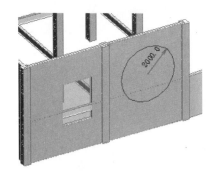

图 10-30 绘制边界

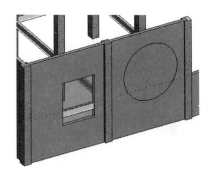

图 10-31 拆分面

10.3 实例——创建乡间小楼墙体

10-1

本节接 9.4.5 节实例继续创建乡间小楼。

（1）在项目浏览器中双击"结构平面"节点下的"基础"，将视图切换至基础结构平面视图。

（2）单击"结构"选项卡"结构"面板"墙"下拉列表框中的"墙：结构"按钮，打开"修改|放置结构墙"选项卡和选项栏。

（3）在"属性"选项板中选择"基本墙 基础－300mm 混凝土"类型，单击"编辑类型"按钮，打开"类型属性"对话框。单击"复制"按钮，打开"名称"对话框，输入名称为

Note

"基础-280mm 混凝土",单击"确定"按钮,新建"基础-280mm 混凝土"类型。返回到"类型属性"对话框。

(4)单击"编辑"按钮 编辑... ,打开"编辑部件"对话框。单击"材质"栏中的 ... 按钮,打开"材质浏览器"对话框,选中"使用渲染外观"复选框,单击表面填充图案前景中的颜色右侧色块,打开"颜色"对话框,输入红绿蓝值为(120,120,120),单击"添加"按钮,将其添加到自定义颜色,如图 10-32 所示。单击"确定"按钮,返回到"材质浏览器"对话框。采用相同的方法,设置截面填充图案的前景颜色,如图 10-33 所示。

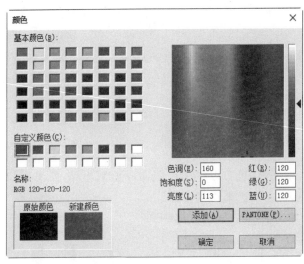

图 10-32 "颜色"对话框

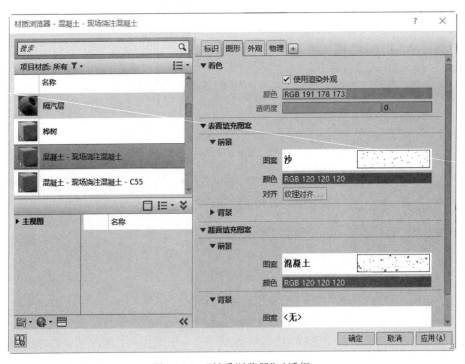

图 10-33 "材质浏览器"对话框

（5）单击"确定"按钮，返回到"编辑部件"对话框，设置厚度为 280，如图 10-34 所示。单击"确定"按钮，返回到"类型属性"对话框，在"在插入点包络"下拉列表框中选择"两者"，在"功能"下拉列表框中选择"外部"，其他采用默认设置，如图 10-35 所示。

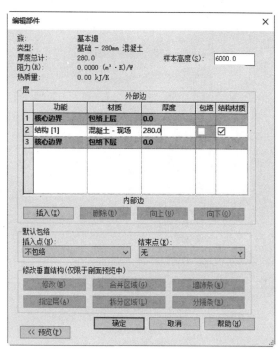

图 10-34 "编辑部件"对话框

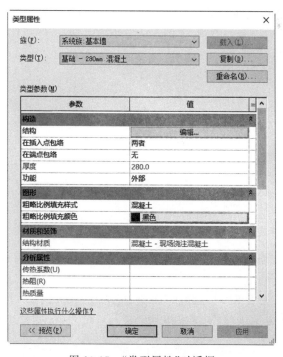

图 10-35 "类型属性"对话框

（6）在"属性"选项板中设置定位线为"面层面：内部"，底部约束为"基础"，顶部约束为"直到标高：1层"，其他采用默认设置，如图10-36所示。或在选项栏中设置高度为"1层"，定位线为"面层面：内部"，如图10-37所示。

图10-36 "属性"选项板

图10-37 选项栏设置

（7）在视图中捕捉轴网的交点为墙的起点，移动鼠标到适当位置确定墙体的终点，接续绘制墙体，完成结构墙的绘制，如图10-38所示。

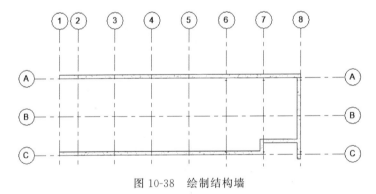

图10-38 绘制结构墙

（8）选取轴线8、轴线7和轴线C上的墙体，单击"修改墙的方向"按钮 ，调整墙的方向，如图10-39所示。

（9）单击"注释"选项卡"尺寸标注"面板中的"对齐"按钮 ，标注墙体到轴线的距离，选取墙体使尺寸成编辑状态，单击尺寸，输入新尺寸值，调整墙体位置，如图10-40所示。

（10）单击"修改"选项卡"修改"面板中的"对齐"按钮 ，选择轴线C上墙体的下

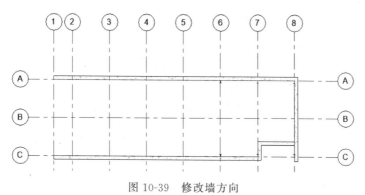

图 10-39 修改墙方向

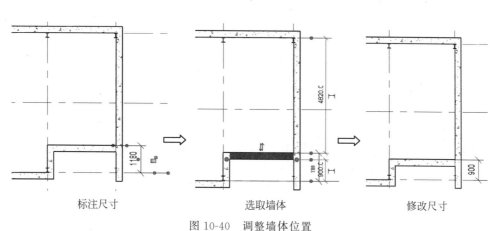

标注尺寸　　　　　　　　选取墙体　　　　　　　　修改尺寸

图 10-40 调整墙体位置

边线,然后单击轴线 8 墙体的下边线,使墙体对齐,如图 10-41 所示。

（11）单击"结构"选项卡"结构"面板"墙"下拉列表框中的"墙：结构"按钮 🗋,在"属性"选项板中设置定位线为墙中心线,底部约束为基础,底部偏移为－1500,顶部约束为直到"标高：2 层",顶部偏移为－1000,其他采用默认设置,如图 10-42 所示。

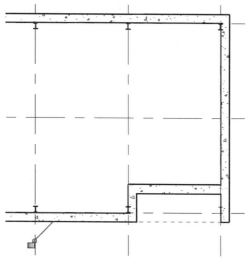

图 10-41 对齐墙体

图 10-42 "属性"选项板

（12）单击"绘制"面板中的"线"按钮，绘制外墙，如图 10-43 所示。

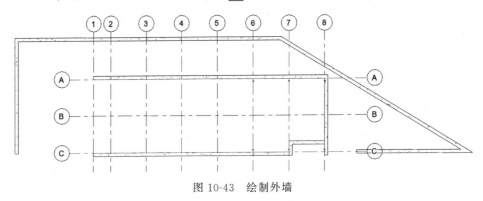

图 10-43 绘制外墙

（13）选取轴线 C 上的墙体，拖动控制点，调整墙体的长度使其与最右侧的外墙重合，然后拖动轴线 8 上的墙体控制点，使其与斜外墙重合。采用相同的方法，调整其他墙体的长度，结果如图 10-44 所示。

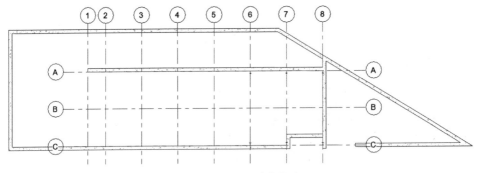

图 10-44 调整墙体长度

基础

11.1 概 述

建筑物向地基传递荷载的下部结构就是基础,一般由土和岩石组成。基础的分类如下。

1. 按使用材料分类

基础按使用的材料分为灰土基础、砖基础、毛石基础、混凝土基础。

(1) 灰土基础:是由石灰、土和水按比例配合,经分层夯实而成的基础。灰土的强度在一定范围内随含灰量的增加而增加。但超过限度后,灰土的强度反而会降低。这是因为消石灰在钙化过程中会析水,增加了消石灰的塑性。

(2) 砖基础:以砖为砌筑材料,形成的建筑物基础。这是我国传统的砖木结构砌筑方法,现代常与混凝土结构配合修建住宅、校舍、办公等低层建筑。

(3) 毛石基础:是用强度等级不低于 MU30 的毛石、不低于 M5 的砂浆砌筑而成。为保证砌筑质量,毛石基础每台阶高度和基础的宽度不宜小于 400mm,每阶两边各伸出宽度不宜大于200mm。石块应错缝搭砌,缝内砂浆应饱满,且每步台阶不应少于两批毛石。毛石基础的抗冻性较好,在寒冷潮湿地区可用于6层以下建筑物基础。

(4)混凝土基础:是以混凝土为主要承载体的基础形式,分无筋的混凝土基础和有筋的钢筋混凝土基础两种。

2. 按埋置深度分类

基础按埋置深度分为浅基础和深基础。埋置深度不超过5m者称为浅基础,大于5m者称为深基础。

3. 按受力性能分类

基础按受力性能分为刚性基础和柔性基础。

(1)刚性基础:是指用抗压强度较高,而抗弯和抗拉强度较低的材料建造的基础。所用材料有混凝土、砖、毛石、灰土、三合土等,一般可用于六层及以下的民用建筑和墙承重的轻型厂房。

(2)柔性基础:用抗拉和抗弯强度都很高的材料建造的基础,一般用钢筋混凝土制作。这种基础适用于上部结构荷载比较大、地基比较柔软,用刚性基础不能满足要求的情况。

4. 按构造形式分类

基础按构造形式分为条形基础、独立基础、桩基础和满堂基础。

(1)条形基础:当建筑物采用砖墙承重时,墙下基础常连续设置,形成通长的条形基础。

(2)独立基础:当建筑物上部为框架结构或单独柱子时,常采用独立基础;若柱子为预制时,则采用杯形基础形式。

(3)桩基础:当建造比较大的工业与民用建筑时,若地基的软弱土层较厚,采用浅埋基础不能满足地基强度和变形要求,常采用桩基。桩基的作用是将荷载通过桩传给埋藏较深的坚硬土层,或通过桩周围的摩擦力传给地基。按照施工方法可分为钢筋混凝土预制桩和灌注桩。

① 钢筋混凝土预制桩:在工厂或施工现场预制,用锤击打入、振动沉入等方法,使桩沉入地下。

② 灌注桩:又叫现浇桩,直接在设计桩位的地基上成孔,在孔内放置钢筋笼或不放钢筋,后在孔内灌筑混凝土而成桩。与预制桩相比,可节省钢材,在持力层起伏不平时,桩长可根据实际情况设计。

(4)满堂基础:当上部结构传下的荷载很大、地基承载力很低、独立基础不能满足地基要求时,常将建筑物的下部做成整块钢筋混凝土基础,称为满堂基础。按构造又分为筏形基础和箱形基础两种。

① 筏形基础:该基础就像水中漂流的木筏。井格式基础下又用钢筋混凝土板连成一片,大大地增加了建筑物基础与地基的接触面积,换句话说,单位面积地基土层承受的荷载减少了,适合于软弱地基和上部荷载比较大的建筑物。

② 箱形基础:当筏形基础埋深较大,并设有地下室时,为了增加基础的刚度,将地下室的底板、顶板和墙浇制成整体箱形基础。箱形的内部空间构成地下室,具有较大的强度和刚度,多用于高层建筑。

11.2 条形基础

条形基础是指基础长度远远大于宽度的一种基础形式。按上部结构分为墙下条形基础和柱下条形基础。

墙下钢筋混凝土条形基础的构造要求：

（1）垫层的厚度不宜小于 70mm，通常采用 100mm。

（2）锥形基础的边缘高度不宜小于 200mm，阶梯形基础的每一级高度宜为 300～500mm。

（3）受力钢筋的最小直径不宜小于 10mm，间距不宜大于 200mm，也不宜小于 100mm；分布钢筋的直径不宜小于 8mm，间距不大于 300mm，每延米分布钢筋的面积不小于受力钢筋面积的 15%。

（4）保护层厚度：有垫层时不小于 40mm，无垫层时不小于 70mm。

11.2.1 放置条形基础

放置条形基础的目的是支持挡土墙或承重结构墙。

（1）打开 10.1 节绘制的模型，单击"结构"选项卡"基础"面板中的"结构基础：墙"按钮 ，打开"修改|放置 条形基础"选项卡，如图 11-1 所示。

图 11-1 "修改|放置 条形基础"选项卡

（2）在"属性"选项板中选取条形基础的类型，包括承重基础和挡土墙基础，这里选取"挡土墙基础-300×600×300"类型，如图 11-2 所示。

图 11-2 "属性"选项板

（3）在视图中选取如图 11-3 所示的墙体以便将条形基础放置在其下，结果如图 11-4 所示。

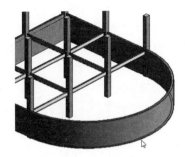
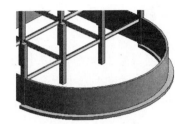

图 11-3　选取墙　　　　　　　　　　　图 11-4　条形基础

（4）在"属性"选项板中选择"承重基础－900×300"类型，单击"多个"面板中的"选择多个"按钮，框选视图中其余的墙体，如图 11-5 所示。单击"完成"按钮，完成其余条形基础的创建，如图 11-6 所示。

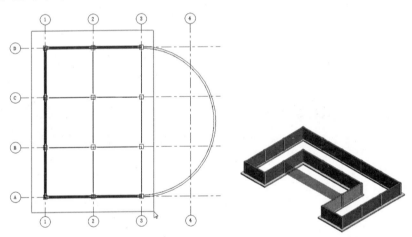

图 11-5　框选墙体

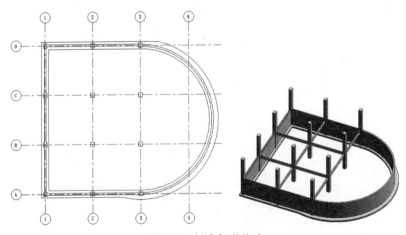

图 11-6　创建条形基础

11.2.2　修改条形基础

（1）打开上节绘制的模型，选取条形基础，如图 11-7 所示。单击图形上的"翻转"按钮 ⚒，调整条形基础的方向，如图 11-8 所示。

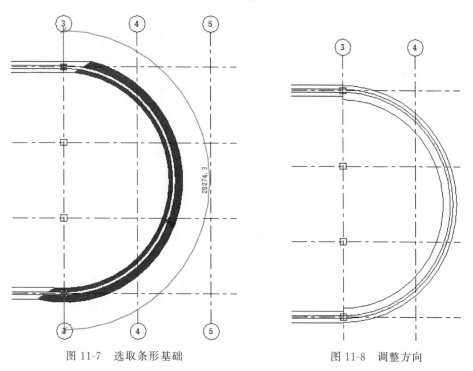

图 11-7　选取条形基础　　　　　　　　　　图 11-8　调整方向

（2）选取条形基础，将在条形基础上显示控制点，这些控制点显示为一些填充小圆，用于指示所选条形基础的端点附着在哪个位置。拖动条形基础的端点控制点，调整条形基础的长度，如图 11-9 所示。

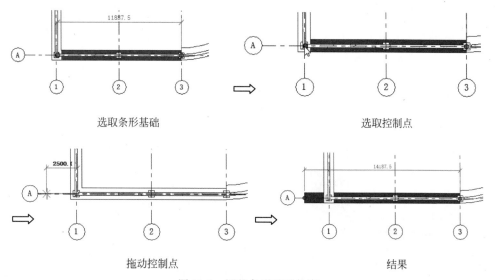

选取条形基础　　　　　　　　　　　　选取控制点

拖动控制点　　　　　　　　　　　　　结果

图 11-9　调整条形基础长度

（3）在"属性"选项板中单击"编辑类型"按钮 ，打开如图 11-10 所示的"类型属性"对话框，在该对话框中可以更改条形基础的结构材质、用途以及尺寸。

图 11-10 "类型属性"对话框

☑ 结构材质：选取此栏，然后单击 按钮，打开"材质浏览器"对话框，指定要使用的混凝土类型。

☑ 结构用途：指定墙的类型，选择"挡土墙"或者"承重墙"。

☑ 坡脚长度：指定从主体墙边缘到基础的外部面的距离。

☑ 跟部长度：指定从主体墙边缘到基础的内部面的距离。

☑ 基础厚度：指定基础厚度。

☑ 默认端点延伸长度：指定基础将延伸至墙终点之外的距离。

☑ 不在插入对象处打断：指定位于嵌入对象下方的基础是连续还是打断的，如图 11-11 所示。

选中此复选框   不选中此复选框

图 11-11 不在插入对象处打断

（4）单击"重命名"按钮，打开"重命名"对话框，输入新名称为"承重基础－1200×400"。如图 11-12 所示。单击"确定"按钮，返回到"类型属性"对话框，更改宽度为 1200，基础厚度为 400，如图 11-13 所示，其他采用默认设置。单击"确定"按钮，完成条形基础的更改，如图 11-14 所示。

Note

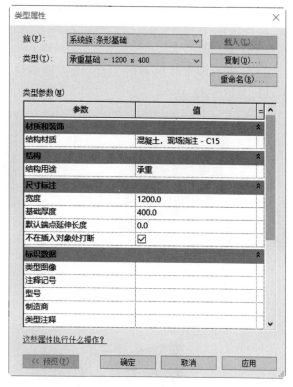

图 11-12 "重命名"对话框

图 11-13 "类型属性"对话框

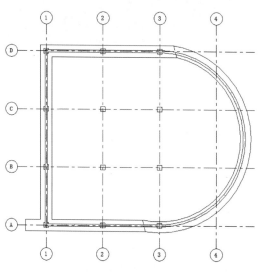

图 11-14 更改根部长度

11.2.3 实例——创建乡间小楼条形基础

本节接 10.2 节实例继续创建乡间小楼。

（1）在项目浏览器中双击"三维视图"节点下的 3D,将视图切换至三维视图。

（2）单击"结构"选项卡"基础"面板中的"结构基础：墙"按钮 ,打开"修改|放置 条形基础"选项卡。

（3）在"属性"选项板中选择"承重基础－900×300"类型,其他采用默认设置。

（4）在视图中选取如图 11-15 所示的墙体以便将条形基础放置在其下,结果如图 11-16 所示。

图 11-15 选取墙体

图 11-16 条形基础

（5）继续选取其他外墙创建条形基础,如图 11-17 所示。

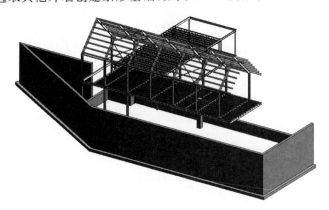
图 11-17 绘制条形基础

11.3 独立基础

建筑物上部结构采用框架结构或单层排架结构承重时,基础常采用圆柱形和多边形等形式的独立式基础,这类基础称为独立基础,也称单独基础。

独立基础一般设在柱下,常用断面形式有踏步形、锥形、杯形。材料通常采用钢筋混凝土、素混凝土等。当柱为现浇时,独立基础与柱子是整浇在一起的;当柱为预制时,通常将基础做成杯口形,然后将柱子插入,并用细石混凝土嵌固,此时称为杯口基础。

11.3.1 放置独立基础

（1）打开 5.2.1 节绘制的轴网，单击"结构"选项卡"基础"面板中的"结构基础：独立"按钮 ，打开"修改|放置 独立基础"选项卡和选项栏，如图 11-18 所示。

图 11-18 "修改|放置 独立基础"选项卡和选项栏

（2）在"属性"选项板中选择独立基础类型，系统默认有独立基础 1800×1200×450mm 和 2400×1800×450mm 两种类型。可以单击"载入族"按钮 ，打开"载入族"对话框，在 China→"结构"→"基础"文件夹中选择所需的基础类型，如图 11-19 所示。这里选择"杯口基础-坡形.rfa"族文件，单击"打开"按钮，载入"杯口基础-坡形"族文件到当前项目。

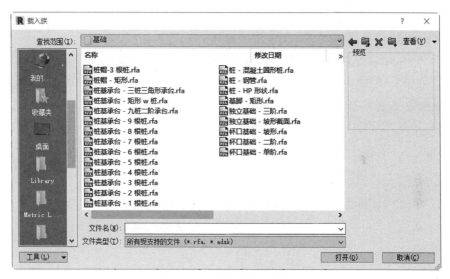

图 11-19 "载入族"对话框

（3）在平面视图中任意位置单击放置自由独立基础，如图 11-20 所示。

（4）按空格键可以更改独立基础的方向，再单击放置自由独立基础。

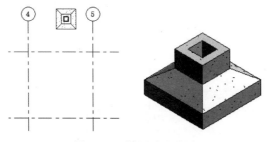

图 11-20 放置独立基础

（5）独立基础放置在轴网交点时，两组网格线将亮显，如图 11-21 所示。单击放置独立基础，如图 11-22 所示。

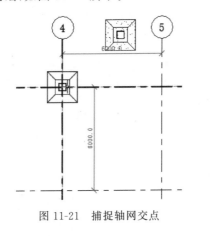

图 11-21　捕捉轴网交点

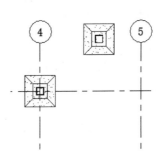

图 11-22　放置独立基础

11.3.2　在轴网处放置基础

（1）继续上一节操作，单击"结构"选项卡"基础"面板中的"结构基础：独立"按钮，打开"修改|放置 独立基础"选项卡。

（2）单击"多个"面板上的"在轴网处"按钮，打开"修改|放置 独立基础>在轴网交点处"选项卡，如图 11-23 所示。

图 11-23　"修改|放置 独立基础>在轴网交点处"选项卡

（3）按住 Ctrl 键选取轴线，或直接框选轴线，如图 11-24 所示，在轴线的交点处放置独立基础。

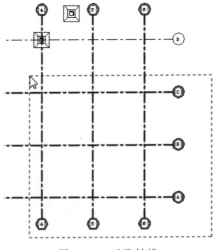

图 11-24　选取轴线

（4）在选中的轴网交点处放置独立基础，单击"完成"按钮 ✔，完成独立基础的创建，结果如图 11-25 所示。

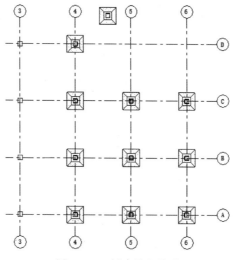

图 11-25　创建独立基础

11.3.3　在柱上放置基础

（1）打开 6.1.1 节绘制的结构柱，单击"结构"选项卡"基础"面板中的"结构基础：独立"按钮 🖐️，打开"修改|放置 独立基础"选项卡。

（2）单击"多个"面板上的"在柱处"按钮 📐，打开"修改|放置 独立基础>在结构柱处"选项卡，如图 11-26 所示。

图 11-26　"修改|放置 独立基础>在结构柱处"选项卡

（3）选取结构柱，在结构柱的下端放置独立基础，如图 11-27 所示。

（4）也可以直接框选轴线，如图 11-28 所示，在选中的轴网交点处放置独立基础，单击"完成"按钮 🖐️，完成独立基础的创建，结果如图 11-29 所示。

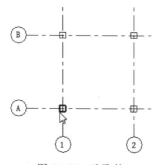

图 11-27　选取柱

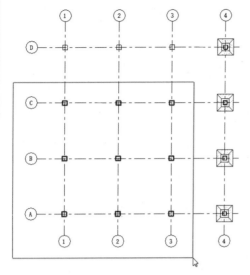

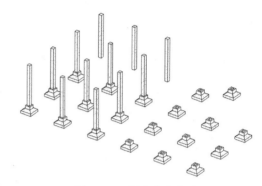

图 11-28　框选结构柱　　　　　　　　　　　　图 11-29　创建独立基础

11-2

11.3.4　实例——创建乡间小楼独立基础

本节接 11.2.3 节实例继续创建乡间小楼。

（1）单击"文件"→"打开"→"族"命令，打开"打开"对话框，选择 China→"结构"→"基础"文件夹中的"桩基承台-9 根桩.rfa"族文件，如图 11-30 所示，单击"打开"按钮，打开"桩基承台-9 根桩"族文件，如图 11-31 所示。

（2）选取视图中承台上的桩，在"属性"选项板中单击"编辑类型"按钮 🔳，打开"类型属性"对话框。单击"复制"按钮，打开"名称"对话框，输入名称为"300mm 直径"，单击

图 11-30　"打开"对话框

"确定"按钮,新建"300mm 直径"类型。返回到"类型属性"对话框。输入半径为 150,其他采用默认设置,如图 11-32 所示。单击"确定"按钮,完成"300mm 直径"类型的创建。

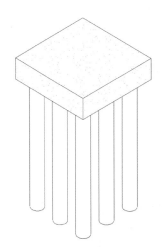

图 11-31　"桩基承台-9 根桩"族文件

图 11-32　"类型属性"对话框

(3) 单击"修改"选项卡"属性"面板中的"族类型"按钮 ,打开"族类型"对话框,在"桩类型<结构基础>"栏中选择"桩-钢管:300mm 直径",其他采用默认设置,如图 11-33 所示。单击"确定"按钮,更改后的"桩基承台-9 根桩"如图 11-34 所示。

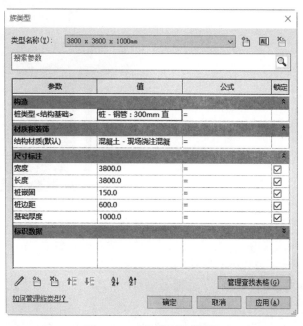

图 11-33　"族类型"对话框

（4）单击"文件"→"另存为"→"族"命令，打开"另存为"对话框，输入文件名为"桩基承台-9根桩300mm"，单击"保存"按钮，保存族文件。

（5）在项目浏览器中双击"结构平面"节点下的"1层"，将视图切换至1层结构平面视图。

（6）单击"结构"选项卡"基础"面板中的"结构基础：独立"按钮🪧，打开"修改|放置 独立基础"选项卡。

（7）在打开的选项卡中单击"载入族"按钮，打开"载入族"对话框，选择"桩基承台-9根桩300mm.rfa"族文件，单击"打开"按钮，载入族文件。

（8）单击"多个"面板上的"在柱处"按钮📭，打开"修改|放置 独立基础>在结构柱处"选项卡，如图11-35所示。

（9）选取轴线3和轴线4中间的结构柱，如图11-36所示，在结构柱的下端放置桩基承台基础。

（10）单击"完成"按钮✔，完成桩基承台基础的创建，结果如图11-37所示。

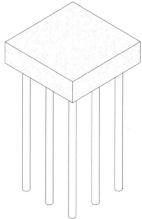

图11-34　更改后的"桩基承台-9根桩"

图11-35　"修改|放置 独立基础>在结构柱处"选项卡

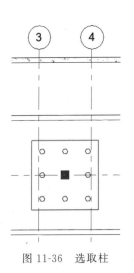

图11-36　选取柱

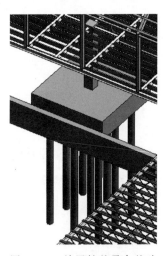

图11-37　放置桩基承台基础

（11）单击"结构"选项卡"基础"面板中的"结构基础：独立"按钮🪧，在"属性"选项板中选择"独立基础1800×1200×450mm"类型。

（12）在"属性"选项板中单击"编辑类型"按钮🔲，打开"类型属性"对话框。单击"复制"按钮，打开"名称"对话框，输入名称为"400×400×900mm"，单击"确定"按钮，新建"400×400×900mm"类型。返回到"类型属性"对话框，输入宽度和长度为400，基础厚度为 900，其他采用默认设置，如图 11-38 所示。单击"确定"按钮，完成"400×400×900mm"类型的创建。

Note

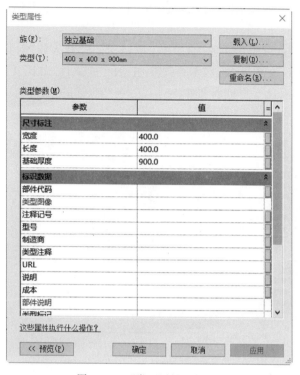

图 11-38 "类型属性"对话框

（13）单击"多个"面板上的"在柱处"按钮 ，选取如图 11-39 所示的工字钢柱，单击"完成"按钮 ，在结构柱的下端放置独立基础。

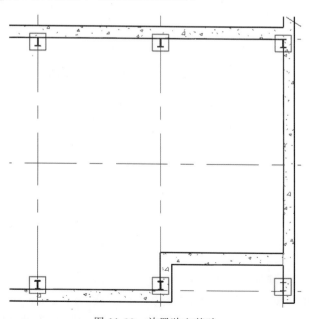

图 11-39 放置独立基础

（14）在项目浏览器中双击"结构平面"节点下的"室外地坪层"，将视图切换至室外地坪层结构平面视图。

（15）单击"结构"选项卡"基础"面板中的"结构基础：独立"按钮，打开"修改|放置 独立基础"选项卡。

（16）在打开的选项卡中单击"载入族"按钮，打开"载入族"对话框，选择 China→"结构"→"基础"文件夹中的"桩基承台-1 根桩.rfa"族文件，如图 11-40 所示，单击"打开"按钮，打开桩基承台-9 根桩族文件。

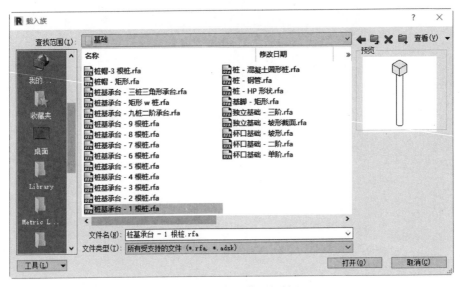

图 11-40　"载入族"对话框

（17）此时系统打开如图 11-41 所示的提示对话框，提示共享的"桩-钢管"族在当前项目中已存在，选择"使用该项目中的现有子构件族"选项，使用该项目中的"桩-钢管"族。

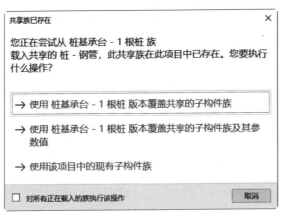

图 11-41　提示对话框

（18）在"属性"选项板中单击"编辑类型"按钮，打开"类型属性"对话框。单击"复制"按钮。打开"名称"对话框，输入名称为"600×600×300mm"，单击"确定"按钮，新建"600×600×300mm"类型。返回到"类型属性"对话框，在"桩类型<结构基础>"下拉列表框中选择"桩-钢管：300mm 直径"，输入宽度和长度为 600，基础厚度为 300，其他采用默认设置，如图 11-42 所示。单击"确定"按钮，完成"600×600×300mm"类型的创建。

（19）在"属性"选项板中设置标高为"室外地坪"，自标高的高度偏移为"－247"，其他采用默认设置，如图 11-43 所示。

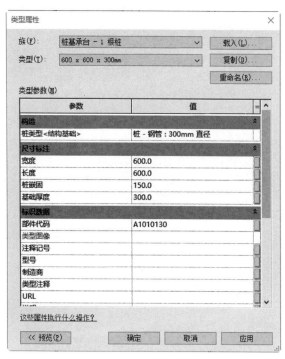

图 11-42 "类型属性"对话框

图 11-43 "属性"选项板

（20）根据轴网放置桩基承台-1 根桩，如图 11-44 所示。单击"完成"按钮 ✔，完成桩基承台基础的布置。

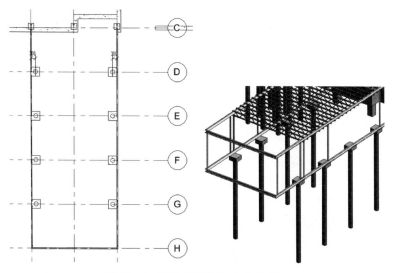

图 11-44 布置桩基承台-1 根桩基础

11.4　基 础 底 板

"基础底板"可用于建立平整表面上结构楼板的模型,这些板不需要其他结构图元的支座。"基础底板"也可以用于建立复杂基础形状的模型,不能使用"隔离基础"或"墙基础"工具创建这些形状。

(1) 打开 10.1 节绘制的模型,单击"建筑"选项卡"构建"面板"板" 下拉列表框中的"结构基础:楼板"按钮 ,打开"修改|创建楼层边界"选项卡和选项栏,如图 11-45 所示。

图 11-45　"修改|创建楼层边界"选项卡和选项栏

☑ 偏移:指定相对于楼板边缘的偏移值。

☑ 延伸到墙中(至核心层):测量到墙核心层之间的偏移。

(2) 在"属性"选项板中选择"300mm 基础底板"类型,如图 11-46 所示。

☑ 标高:将楼板约束到的标高。

☑ 自标高的高度偏移:指定楼板顶部相对于标高参数的高程。

☑ 与体量有关:指定此图元是从体量图元创建的。

☑ 结构:指定此图元有一个分析模型。

☑ 启用分析模型:显示分析模型,并将它包含在分析计算中。默认情况下处于选中状态。

☑ 钢筋保护层-顶面:指定与楼板顶面之间的钢筋保护层距离。

☑ 钢筋保护层-底面:指定与楼板底面之间的钢筋保护层距离。

☑ 钢筋保护层-其他面:指定从楼板到邻近图元面之间的钢筋保护层距离。

图 11-46　"属性"选项板

☑ 坡度:将坡度定义线修改为指定值,而无须编辑草图。如果有一条坡度定义线,则此参数最初会显示一个值;如果没有坡度定义线,则此参数为空并被禁用。

☑ 周长:设置楼板的周长。

(3) 单击"绘制"面板中的"边界线"按钮 和"拾取墙"按钮 (默认状态下,系统会激活这两个按钮),选择墙体,如图 11-47 所示。

(4) 根据所选边界墙生成如图 11-48 所示的边界线,可以单击"翻转"按钮 ,改变边界线的位置。

Note

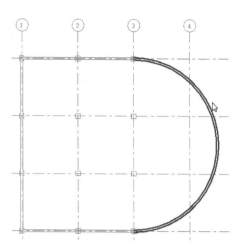

图 11-47　选择墙体

（5）单击"绘制"面板中的"线"按钮 ✏ 或者其他绘图工具绘制边界，使草图或边界形成闭合环，如图 11-49 所示。

（6）单击"模式"面板中的"完成编辑模式"按钮 ✔，弹出如图 11-50 所示的提示对话框，单击"是"按钮，完成基础底板的添加。基础底板将添加到其所在的标高之下，如图 11-51 所示。

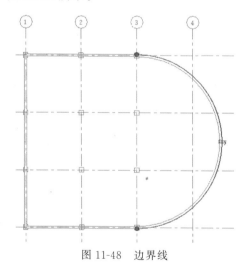

图 11-48　边界线

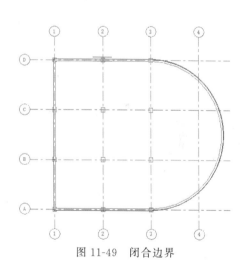

图 11-49　闭合边界

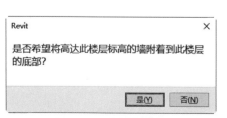

图 11-50　提示对话框

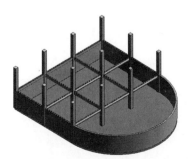

图 11-51　基础底板

提示：如果绘制的边界线没有形成闭合环，单击"完成编辑模式"按钮 ✔ 时，系统将弹出错误提示对话框，并在开放处高亮显示，如图 11-52 所示，可以单击"继续"按钮，继续绘制边界线使其闭合。

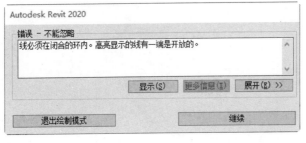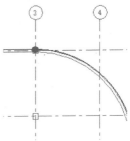

图 11-52　错误提示对话框

第12章

结构楼板和楼梯

楼板是一种分隔承重构件,是楼板层中的承重部分,它从垂直方向将房屋分隔为若干层,并把人和家具等竖向荷载及楼板自重通过墙体、梁或柱传给基础。

楼梯是房屋各楼层间的垂直交通联系部分,是楼层人流疏散必经的通路。楼梯设计应根据使用要求,选择合适的形式,布置恰当的位置,根据使用性质、人流通行情况和防火规范综合确定楼梯的宽度和数量,并根据使用对象和使用场合选择最合适的坡度。

12.1 结 构 楼 板

楼板按其所用的材料可分为木楼板、砖拱楼板、钢筋混凝土楼板和钢衬板承重的楼板等几种形式。

钢筋混凝土楼板采用混凝土与钢筋共同制作。这种楼板坚固、耐久,刚度大,强度高,防火性能好,当前应用比较普遍。按施工方法可以分为现浇钢筋混凝土楼板和装配式钢筋混凝土楼板两大类。现浇钢筋混凝土楼板一般为实心板,现浇楼板还经常与现浇梁一起浇筑,形成现浇梁板。现浇梁板常见的类型有肋形楼板、井字梁楼板和无梁楼板等。装配式钢筋混凝土楼板,除极少数为实心板以外,绝大部分采用圆孔板和槽形板(分为正槽形与反槽形两种)。装配式钢筋混凝土楼板一般在板端都伸有钢筋,现场拼装后用混凝土灌缝,以加强整体性。

12.1.1　绘制结构楼板

可以通过选择支撑框架、墙或绘制楼板范围来创建结构楼板。

具体绘制步骤如下：

（1）打开10.1节绘制的文件，单击"结构"选项卡"结构"面板"楼板" 下拉列表框中的"楼板：结构"按钮 ，打开"修改|创建楼层边界"选项卡和选项栏，如图12-1所示。

图12-1　"修改|创建楼层边界"选项卡和选项栏

☑ 偏移：指定相对于楼板边缘的偏移值。

☑ 延伸到墙中(至核心层)：测量到墙核心层之间的偏移。

（2）在"属性"选项板中选择"楼板现场浇注混凝土225mm"类型，如图12-2所示。

☑ 标高：指将楼板约束到的标高。

☑ 自标高的高度偏移：指定楼板顶部相对于标高参数的高程。

☑ 房间边界：指定楼板是否作为房间边界图元。

☑ 与体量相关：指定此图元是从体量图元创建的。

☑ 结构：指定此图元有一个分析模型。

☑ 启用分析模型：显示分析模型，并将它包含在分析计算中。默认情况下处于选中状态。

☑ 钢筋保护层-顶面：指定与楼板顶面之间的钢筋保护层距离。

☑ 钢筋保护层-底面：指定与楼板底面之间的钢筋保护层距离。

☑ 钢筋保护层-其他面：指定从楼板到邻近图元面之间的钢筋保护层距离。

图12-2　"属性"选项板

☑ 坡度：将坡度定义线修改为指定值，而无须编辑草图。如果有一条坡度定义线，则此参数最初会显示一个值；如果没有坡度定义线，则此参数为空并被禁用。

☑ 周长：设置楼板的周长。

（3）单击"绘制"面板中的"边界线"按钮 和"拾取墙"按钮 （默认状态下，系统会激活这两个按钮），选取墙体，如图12-3所示。

（4）根据所选边界墙生成如图12-4所示的边界线，单击"翻转"按钮 ，改变边界线的位置，如图12-5所示。

（5）采用相同的方法，提取其他边界线，结果如图12-6所示。

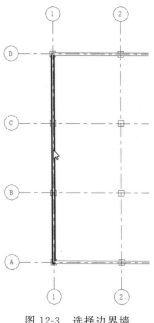

图12-3 选择边界墙

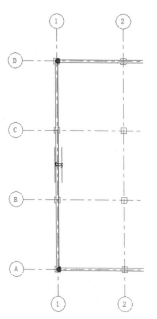

图12-4 边界线

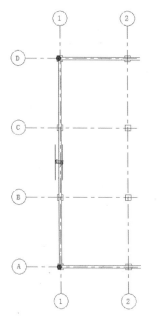

图12-5 更改边界线位置

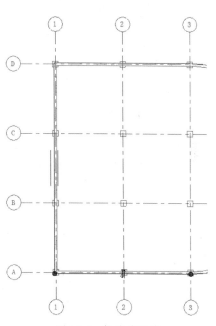

图12-6 提取边界线

（6）单击"绘制"面板中的"线"按钮 ✎，继续绘制边界线，使边界线形成闭合环，如图12-7所示。

（7）单击"模式"面板中的"完成编辑模式"按钮 ✔，弹出如图12-8所示的提示对话框，单击"是"按钮，完成结构楼板的添加，如图12-9所示。结构楼板将添加到其所在的标高之下。

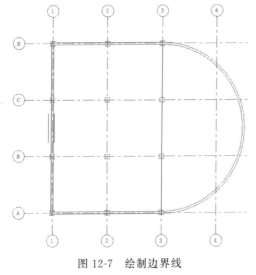

图 12-7　绘制边界线

图 12-8　提示对话框

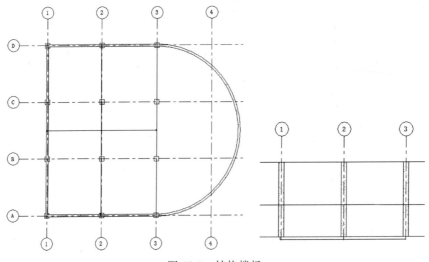

图 12-9　结构楼板

12.1.2　绘制斜楼板

具体绘制过程如下：

（1）打开 12.1.1 节绘制的文件，单击"结构"选项卡"结构"面板"楼板" 下拉列表框中的"楼板：结构"按钮 ，打开"修改|创建楼层边界"选项卡和选项栏。

（2）在"属性"选项板中选择"现场浇注混凝土 225mm"类型，其他采用默认设置，如图 12-10 所示。

（3）单击"绘制"面板中的"边界线"按钮 和"矩形"按钮 ，直接绘制楼板边界线，如图 12-11 所示。

（4）单击"绘制"面板中的"坡度箭头"按钮 和"线"按钮 ，捕捉边界线的中点绘制坡度箭头，如图 12-12 所示。坡度箭头必须始于现有的绘制线。

Note

图 12-10 "属性"选项板

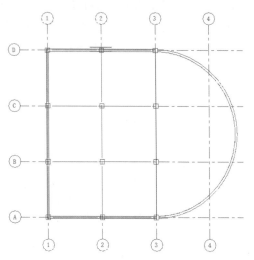

图 12-11 绘制边界线

（5）在"属性"选项板中输入尾高度偏移为 300，头高度偏移为 1500，如图 12-13 所示。

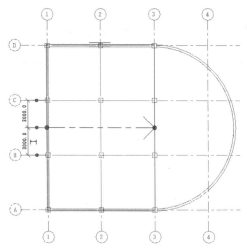

图 12-12 绘制坡度箭头

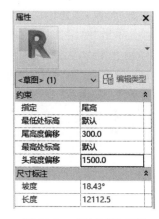

图 12-13 "属性"选项板

☑ 指定：选择用来定义表面坡度的方法，包括坡度和尾高。
  • 坡度：通过输入坡度值来定义坡度。
  • 尾高：通过指定坡度箭头尾部和头部高度来定义坡度。
☑ 最低处标高：指定与坡度箭头的尾部关联的标高。
☑ 尾高度偏移：指定倾斜表面相对于"最低处标高"的起始高度。要使其起点在该标高之下，应输入负值。
☑ 最高处标高：指定与坡度箭头的头部关联的标高。
☑ 头高度偏移：指定倾斜表面相对于"最高处标高"的终止高度。要在标高之下终止，应输入一个负值。

☑ 坡度：指定斜表面的坡度。

☑ 长度：指定该线的实际长度。

（6）单击"模式"面板中的"完成编辑模式"按钮 ✔，弹出如图12-8所示的提示对话框，单击"否"按钮，完成斜结构楼板的添加，结果如图12-14所示。

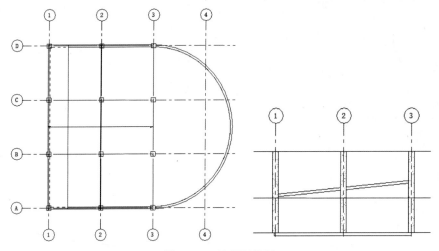

图12-14 绘制斜楼板

（7）单击"结构"选项卡"结构"面板"楼板" 下拉列表框中的"楼板：结构"按钮 ，打开"修改|创建楼层边界"选项卡和选项栏。

（8）单击"绘制"面板中的"边界线"按钮 、"拾取墙"按钮 和"线"按钮 ，直接绘制楼板边界线，如图12-15所示。

（9）单击"绘制"面板中的"坡度箭头"按钮 和"线"按钮 ，捕捉边界线的中点绘制坡度箭头，如图12-16所示。坡度箭头必须始于现有的绘制线。

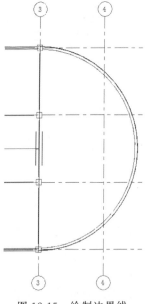

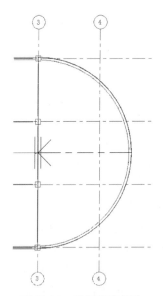

图12-15 绘制边界线　　　　图12-16 绘制坡度箭头

（10）在"属性"选项板中设置"指定"为"坡度"，输入尾高度偏移为 300，坡度为 $30°$，如图 12-17 所示。

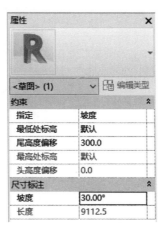

图 12-17　"属性"选项板

（11）单击"模式"面板中的"完成编辑模式"按钮 ✔，弹出如图 12-8 所示的提示对话框，单击"是"按钮，完成斜结构楼板的添加，结果如图 12-18 所示。

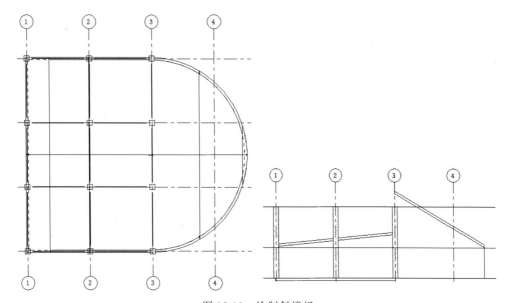

图 12-18　绘制斜楼板

12.1.3　编辑楼板边界

具体编辑过程如下：

（1）打开 12.1.1 节绘制的文件，在绘图区域中选取要编辑的楼板，打开"修改|楼板"选项卡，如图 12-19 所示。

（2）单击"模式"面板中的"编辑边界"按钮，打开"修改|楼板>编辑边界"选项卡，使用绘制工具以更改楼层的边界。

图 12-19 "修改│楼板"选项卡

（3）或者选择边界线，然后单击"翻转"按钮，调整边界线的位置，如图 12-20 所示，也可以在选项栏中输入偏移值。

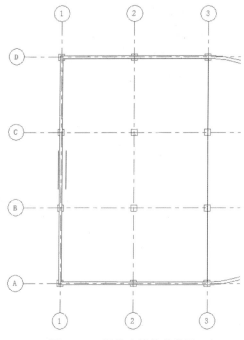

图 12-20 调整边界线的位置

（4）单击"绘制"面板中的"跨方向"按钮和"拾取线"按钮，拾取图中的水平边界线为跨方向，如图 12-21 所示。也可以单击"线"按钮，绘制一条线段来指定跨方向。

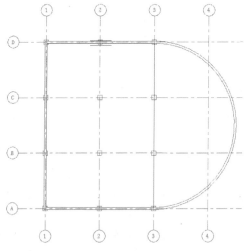

图 12-21 指定跨方向

（5）选取不需要的边界线，在键盘上按 Delete 键将其删除，继续利用"拾取墙"按钮 ◤ 或其他绘图命令绘制边界线，使边界线形成封闭环，如图 12-22 所示。

图 12-22　绘制边界线

（6）单击"模式"面板中的"完成编辑模式"按钮 ✔，完成结构楼板的更改，如图 12-23 所示。注意图形中跨方向符号也随之更改。

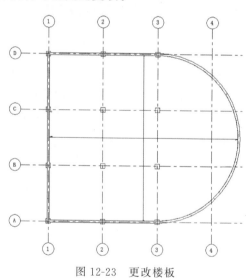

图 12-23　更改楼板

12.1.4　编辑楼板形状

（1）打开 12.1.3 节绘制的文件，在绘图区域中选取要编辑的楼板，打开"修改|楼板"选项卡，如图 12-24 所示。

图 12-24　"修改|楼板"选项卡

☑ "添加点"按钮 ⚒：可以向图元几何图形添加单独的点。

☑ "修改子图元"按钮 ⚒：可以选定楼板或屋顶上的一个或多个点或边进行操作。

☑ "拾取支座"按钮 ☎：可以拾取梁来定义分割线，并为结构楼板创建固定承重线。

☑ "重设形状"按钮 ⚒：删除对楼板形状的修改并将图元几何图形重设为其原始状态。

（2）单击"形状编辑"面板中的"添加点"按钮 ⚒，在如图 12-25 所示的位置单击放置点。

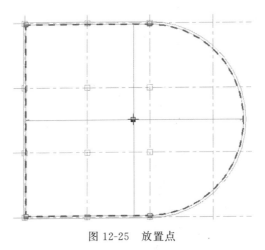

图 12-25　放置点

（3）单击"形状编辑"面板中的"修改子图元"按钮 ⚒，选取上步放置的点，在点上显示高层值，如图 12-26 所示。然后双击文字控制点，为所选点或边缘输入精确的高程值，如图 12-27 所示，按 Enter 键确认。高程值表示距原始楼板顶面的距离。

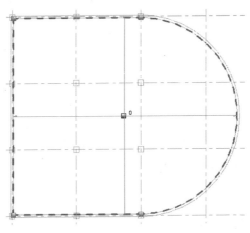

图 12-26　显示高程点

（4）单击"形状编辑"面板中的"添加分割线"按钮 ⚒，在高程点处单击确定分割线的起点，然后移动鼠标捕捉边缘、顶点或面为终点绘制分割线，如图 12-28 所示。

☎ **注意**：可以在楼板面上的任意位置添加起点和终点。如果光标在顶点或边缘

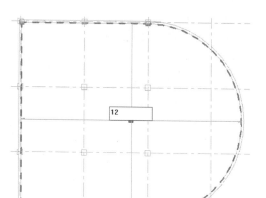

图 12-27　输入高程值

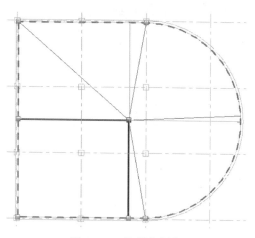

图 12-28　绘制分割线

上,则编辑器将捕捉三维顶点和边缘,并且沿边缘显示标准捕捉控制柄以及临时尺寸标注。如果未捕捉任何顶点或边缘,则选择时,线端点将投影到表面上最近的点。将不在面上创建临时尺寸标注。

(5)单击"重设形状"按钮,删除对楼板形状的修改并将图元几何图形重设为其原始状态。

12.1.5　实例——创建乡间小楼楼板

本节接 11.3.4 节实例继续创建乡间小楼。

(1)单击"结构"选项卡"结构"面板"楼板"下拉列表框中的"楼板:结构"按钮,打开"修改|创建楼层边界"选项卡和选项栏。

(2)在"属性"选项板中选择"楼板 标准木材-木质面层"类型,单击"编辑类型"按钮,打开"类型属性"对话框。单击"复制"按钮,打开"名称"对话框,输入名称为"双层胶合板",单击"确定"按钮,新建"双层胶合板"类型。返回到"类型属性"对话框。

(3)在"结构"栏中单击"编辑"按钮 **编辑...**,打开如图 12-29 所示的"编辑部件"对

12-1

话框,选取"面层 2[5]",单击"删除"按钮 ![删除(D)] ,删除"面层 2[5]"。更改 2 层的功能为"结构[1]",在"材质"栏中单击 ![...] 按钮,打开"材质浏览器"对话框,选择"胶合板,壁板"材质,采用默认设置,如图 12-30 所示。单击"确定"按钮,返回到"编辑部件"对话框。采用相同的方法设置另一个结构层的材质为"胶合板,壁板",输入厚度为 22,如图 12-31 所示。连续单击"确定"按钮,完成"双层胶合板"类型的设置。

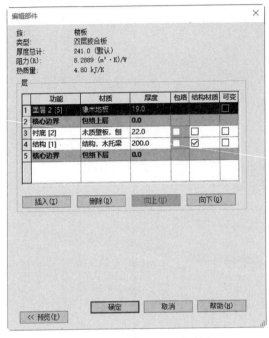

图 12-29 "编辑部件"对话框

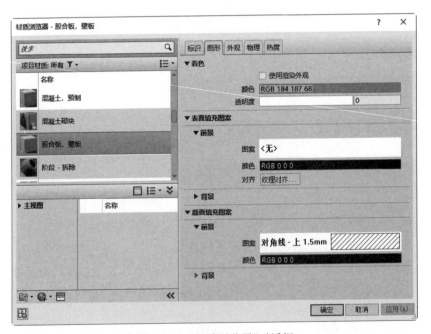

图 12-30 "材质浏览器"对话框

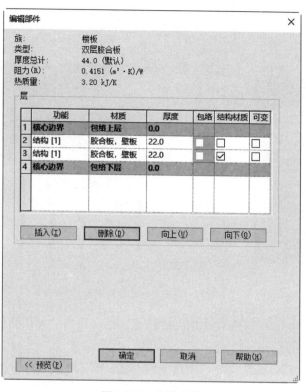

图 12-31 设置参数

（4）单击"绘制"面板中的"边界线"按钮和"线"按钮，绘制如图 12-32 所示的边界线。

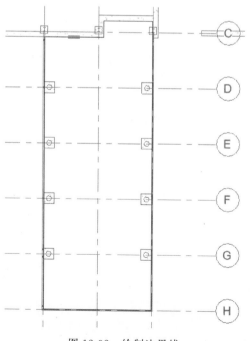

图 12-32 绘制边界线

（5）单击"模式"面板中的"完成编辑模式"按钮 ，弹出提示对话框，单击"是"按钮，完成结构楼板的添加，如图 12-33 所示。

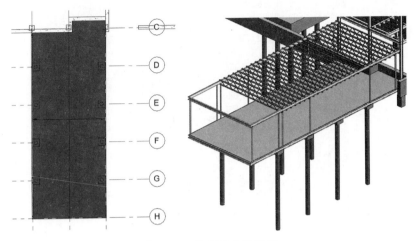

图 12-33　绘制胶合板楼板

（6）在项目浏览器中双击"结构平面"节点下的"1层"，将视图切换至1层结构平面视图。

（7）单击"结构"选项卡"结构"面板"楼板" 下拉列表框中的"楼板：结构"按钮 ，在打开的"属性"选项板中选择"现场浇注混凝土 225mm"类型，单击"编辑类型"按钮 ，打开"类型属性"对话框。单击"复制"按钮，打开"名称"对话框，输入名称为"现场浇注混凝土 550mm"，单击"确定"按钮，新建"现场浇注混凝土 550mm"类型。

（8）返回到"类型属性"对话框。在"结构"栏中单击"编辑"按钮 编辑... ，打开"编辑部件"对话框。在"结构层材质"栏中单击 ... 按钮，打开"材质浏览器"对话框，选择"混凝土-现场浇注混凝土"材质，采用默认设置，单击"确定"按钮，输入厚度为 500，如图 12-34 所示。连续单击"确定"按钮，完成"现场浇注混凝土 550mm"类型的设置。

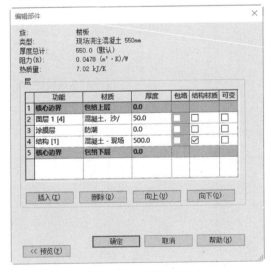

图 12-34　设置参数

（9）单击"绘制"面板中的"边界线"按钮 ⋀ 和"拾取墙"按钮 ⬚，在视图中选取墙，提取边界线，如图 12-35 所示。

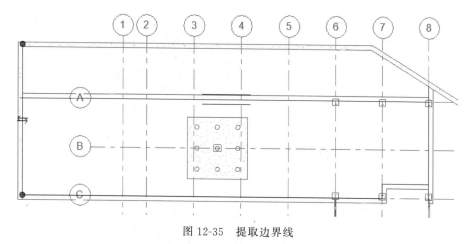

图 12-35 提取边界线

（10）拖动边界线控制点调整其长度，使其与其他边界线相连。采用相同的方法，调整其他边界线，使边界线形成封闭环，如图 12-36 所示。

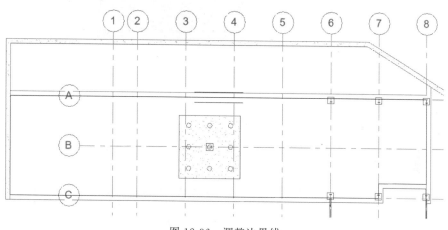

图 12-36 调整边界线

（11）单击"模式"面板中的"完成编辑模式"按钮 ✔，弹出提示对话框，单击"是"按钮，完成结构楼板的添加，如图 12-37 所示。

（12）单击"结构"选项卡"结构"面板"楼板" ⌒ 下拉列表框中的"楼板：结构"按钮 ⌒，在打开"属性"选项板中单击"编辑类型"按钮 🔲，打开"类型属性"对话框。单击"复制"按钮，打开"名称"对话框，输入名称为"现场浇注混凝土 250mm"，单击"确定"按钮，新建"现场浇注混凝土 250mm"类型。

（13）返回到"类型属性"对话框。在"结构"栏中单击"编辑"按钮 编辑... ，打开"编辑部件"对话框，输入厚度为 200，如图 12-38 所示。连续单击"确定"按钮，完成"现场浇注混凝土 250mm"类型的设置。

（14）单击"绘制"面板中的"边界线"按钮 ⋀ 和"拾取墙"按钮 ⬚，在视图中选取墙，提取边界线，如图 12-39 所示。

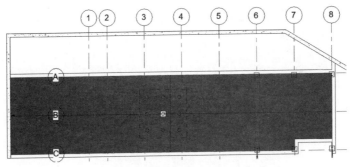

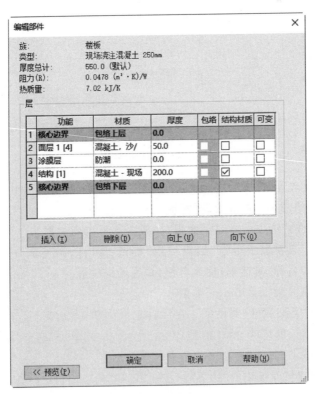

图 12-37　绘制混凝土楼板

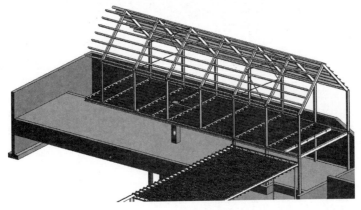

图 12-38　设置参数

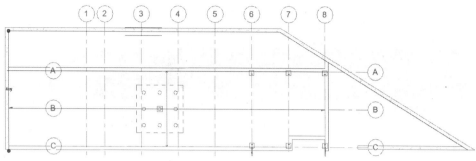

图12-39 提取边界线

（15）选取边界线，单击"翻转"按钮 ⊞，调整其位置，拖动边界线控制点调整其长度，使其与其他边界线相连。采用相同的方法，调整其他边界线，使边界线形成封闭环，如图12-40所示。

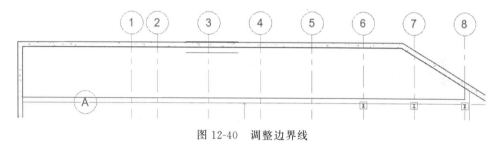

图12-40 调整边界线

（16）在"属性"选项板中设置标高为1层，自标高的高度偏移为−600，其他采用默认设置，如图12-41所示。

图12-41 "属性"选项板

（17）单击"模式"面板中的"完成编辑模式"按钮 ✔，弹出提示对话框，单击"是"按钮，完成结构楼板的添加，如图12-42所示。

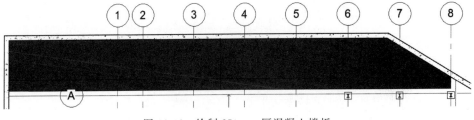

图 12-42　绘制 250mm 厚混凝土楼板

12.2　楼　　梯

在楼梯零件编辑模式下，可以直接在平面视图或三维视图中装配构件。

楼梯可以包括以下内容。

（1）梯段：包括直梯、螺旋梯段、U 形梯段、L 形梯段、自定义绘制的梯段。

（2）平台：在梯段之间自动创建，或通过创建自定义绘制的平台。

（3）支撑（侧边和中心）：随梯段自动创建，或通过拾取梯段或平台边缘创建。

（4）栏杆扶手：在创建期间自动生成，或稍后放置。

12.2.1　绘制直梯

可以通过指定梯段的起点和终点来创建直梯段构件。

具体绘制步骤如下：

（1）打开"办公楼-楼梯"文件，将视图切换到标高 1 结构平面层。

（2）单击"建筑"选项卡"构建"面板中的"楼梯"按钮 ，打开"修改|创建楼梯"选项卡和选项栏，如图 12-43 所示。

图 12-43　"修改|创建楼梯"选项卡和选项栏

（3）在选项栏中设置定位线为"楼梯：中心"，偏移为 0，实际梯段宽度为 1200，取消选中"自动平台"复选框。

（4）单击"构件"面板中的"梯段"按钮 和"直梯"按钮 （默认状态下，系统会激活这两个按钮），绘制楼梯路径，如图 12-44 所示。默认情况下，在创建梯段时会自动创建栏杆扶手。

（5）在"属性"选项板中选择"组合楼梯 190mm 最大踢面 250mm 梯段"类型，设置底部标高为"地下一层"，顶部标高为"标高 1"，其他采用默认设置，如图 12-45 所示。

☑ 底部标高：设置楼梯的基面。

☑ 底部偏移：设置楼梯相对于底部标高的高度。

☑ 顶部标高：设置楼梯的顶部。

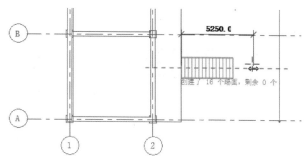

图 12-44 绘制楼梯路径

☑ 顶部偏移：设置楼梯相对于顶部标高的偏移量。

☑ 所需的楼梯高度：指定底部和顶部标高之间的楼梯高度。

☑ 所需踢面数：踢面数是基于标高间的高度计算得出的。

☑ 实际踢面数：通常，此值与所需踢面数相同，但如果未向给定梯段完整添加正确的踢面数，则这两个值也可能不同。

☑ 实际踢面高度：显示实际踢面高度。

☑ 实际踏板深度：设置此值以修改踏板深度，而不必创建新的楼梯类型。

☑ 踏板/踢面起始编号：为踏板/踢面编号注释指定起始编号。

（6）单击"模式"面板中的"完成编辑模式"按钮 ✔，完成直梯的绘制，如图 12-46 所示。

图 12-45 "属性"选项板

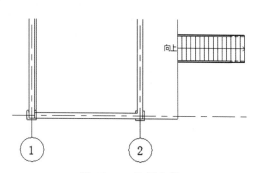

图 12-46 绘制直梯

（7）选取刚绘制的楼梯，单击"向上翻转楼梯方向"按钮 →，调整楼梯方向，如图 12-47 所示，将视图切换到三维视图，完成楼梯创建，如图 12-48 所示。

（8）在项目浏览器中双击"结构平面"节点下的"地下一层"，将视图切换到地下一层结构平面视图。

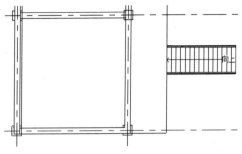

图 12-47　调整楼梯方向

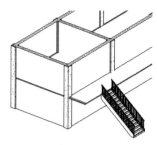

图 12-48　创建楼梯

（9）单击"建筑"选项卡"构建"面板中的"楼梯"按钮，打开"修改|创建楼梯"选项卡和选项栏，在选项栏中输入实际梯段宽度为 1100，并选中"自动平台"复选框。

（10）在"属性"选项板中选择"现场浇注楼梯 整体浇注楼梯"类型，单击"编辑类型"按钮 ，打开如图 12-49 所示的"类型属性"对话框。

图 12-49　"类型属性"对话框

☑ 最大踢面高度：指定楼梯图元上每个踢面的最大高度。

☑ 最小踏板深度：设置沿所有常用梯段的中心路径测量的最小踏板宽度（斜踏步、螺旋和直线）。此参数不影响创建的梯段。

☑ 最小梯段宽度：设置常用梯段的宽度的初始值。此参数不影响创建的梯段。

☑ 计算规则：单击"编辑"按钮，打开"楼梯计算器"对话框，计算楼梯的坡度。在使用楼梯计算器之前，指定踏板深度最小值和踢面高度最大值。

☑ 梯段类型：定义楼梯图元中的所有梯段的类型。

☑ 平台类型：定义楼梯图元中的所有平台的类型。

☑ 功能：指示楼梯是内部的（默认值）还是外部的。

☑ 右/左侧支撑：指定是否连同楼梯一起创建梯边梁（闭合）、支撑梁（开放），或没有右/左侧支撑。梯边梁将踏板和踢面围住。支撑梁将踏板和踢面露出。

☑ 右/左侧支撑类型：定义用于楼梯的右/左侧支撑的类型。

☑ 右/左侧侧向偏移：将右/左侧支撑从梯段边缘以水平方向偏移。

☑ 中部支撑：指示是否在楼梯中应用中间支撑。

☑ 中部支撑类型：定义用于楼梯的中间支撑的类型。

☑ 中部支撑数量：定义用于楼梯的中间支撑的数量。

（11）在"平台类型"栏中单击█按钮，打开如图 12-50 所示的平台"类型属性"对话框，单击"复制"按钮，新建"100mm 厚度"类型，更改整体厚度为 100。连续单击"确定"按钮，完成楼梯属性设置。

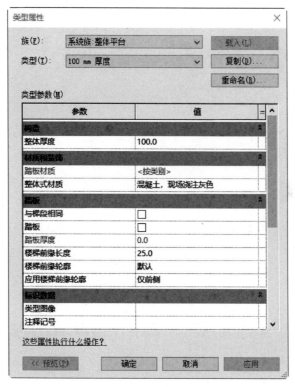

图 12-50 "类型属性"对话框

☑ 整体厚度：指定平台的厚度。

☑ 整体式材质：指定用于平台的材质。在此栏中单击█按钮，打开"材质浏览器"对话框，选择平台材质。

☑ 与梯段相同：选中此复选框，将相同的踏板属性用作梯段类型。取消选中此复选框，则为平台指定踏板属性。

☑ 踏板：选中此复选框，创建的平台上包括踏板。

☑ 踏板厚度：指定踏板的厚度。

☑ 楼梯前缘长度：指定相对于下一个踏板的踏板深度悬挑量。

☑ 楼梯前缘轮廓：在其下拉列表框中选择楼梯的放样轮廓。

☑ 应用楼梯前缘轮廓：指定要应用楼梯前缘轮廓的位置，包括"仅前侧""前侧和左侧""前侧和右侧"以及"前侧、左侧和右侧"。

（12）单击"构件"面板中的"梯段"按钮 🔧 和"直梯"按钮 ▥（默认状态下，系统会激活这两个按钮），绘制楼梯路径，如图12-51所示。默认情况下，在创建梯段时会自动创建栏杆扶手。

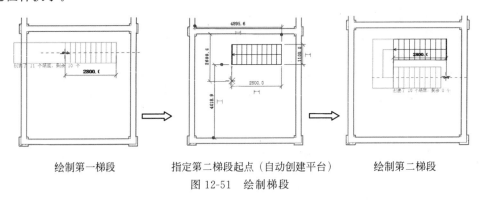

绘制第一梯段　　　指定第二梯段起点（自动创建平台）　　　绘制第二梯段

图12-51　绘制梯段

（13）选取第二个梯段，拖动梯段增加一个台阶，如图12-52所示。

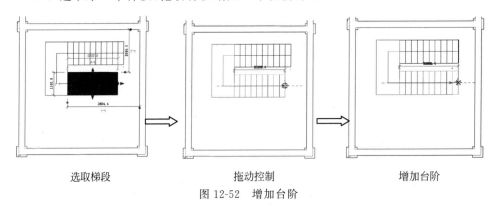

选取梯段　　　　　　拖动控制　　　　　　增加台阶

图12-52　增加台阶

（14）单击"模式"面板中的"完成编辑模式"按钮 ✔，完成楼梯的创建，如图12-53所示。

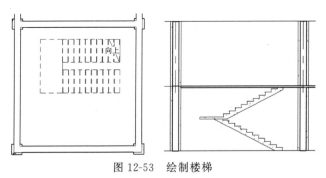

图12-53　绘制楼梯

（15）选取平台，更改平台尺寸以调整平台宽度，如图 12-54 所示。

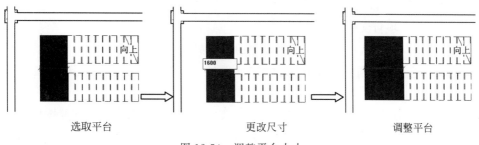

选取平台　　　　　　　更改尺寸　　　　　　　调整平台

图 12-54　调整平台大小

（16）单击"修改"选项卡"修改"面板中的"对齐"按钮 ，分别将墙体和楼梯边对齐，如图 12-55 所示。

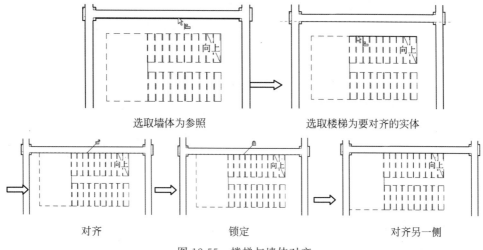

选取墙体为参照　　　　　　　　　　选取楼梯为要对齐的实体

对齐　　　　　　　　　锁定　　　　　　　　对齐另一侧

图 12-55　楼梯与墙体对齐

（17）选取沿墙的栏杆扶手，打开"修改|栏杆扶手"选项卡，单击"编辑路径"按钮 ，打开"修改|栏杆扶手>绘制路径"选项卡并显示栏杆路径，删除靠墙的栏杆路径，如图 12-56 所示。单击"模式"面板中的"完成编辑模式"按钮 ，完成栏杆扶手的编辑。

选取栏杆扶手　　　　　　　编辑路径　　　　　　　删除路径

图 12-56　编辑栏杆扶手

12.2.2　绘制全踏步螺旋梯

通过指定起点和半径创建螺旋梯段构件。可以使用"全台阶螺旋"梯段工具来创建大于 360°的螺旋梯段。

默认情况下,按逆时针方向创建螺旋梯段。

具体绘制步骤如下:

(1)新建一项目文件。

(2)单击"建筑"选项卡"构建"面板中的"楼梯"按钮 ,打开"修改|创建楼梯"选项卡和选项栏。在选项栏中设置定位线为"楼梯:中心",偏移为0,实际梯段宽度为1500,并选中"自动平台"复选框。

(3)单击"构件"面板中的"梯段"按钮 和"全踏步螺旋"按钮 ,在绘图区域中指定螺旋梯段的中心点,移动光标以指定梯段的半径,如图12-57所示。在绘制时,将指示梯段边界和达到目标标高所需的完整台阶数。默认情况下,按逆时针方向创建梯段。

(4)在"属性"选项板中选择"组合楼梯190mm最大踢面250mm梯段"类型,设置底部标高为"标高1",底部偏移为0.0,顶部标高为"标高2",顶部偏移为0.0,所需踢面数为22,实际踏板深度为250,结果如图12-58所示。

图12-57　指定中心和半径

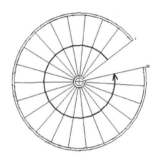

图12-58　螺旋楼梯

(5)单击"模式"面板中的"完成编辑模式"按钮 ,将视图切换到三维视图,结果如图12-59所示。

(6)双击楼梯,激活"修改|创建楼梯"选项卡,单击"工具"面板中的"翻转"按钮 ,将楼梯的旋转方向从逆时针更改为顺时针,单击"模式"面板中的"完成编辑模式"按钮 ,结果如图12-60所示。

图12-59　逆时针旋转楼梯

图12-60　顺时针旋转楼梯

12.2.3　绘制L形转角梯

通过指定梯段的较低端点创建L形斜踏步梯段构件。斜踏步梯段将自动连接底部和顶部立面。

具体操作步骤如下：

（1）打开楼梯文件，将视图切换到标高1平面图。

（2）单击"建筑"选项卡"构建"面板中的"楼梯"按钮 ，打开"修改|创建楼梯"选项卡和选项栏。

（3）在"属性"选项板中选择"现场浇注楼梯 整体浇筑楼梯"类型，设置底部标高为"标高1"，底部偏移为0.0，顶部标高为"标高2"，顶部偏移为0.0，所需踢面数为15，实际踏板深度为280，如图12-61所示。

（4）单击"构件"面板中的"梯段"按钮 和"L形转角"按钮 ，在选项栏中设置定位线为"楼梯：中心"，偏移为0，实际梯段宽度为1000，并选中"自动平台"复选框。

（5）楼梯方向如图12-62所示，可以看出楼梯方向不符合要求。按空格键可旋转斜踏步梯段的形状，以便梯段朝向所需的方向，如图12-63所示。

图12-61　"属性"选项板

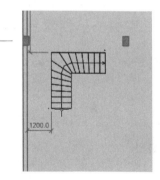

图12-62　楼梯方向

（6）单击放置楼梯，如图12-64所示。

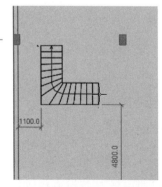

图12-63　更改楼梯方向

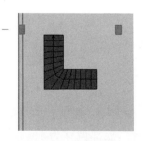

图12-64　放置楼梯

（7）单击"模式"面板中的"完成编辑模式"按钮 ✔ ，将视图切换到三维视图，如图 12-65 所示。

🔒 提示：如果相对于墙或其他图元定位梯段，则将光标靠近墙，斜踏步楼梯会捕捉到相对于墙的位置。

（8）单击"修改"选项卡"修改"面板中的"对齐"按钮 ，先选择楼板的端面，然后选择楼梯最后一个台阶的端面，如图 12-66 所示，使楼梯和楼板对齐，如图 12-67 所示。

图 12-65　三维视图　　　　图 12-66　选择对齐面　　　　图 12-67　对齐楼梯

采用相同的方法，绘制 U 形楼梯和自定义楼梯。这里不再一一介绍，读者可以自己绘制。

12.2.4　实例——创建乡间小楼楼梯

12-2

本节接 12.1.5 节实例继续创建乡间小楼。

（1）在项目浏览器中双击"结构平面"节点下的"室外地坪层"，将视图切换至室外地坪层结构平面视图。

（2）单击"建筑"选项卡"构建"面板中的"楼梯"按钮 ，打开"修改|创建楼梯"选项卡和选项栏。

（3）单击"修改|创建楼梯"选项卡"工具"面板中的"栏杆扶手"按钮 ，打开"栏杆扶手"对话框，在下拉列表框中选择"无"选项，如图 12-68 所示。单击"确定"按钮，设置创建的楼梯不带栏杆扶手。

图 12-68　"栏杆扶手"对话框

（4）在"属性"选项板中选择"现场浇注楼梯 整体浇筑楼梯"类型，设置底部标高为"室外地坪"，底部偏移为 10，顶部标高为"1 层"，顶部偏移为 0，所需踢面数为 4，其他采用默认设置，如图 12-69 所示。

图12-69 "属性"选项板

（5）在选项栏中设置定位线为"梯段：左"，实际梯段宽度为2700，其他采用默认设置，如图12-70所示。

图12-70 选项栏设置

（6）单击"构件"面板中的"梯段"按钮 和"直梯"按钮 （默认状态下，系统会激活这两个按钮），沿着左侧墙体边线绘制楼梯路径，如图12-71所示。

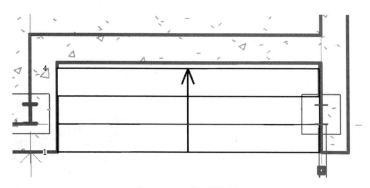

图12-71 绘制楼梯

（7）在"属性"选项板中设置所需踢面数为3，调整实际踢面高度为180，如图12-72所示。

（8）单击"修改"面板中的"对齐"按钮 ，首先选取墙体边线，然后选取楼梯上部边线，单击"创建或删除长度或对齐约束"按钮 ，结果如图12-73所示。

（9）单击"模式"面板中的"完成编辑模式"按钮 ，完成楼梯的绘制，如图12-74所示。

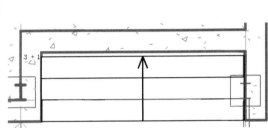

图 12-72　设置参数

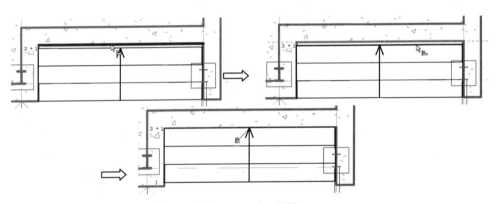

图 12-73　对齐楼梯

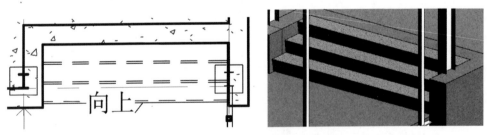

图 12-74　绘制楼梯

第13章

钢筋

钢筋目前在建筑施工中得到了越来越广泛的应用,可以说钢筋工程是建筑施工中的重中之重。钢筋的制作与绑扎质量决定了建筑结构的质量。

13.1 常规钢筋设置

单击"结构"选项卡"钢筋"面板下的"钢筋设置"按钮 ✐,打开"钢筋设置"对话框,如图 13-1 所示。

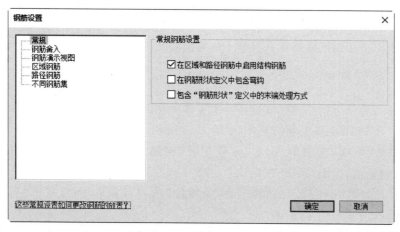

图 13-1 "钢筋设置"对话框

1．在区域和路径钢筋中启用结构钢筋

在新建文件时，默认选中此选项，可以选择在项目中使用哪个区域和路径模式。不能在一个项目中使用两个不同的区域和路径模式。

选择区域和路径钢筋中的主体结构钢筋，从而能够：

（1）显示楼板、墙和基础底板中的独立钢筋图元；

（2）将项目中的每条钢筋添加到明细表；

（3）从项目中删除区域或路径系统并保留钢筋或钢筋集原地不变。

2．在钢筋形状定义中包含弯钩

应该在项目中放置任何钢筋之前定义此选项。以默认设置放置钢筋后，将无法清除此选项（如果不首先删除这些实例）。

如果选中此选项，则在用于明细表的计算时会包含弯钩。带有弯钩的钢筋将保持其各自的形状标识。

如果取消选中此选项，则在用于明细表的计算时会排除弯钩。带有弯钩的钢筋将与最接近的不带弯钩的形状相匹配，并且不会影响钢筋形状匹配。

3．包含"钢筋形状"定义中的末端处理方式

应该在项目中放置任何钢筋之前定义此选项。以默认设置放置钢筋后，将无法清除此选项（如果不首先删除这些实例）。

如果选中此选项，则在计算钢筋形状匹配以编制明细表时会包含端部处理。带端部处理的钢筋将保持其各自的形状标识。

如果取消选中此选项，则在计算钢筋形状匹配以编制明细表时会忽略端部处理。带端部处理的钢筋将与不带端部处理的最接近的形状匹配，并且不会影响钢筋形状匹配。

13.2　配　置　钢　筋

钢筋是指钢筋混凝土用和预应力钢筋混凝土用钢材，其横截面为圆形，有时为带有圆角的方形。

钢筋混凝土用钢筋是指钢筋混凝土配筋用的直条或盘条状钢材。

13.2.1　放置钢筋

本节练习将单个钢筋实例放置在有效主体的剖面视图中。

（1）打开 12.1.1 节绘制的文件，如图 13-2 所示。

（2）单击"结构"选项卡"钢筋"面板中的"钢筋"按钮，打开如图 13-3 所示的 Revit 提示对话框，单击"确定"按钮。

（3）打开如图 13-4 所示的"修改│放置钢筋"选项卡和选项栏，单击"当前工作平面"按钮和"平行于工作平面"按钮。

☑ "当前工作平面"按钮：将钢筋放置在主体视图的活动工作平面上。

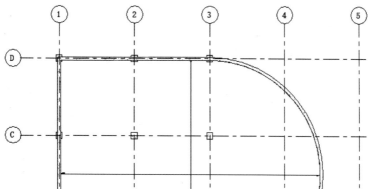

图 13-2 图形文件

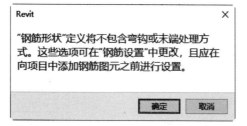

图 13-3 Revit 提示对话框

图 13-4 "修改|放置钢筋"选项卡和选项栏

☑ "近保护层参照"按钮 ：将平面钢筋放置在平行于主体视图的最近保护层参照上。

☑ "远保护层参照"按钮 ：将平面钢筋放置在平行于主体视图的最远保护层参照上。

☑ "平行于工作平面"按钮 ：将平面钢筋平行于当前工作平面放置。

☑ "平行于保护层"按钮 ：将平面钢筋垂直于工作平面并平行于最近的保护层参照放置。

☑ "垂直于保护层"按钮 ：将平面钢筋垂直于工作平面以及最近的保护层参照放置。

☑ 布局：指定钢筋布局的类型，包括单根、固定数量、最大间距、间距数量和最小净间距。

- 固定数量：钢筋之间的距离是可调整的，但钢筋数量是固定的，以输入数量为基础。
- 最大间距：指定钢筋之间的最大距离，但钢筋数量会根据第一条和最后一条钢筋之间的距离发生变化。
- 间距数量：指定数量和间距的常量值。
- 最小净间距：指定钢筋之间的最小距离，但钢筋数量会根据第一条和最后一条钢筋之间的距离发生变化。即使钢筋大小发生变化，该间距仍会保持不变。

（4）在"属性"选项板中选取钢筋类型，如图 13-5 所示；在钢筋形状浏览器中选取钢筋形状（在选项栏中单击 ⋯ 按钮，可显示和隐藏钢筋形状浏览器），如图 13-6 所示。

图 13-5　"属性"选项板

图 13-6　钢筋形状浏览器

☑ 分区：指定关联钢筋所在的分区。若要更改分区,可从下拉列表框中选择或输入新分区的名称。

☑ 明细表标记：指定带钢筋明细表标记的钢筋实例。

☑ 镫筋/箍筋附件：指定镫筋/箍筋钢筋是捕捉到主体钢筋保护层的内侧(默认值)还是捕捉到主体钢筋保护层的外侧。

☑ 样式：指定弯曲半径控件,有"标准"和"镫筋/箍筋"两个选项。

☑ 造型：指定钢筋形状的标识号。也可以直接在钢筋形状浏览器中选取钢筋形状。

☑ 形状图像：指定与钢筋形状类型关联的图像文件。

☑ 起点的弯钩：在其下拉列表框中选择适合于选定样式的起点钢筋弯钩。

☑ 终点的弯钩：在其下拉列表框中选择适合于选定样式的终点钢筋弯钩。

☑ 起点的端部处理：指定用于钢筋接头起点的连接类型。

☑ 终点的端部处理：指定用于钢筋接头终点的连接类型。

(5) 选取结构柱放置钢筋,如图 13-7 所示,按空格键,在保护层参照中旋转钢筋形状的方向,如图 13-8 所示。单击放置钢筋,如图 13-9 所示。

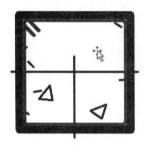

图 13-7　放置钢筋

图 13-8　旋转方向

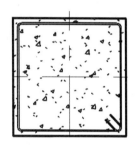

图 13-9　放置钢筋

13.2.2　实例——为条形基础添加配筋

本节接 12.2.4 节实例继续创建乡间小楼。

(1) 单击"结构"选项卡"工作平面"面板中的"设置"按钮 ,打开"工作平面"对话框,选择"名称"选项,在下拉列表框中选择"轴网:C",如图 13-10 所示,单击"确定"按钮。

(2) 打开"转到视图"对话框,选择"立面:南"视图,如图 13-11 所示,单击"打开视图"按钮,打开南立面视图。

(3) 单击"结构"选项卡"钢筋"面板中的"钢筋"按钮 ,打开如图 13-12 所示的 Revit 提示对话框,单击"确定"按钮。

(4) 打开"修改|放置钢筋"选项卡,单击"当前工作平面"按钮 和"平行于工作平面"按钮 。

(5) 在"属性"选项板中选择"钢筋 8 HPB300"类型,在"造型"栏下拉列表框中选择 33 或者在钢筋形状浏览器中选取"钢筋形状:33",设置布局规则为"最大间距",输入间距为 400,如图 13-13 所示。

13-1

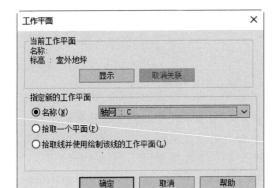

图 13-10 "工作平面"对话框

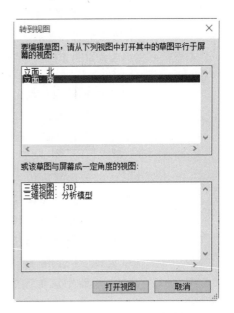

图 13-11 "转到视图"对话框

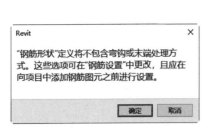

图 13-12 Revit 提示对话框

图 13-13 设置钢筋参数

（6）单击"修改|放置钢筋"选项卡"放置平面"面板中的"当前工作平面"按钮 和"放置"面板中的"平行于工作平面"按钮，在条形基础柱的截面上放置钢筋，按空格键调整钢筋方向，结果如图 13-14 所示。

图 13-14　放置钢筋

（7）单击"结构"选项卡"钢筋"面板中的"钢筋"按钮，打开"修改|放置钢筋"选项卡，单击"当前工作平面"按钮 和"垂直于保护层"按钮 。

（8）在"属性"选项板中选择"钢筋 16 HPB300"类型，在"造型"栏下拉列表框中选择 01 或者在钢筋形状浏览器中选取"钢筋形状：01"，设置布局规则为"单根"，如图 13-15 所示。

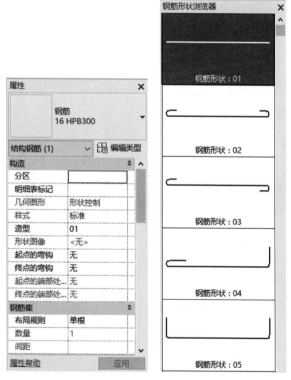

图 13-15　选取钢筋形状

（9）在条形基础的截面上放置钢筋，调整钢筋位置，结果如图 13-16 所示。

（10）在项目浏览器中双击"结构平面"节点下的"基础-2700 层"，将视图切换至基础-2700 结构平面视图。

（11）单击"视图"选项卡"创建"面板中的"剖面"按钮，打开"修改|剖面"选项卡

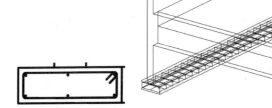

图 13-16　放置钢筋

和选项栏,如图 13-17 所示,采用默认设置。

图 13-17　"修改|剖面"选项卡和选项栏

（12）在视图中绘制与基础垂直的剖面线,如图 13-18 所示。

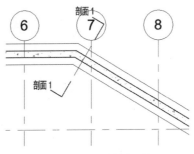

图 13-18　绘制剖面线

（13）绘制完剖面线后,系统自动创建剖面图,在项目浏览器的"剖面（剖面 1）"节点下双击"剖面 1"视图,打开此剖面视图,如图 13-19 所示。

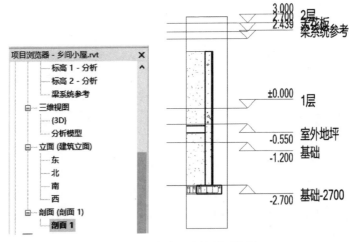

图 13-19　自动生成的剖面视图

（14）单击"结构"选项卡"钢筋"面板中的"钢筋"按钮 ，打开"修改|放置钢筋"选项卡，单击"当前工作平面"按钮 和"平行于工作平面"按钮 。

（15）在"属性"选项板中选择"钢筋 8 HPB300"类型，在"造型"栏下拉列表框中选择 33 或者在钢筋形状浏览器中选取"钢筋形状：33"。

（16）在"属性"选项板中设置布局规则为"最大间距"，输入间距为 400mm。在条形基础截面上放置形状为 33 的钢筋，按空格键调整形状位置，如图 13-20 所示。

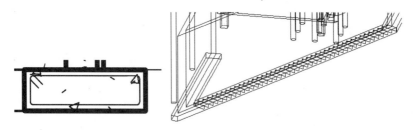

图 13-20 放置钢筋

（17）单击"结构"选项卡"钢筋"面板中的"钢筋"按钮 ，打开"修改|放置钢筋"选项卡，单击"当前工作平面"按钮 和"垂直于保护层"按钮 。

（18）在"属性"选项板中选择"钢筋 16 HPB300"类型，在"造型"栏下拉列表框中选择 01 或者在钢筋形状浏览器中选取"钢筋形状：01"设置，布局规则为"单根"。

（19）在条形基础截面上放置 01 形状钢筋，如图 13-21 所示。

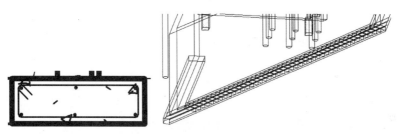

图 13-21 放置 01 形状钢筋

（20）从图中可以看出，纵筋的长度超出条形基础范围，选取纵筋，拖动纵筋上的控制点，调整纵筋的长度，如图 13-22 所示。

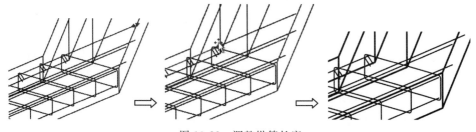

图 13-22 调整纵筋长度

（21）采用相同的方法调整其他纵筋和箍筋的长度，结果如图 13-23 所示。

（22）单击"结构"选项卡"工作平面"面板中的"参照平面"按钮 ，打开"修改|放置 参照平面"选项卡和选项栏，在如图 13-24 所示的位置绘制参照平面。

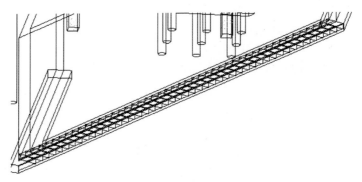

图 13-23　调整纵筋和箍筋的长度

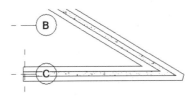

图 13-24　绘制参照平面

（23）单击"结构"选项卡"工作平面"面板中的"设置"按钮 ，打开"工作平面"对话框，选择"拾取一个平面"选项，如图 13-25 所示，单击"确定"按钮。

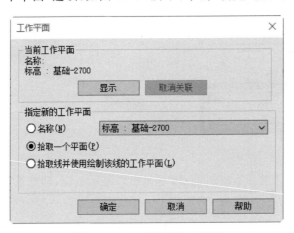

图 13-25　"工作平面"对话框

（24）在视图中选取图 13-24 所示的参照平面，打开"转到视图"对话框，选择"立面：东"视图，如图 13-26 所示。单击"打开视图"按钮，打开东立面视图。

（25）单击"结构"选项卡的"钢筋"面板中的"钢筋"按钮，打开"修改|放置钢筋"选项卡，单击"当前工作平面"按钮和"平行于工作平面"按钮。

（26）在"属性"选项板中选择"钢筋 8 HPB300"类型，在"造型"栏下拉列表框中选择 33 或者在钢筋形状浏览器中选取"钢筋形状：33"。

（27）在"属性"选项板中设置布局规则为"最大间距"，输入间距为 400mm。在条形基础截面上放置形状为 33 的钢筋，按空格键调整形状位置，如图 13-27 所示。

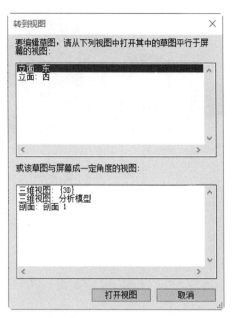

图 13-26　"转到视图"对话框

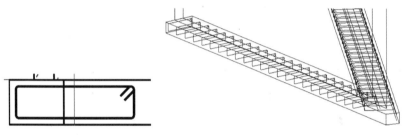

图 13-27　放置钢筋

（28）单击"结构"选项卡"钢筋"面板中的"钢筋"按钮 ，打开"修改|放置钢筋"选项卡，单击"当前工作平面"按钮 和"垂直于保护层"按钮 。

（29）在"属性"选项板中选择"钢筋 16 HPB300"类型，在"造型"栏下拉列表框中选择 01 或者在钢筋形状浏览器中选取"钢筋形状：01"，设置布局规则为"单根"。

（30）在条形基础截面上放置 01 形状钢筋，如图 13-28 所示。

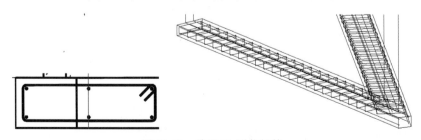

图 13-28　放置 01 形状钢筋

（31）采用上述方法，在其他条形基础上布置相同参数的纵筋和箍筋，如图 13-29 所示。

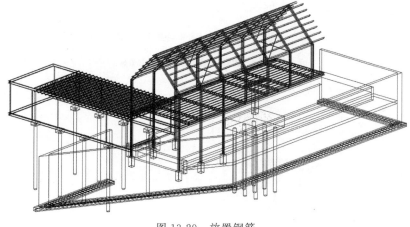

图 13-29   放置钢筋

13.3 保 护 层

在放置平行于工作平面的钢筋时,钢筋一般参照保护层放置。使用钢筋保护层工具,可以对现有的钢筋保护层进行设置。

（1）接13.2.1节的文件,放大放置钢筋的截面视图,如图13-30所示。

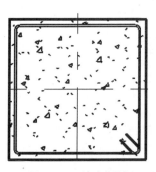

图 13-30   放大视图

（2）单击"结构"选项卡"钢筋"面板中的"保护层"按钮 ▦ ,打开如图13-31所示的选项栏。

图 13-31   选项栏

（3）单击"拾取图元"按钮 ▣ ,在视图中选取放置钢筋的结构柱,如图13-32所示。

（4）在"保护层设置"下拉列表框中选择所需结构保护层,如图13-33所示,这里选取"IIb,(梁、柱、钢筋),≤C25＜40mm"类型,钢筋会随保护层变化而变化,如图13-34所示。

（5）在"选项"栏中单击"拾取面"按钮 ▣ ,在视图中拾取要调整保护层的结构面,然后在"保护层设置"下拉列表框中选取适当的保护层,钢筋随保护层变化而变化,如图13-35所示。

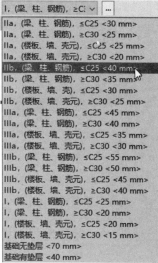

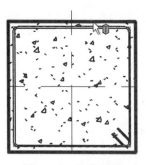

图 13-32 选取图元

图 13-33 "保护层设置"下拉列表框

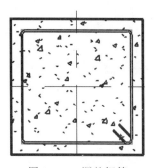

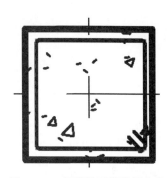

图 13-34 调整钢筋

图 13-35 钢筋随面保护层变化

（6）如果在"保护层设置"下拉列表框中没有符合要求的类型，可以单击"编辑保护层设置"按钮 …，打开如图 13-36 所示的"钢筋保护层设置"对话框，可以在该对话框中编辑保护层类型的说明和保护层类型的偏移距离。

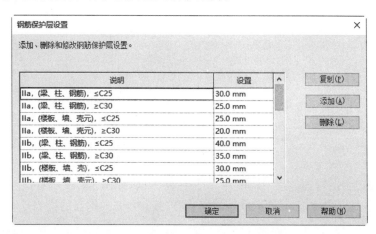

图 13-36 "钢筋保护层设置"对话框

（7）单击"添加"按钮，在对话框的末端添加新的钢筋保护层1，如图13-37所示。更改钢筋保护层的说明和偏移距离，单击"删除"按钮，删除保护层，设置完成后单击"确定"按钮。

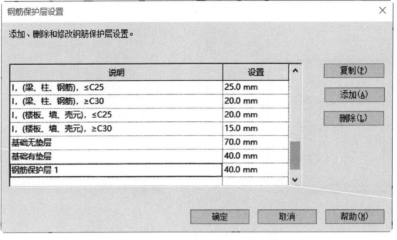

图13-37　添加新的钢筋保护层

13.4　绘　制　钢　筋

13.4.1　绘制平面钢筋

使用常用的绘制工具可以在有效主体中手动放置钢筋形状。

（1）接上一节的文件，单击"结构"选项卡"钢筋"面板中的"钢筋"按钮 ，打开"修改|放置钢筋"选项卡，单击"绘制钢筋"按钮 ，选取放置钢筋的主体。这里选取结构柱。

（2）打开如图13-38所示的"修改|创建钢筋草图"选项卡，单击"绘制"面板中的"线"按钮 ，绘制如图13-39所示的钢筋草图。

图13-38　"修改|创建钢筋草图"选项卡

（3）在"属性"选项板中更改起点的弯钩和终点的弯钩为"标准-135度"，为钢筋添加弯钩，如图13-40所示。

（4）单击"切换弯钩方向"按钮 ，调整弯钩方向，如图13-41所示。

（5）单击"模式"面板中的"完成编辑模式"按钮 ，完成钢筋的绘制，结果如图13-42所示。

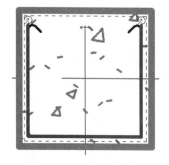

图 13-39　绘制草图

图 13-40　添加弯钩

图 13-41　更改弯钩方向

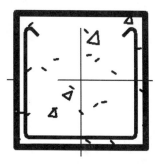

图 13-42　绘制钢筋

13.4.2　绘制多平面钢筋

（1）打开多平面钢筋文件，单击"结构"选项卡"钢筋"面板中的"钢筋"按钮 🔧，打开 Revit 提示对话框，单击"确定"按钮。

（2）打开"修改|放置钢筋"选项卡，单击"绘制钢筋"按钮 ✏，选取放置钢筋的主体。这里选取梁。

（3）打开"修改|创建钢筋草图"选项卡，单击"绘制"面板中的"线"按钮 ╱，绘制如图 13-43 所示的钢筋草图。

（4）单击"多平面"按钮 ⎍，将复制形状，然后通过钢筋上的一个连接件线段附着到原始的形状。将视图切换至三维视图，如图 13-44 所示。

☑ 禁用/启用第一个连接件线段：切换连接件线段的位置。启用时，将使用第一个线段。禁用时，则使用第二个线段。

☑ 禁用/启用第二个连接件线段：切换连接件线段的位置。启用时，将使用第二个线段。禁用时，则使用第一个线段。

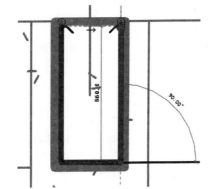

图 13-43　绘制草图

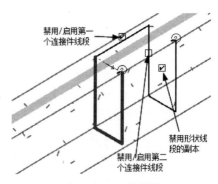

图 13-44　三维视图

☑ 禁用形状线段的副本：删除复制的形状，但在该位置留下连接件线段。

（5）单击"绘制"面板中的"线"按钮 ，接续绘制其他平面上的钢筋草图，如图 13-45 所示。

（6）在"属性"选项板中更改起点/终点的弯钩为"标准-90 度"，如图 13-46 所示。

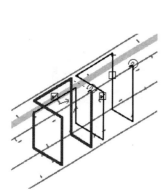

图 13-45　绘制草图

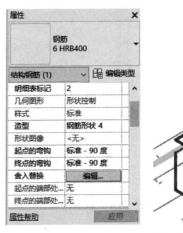

图 13-46　更改起点/终点弯钩

（7）单击"模式"面板中的"完成编辑模式"按钮 ，完成多平面钢筋的绘制，结果如图 13-47 所示。

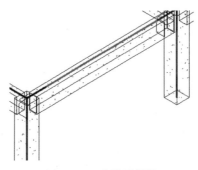

图 13-47　多平面钢筋

（8）选取多平面钢筋，使用钢筋造型操纵柄对钢筋的位置和形状进行精确调整。也可以直接在"属性"选项板中更改钢筋的尺寸标注来修改平面钢筋，如图13-48所示。

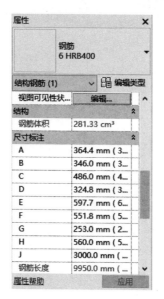

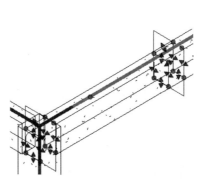

图 13-48　更改平面钢筋

（9）在"属性"选项板的"视图可见性状态"栏中单击"编辑"按钮 ┃ **编辑…** ┃，打开"钢筋图元视图可见性状态"对话框，选择要使钢筋在其中清晰查看的视图（无论采用何种视觉样式）。钢筋将不会被其他图元遮挡，而是显示在所有遮挡图元的前面，设置如图13-49所示。

注意：被剖切面剖切的钢筋图元始终可见。该设置对这些钢筋实例的可见性没有任何影响。选择要在其中将钢筋作为实体显示的三维视图。将视图的详细程度设置为精细时，表示其实际体积。在三维视图中钢筋接头图元始终作为实体显示。

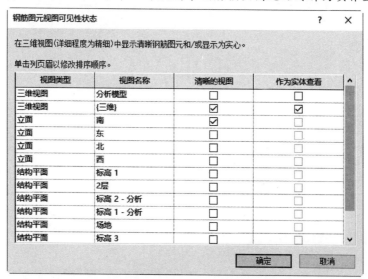

图 13-49　"钢筋图元视图可见性状态"对话框

（10）单击"确定"按钮，在控制栏中将视觉样式设置为"着色" ，将详细程度设置为"精细" ，结果如图 13-50 所示。

13.4.3 实例——为承台添加配筋

本节接 13.2.2 节实例继续创建乡间小楼。

（1）在项目浏览器中双击"结构平面"节点下的"基础层"，将视图切换至基础结构平面视图。

（2）单击"结构"选项卡"钢筋"面板中的"钢筋"按钮 ，打开"修改|放置钢筋"选项卡，单击"绘制钢筋"按钮 ，选取"桩基承台-9 根柱"放置钢筋的主体。

（3）打开"修改|创建钢筋草图"选项卡，单击"绘制"面板中的"线"按钮 ，绘制如图 13-51 所示的钢筋草图。

图 13-50　钢筋

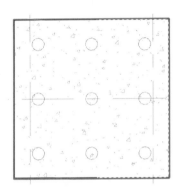

图 13-51　绘制草图

（4）在"属性"选项板中更改起点的弯钩和终点的弯钩为"标准-135 度"，为钢筋添加弯钩，如图 13-52 所示。

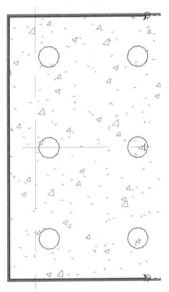

图 13-52　添加弯钩

（5）单击"模式"面板中的"完成编辑模式"按钮 ✔，完成钢筋草图的绘制，如图 13-53 所示。

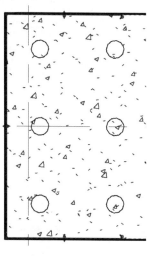

图 13-53 绘制钢筋

（6）选取上步绘制的钢筋，在"属性"选项板中设置布局规则为"最大间距"，间距为 100，结果如图 13-54 所示。

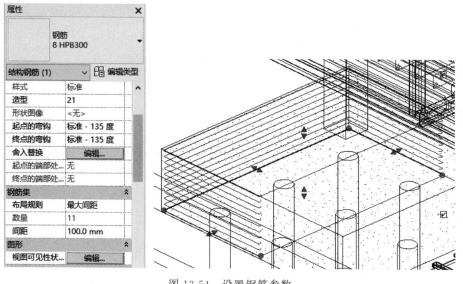

图 13-54 设置钢筋参数

（7）采用相同的方法，在另一侧绘制相同参数的钢筋，如图 13-55 所示。

（8）单击"结构"选项卡"工作平面"面板中的"设置"按钮 ▦，打开"工作平面"对话框，选择"名称"选项，在下拉列表框中选择"轴网：B"，如图 13-56 所示，单击"确定"按钮。

（9）打开"转到视图"对话框，选择"立面：南"视图，单击"打开视图"按钮，打开南立面视图。

图 13-55　绘制另一侧钢筋

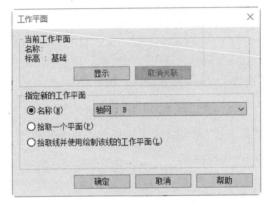

图 13-56　"工作平面"对话框

（10）单击"结构"选项卡"钢筋"面板中的"钢筋"按钮 ，打开"修改|放置钢筋"选项卡，单击"当前工作平面"按钮 和"平行于工作平面"按钮 。

（11）在"属性"选项板中选择"钢筋 8 HPB300"类型，在"造型"栏下拉列表框中选择 33 或者在钢筋形状浏览器中选取"钢筋形状：21"，设置起点的弯钩和终点的弯钩为"标准-135 度"，设置布局规则为"最大间距"，输入间距为 100，如图 13-57 所示。

（12）单击"修改|放置钢筋"选项卡"放置平面"面板中的"当前工作平面"按钮 和"放置"面板中的"平行于工作平面"按钮 ，在桩基承台的截面上放置钢筋，按空格键调整钢筋方向，结果如图 13-58 所示。

（13）单击"结构"选项卡"工作平面"面板中的"设置"按钮 ，打开"工作平面"对话框，选择"名称"选项，在下拉列表框中选择"轴网：3"，单击"确定"按钮。

（14）打开"转到视图"对话框，选择"立面：东"视图，单击"打开视图"按钮，打开南立面视图。

（15）单击"结构"选项卡"钢筋"面板中的"钢筋"按钮 ，打开 Revit 提示对话框，单击"确定"按钮。

（16）打开"修改|放置钢筋"选项卡，单击"当前工作平面"按钮 和"平行于工作平面"按钮 。

（17）在"属性"选项板中选择"钢筋 8 HPB300"类型，在"造型"栏下拉列表框中选择 33 或者在钢筋形状浏览器中选取"钢筋形状：21"，设置起点的弯钩和终点的弯钩为

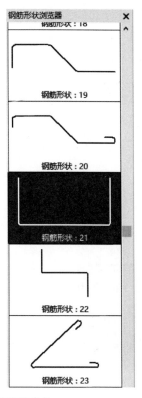

图 13-57 设置钢筋参数

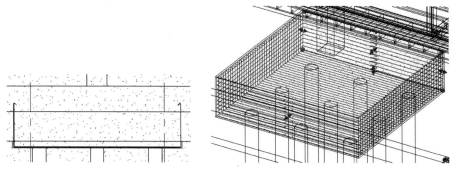

图 13-58 放置钢筋

"标准-135 度",设置布局规则为"最大间距",输入间距为 100。

（18）单击"修改|放置钢筋"选项卡"放置平面"面板中的"当前工作平面"按钮 ，和"放置"面板中的"平行于工作平面"按钮 ，在桩基承台的截面上放置钢筋，按空格键调整钢筋方向，结果如图 13-59 所示。

（19）单击"视图"选项卡"创建"面板中的"剖面"按钮 ，打开"修改|剖面"选项卡和选项栏，采用默认设置。

（20）在视图中绘制与基础垂直的剖面线，如图 13-60 所示。

（21）绘制完剖面线后，系统自动创建剖面图，在项目浏览器的"剖面（剖面）"节点下双击"剖面 2"视图，打开此剖面视图，如图 13-61 所示。

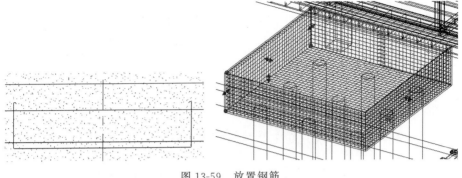

图 13-59　放置钢筋

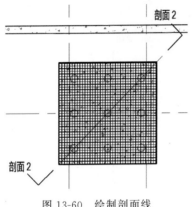

图 13-60　绘制剖面线

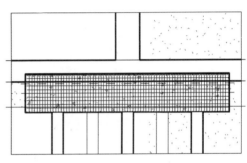

图 13-61　自动生成的剖面视图

（22）单击"结构"选项卡"钢筋"面板中的"钢筋"按钮 ，打开"修改│放置钢筋"选项卡，单击"绘制钢筋"按钮 ，选取"桩基承台-9 根柱"放置钢筋的主体。

（23）打开"修改│创建钢筋草图"选项卡，在"属性"选项板中更改起点的弯钩和终点的弯钩为"标准-135 度"，为钢筋添加弯钩，单击"绘制"面板中的"线"按钮 ，绘制如图 13-62 所示的钢筋草图。

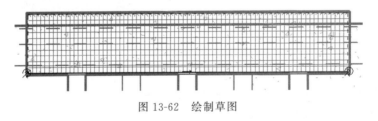

图 13-62　绘制草图

（24）单击"模式"面板中的"完成编辑模式"按钮 ，完成钢筋的绘制，如图 13-63 所示。

（25）单击"修改"选项卡"修改"面板中的"阵列"按钮 ，选取上步绘制的钢筋作为阵列对象，按 Enter 键确认。打开"修改│结构钢筋"选项卡和选项栏，在选项栏中单击"线性"按钮 ，取消选中"成组并关联"复选框，输入项目数为 5，选取移动到"第二个"选项，如图 13-64 所示。捕捉承台中心为阵列起点，垂直于钢筋移动鼠标，输入数字 40 作为阵列距离，阵列结果如图 13-65 所示。

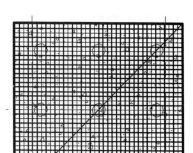

图 13-63 绘制钢筋

图 13-64 选项栏

（26）从图 13-65 中可以看出阵列后的钢筋超出了承台边界，下面对阵列后的钢筋进行编辑。选取阵列后的任意一个钢筋，这里选取最外侧钢筋并双击，打开如图 13-66 所示的"转到视图"对话框，选取"剖面：剖面 2"视图，单击"打开视图"按钮，打开剖面 2 视图和"修改|编辑钢筋草图"选项卡，视图上显示钢筋保护层边界，如图 13-67 所示。

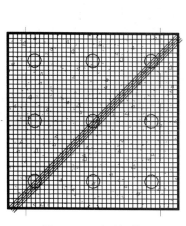

图 13-65 阵列钢筋

图 13-66 "转到视图"对话框

（27）选取视图中的钢筋草图，拖动线的控制点，调整线的长度，使其位于钢筋保护层范围内，如图 13-68 所示。单击"模式"面板中的"完成编辑模式"按钮 ✔，完成钢筋的编辑。

（28）采用相同的方法，编辑阵列后的其他三根钢筋草图，使其位于承台内，结果如图 13-69 所示。

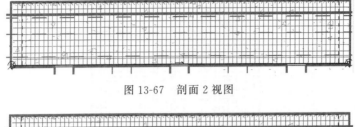

图 13-67　剖面 2 视图

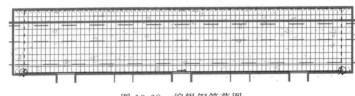

图 13-68　编辑钢筋草图

（29）单击"修改"选项卡"修改"面板中的"镜像-拾取轴"按钮，按住 Ctrl 键选取最大斜钢筋下方的钢筋为镜像对象，按 Enter 键确认，然后选取最大斜钢筋为镜像轴，将斜钢筋进行镜像，如图 13-70 所示。

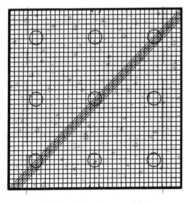

图 13-69　编辑钢筋

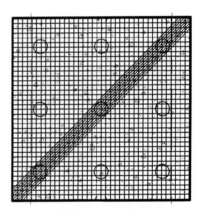

图 13-70　镜像钢筋

（30）单击"修改"选项卡"修改"面板中的"旋转"按钮，按住 Ctrl 键选取所有的斜钢筋，按 Enter 键确认，打开"修改|结构钢筋"选项卡和选项栏。在选项栏中选中"复制"复选框，输入角度为 90，如图 13-71 所示，按 Enter 键完成旋转操作，结果如图 13-72 所示。

图 13-71　选项栏

（31）从图中可以看出钢筋离承台外侧太近，即钢筋保护层厚度不符合要求。为此，单击"结构"选项卡"钢筋"面板中的"保护层"按钮，打开如图 13-73 所示的选项栏。

（32）单击"拾取图元"按钮，在视图中选取如图 13-72 所示的承台。

（33）单击"编辑保护层设置"按钮，打开"钢筋保护层设置"对话框，单击"添加"按钮，在对话框中添加保护层，输入说明为"承台"，设置保护层厚度为 60mm，如图 13-75 所示，单击"确定"按钮。

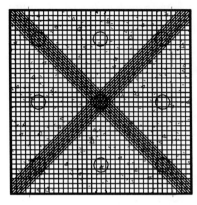
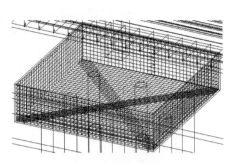

图 13-72 旋转复制钢筋

图 13-73 选项栏

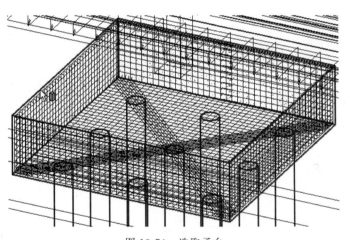

图 13-74 选取承台

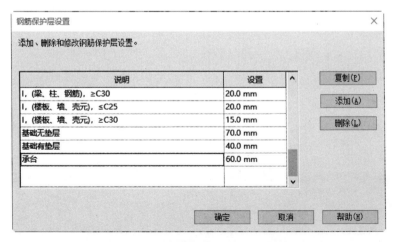

图 13-75 "钢筋保护层设置"对话框

（34）在选项栏的"保护层设置"下拉列表框中选择上步创建的承台"60mm"保护层，按 Esc 键退出命令，更改保护层后的承台如图 13-76 所示。

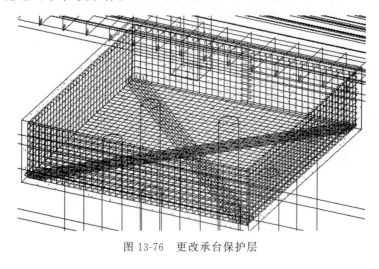

图 13-76　更改承台保护层

13.5　钢　筋　接　头

13.5.1　放置钢筋接头

（1）接上一节的文件，首先在梁上绘制两条直径为 10 的钢筋，如图 13-77 所示。

图 13-77　绘制钢筋

（2）单击"结构"选项卡"钢筋"面板中的"钢筋接头"按钮 ▣，打开"修改|插入钢筋接头"选项卡，如图 13-78 所示。系统默认激活"放置在钢筋末端"按钮 ▣。

图 13-78　"修改|插入钢筋接头"选项卡

（3）在"属性"选项板中选择所需的钢筋接头类型，接头尺寸必须与钢筋尺寸匹配才能进行连接，所以这里选择头部锚固接头 HA10，如图 13-79 所示。

（4）选取钢筋，在钢筋的末端放置接头，如图 13-80 所示。

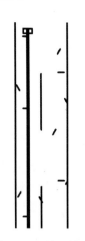

图 13-79　"属性"选项板　　　　　图 13-80　放置接头

（5）单击"修改｜插入钢筋接头"选项卡"放置选项"面板中的"放置在两个钢筋之间"按钮 ▭▭▭。

（6）在"属性"选项板中选择所需的钢筋接头类型，接头尺寸必须与钢筋尺寸匹配才能进行连接，所以这里选择"标准接头 CPL10"，如图 13-81 所示。

（7）在视图中选取第一根钢筋，然后选取第二根钢筋，在两根钢筋之间放置接头，如图 13-82 所示。

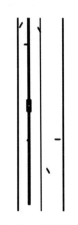

图 13-81　"属性"选项板　　　　　图 13-82　双钢筋接头

☎ 注意：在两钢筋之间放置接头时，应选择两个有效的钢筋。选择的第二根钢筋将根据需要重新定位和缩短，以便放置接头。连接两个钢筋实例的接头，连接的两末端的间隔不得超过 10 倍钢筋直径。不能将钢筋相互偏移至超过 3 倍钢筋直径，如图 13-83 所示。

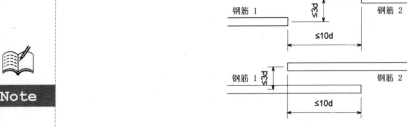

图 13-83 示意图

13.5.2 修改钢筋接头

（1）接上一节的文件，选取钢筋接头，在"属性"选项板中更改接头类型。

（2）单击"编辑类型"按钮 🔡 ，在打开的"类型属性"对话框"尺寸标注"区域，更改"符号宽度"和"符号长度"参数，如图 13-84 所示。

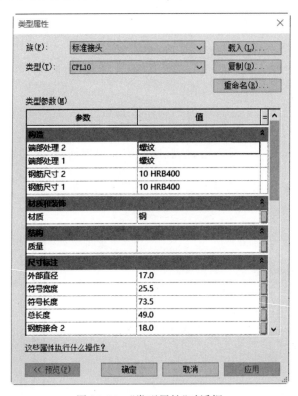

图 13-84 "类型属性"对话框

- ☑ 端部处理 1/2：指定接头主/次端点的端部处理类型，包括无、焊接和螺纹三种类型。
- ☑ 钢筋尺寸 1/2：指定接头主/次端点的钢筋直径。
- ☑ 材质：指定接头使用的材质。
- ☑ 外部直径：指定接头外部曲面的直径。
- ☑ 符号宽度：指定平面视图中接头的符号表示的宽度。

☑ 符号长度：指定平面视图中接头的符号表示的长度。

☑ 总长度：指定接头长度。

☑ 钢筋接合 1/2：指定接头主/次端点的最小接合长度。

（3）拖动钢筋接头，调整钢筋接头的位置，钢筋端部也随之更改，如图 13-85 所示。

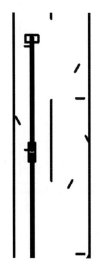

图 13-85　调整接头位置

13.6　钢　筋　网

板和墙的钢筋网，除外围两行钢筋的相交点全部扎牢外，中间部分交叉点可相隔交错扎牢，以保证受力钢筋位置不产生偏移。

钢筋网线用于定义加固钢筋，加固钢筋用于创建钢筋网片。放置后，钢筋将应用于楼板或基础底板的顶部或底部，或墙的内部或外部。

13.6.1　放置钢筋网区域

可以使用绘制工具来定义钢筋网片覆盖区域系统的边界。

（1）打开 12.1.2 节绘制的文件，单击"结构"选项卡"钢筋"面板中的"钢筋网区域"按钮 ，选择楼板、墙或基础底板以接收钢筋网区域。这里选取已经绘制好的楼板为钢筋网区域的放置位置，如图 13-86 所示。

（2）打开如图 13-87 所示的"修改|创建钢筋网边界"选项卡，利用绘制面板上的绘图工具绘制封闭区域，如图 13-88 所示。

📞 注意：平行线符号表示钢筋网区域的主筋方向边缘。钢筋网片中的主要钢筋平行于主筋方向。

（3）选择控件以确定钢筋网片布局的开始/结束边缘。使用这些控件，可以指示钢筋网片对齐和搭接值。应该至少选择两个相邻控件来创建正确的钢筋网片布局。钢筋网片布局会将钢筋网片调整到钢筋网边界，如图 13-89 所示。

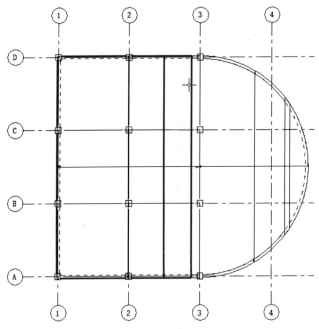

图 13-86　选取楼板

图 13-87　"修改|创建钢筋网边界"选项卡

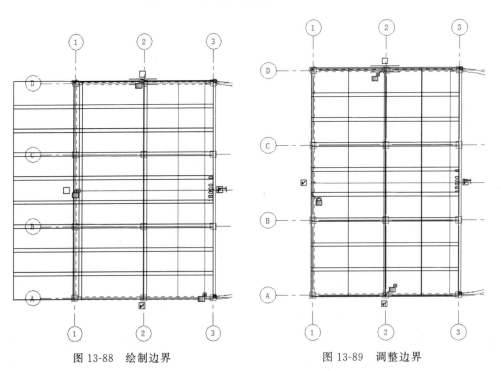

图 13-88　绘制边界　　　　　　　　　图 13-89　调整边界

（4）在"属性"选项板中设置钢筋网片的类型、位置以及搭接接头位置，如图 13-90
所示。

- ☑ 分区：指定钢筋网区域关联所在的分区。
- ☑ 钢筋网片：在其下拉列表框中选择钢筋网片的类型。
- ☑ 位置：指定钢筋网片在主体图元中的位置，如楼板和基础底板的顶部或底部、墙
  的内部或外部。
- ☑ 搭接接头位置：指定主筋或副筋搭接接头位置，包括对齐、主筋中间错开、主筋
  交错、分布筋中间错开或分布筋交错。
  - 对齐：钢筋网片按行和列放置。两个方向上的所有搭接接头都位于同一条
    直线上，如图 13-91 所示。

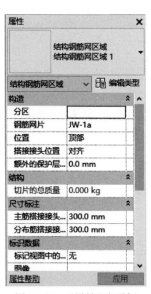

图 13-90 "属性"选项板

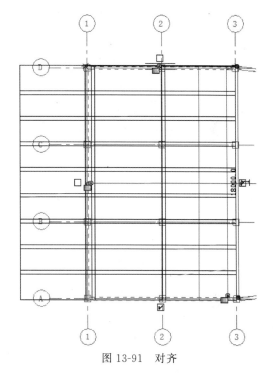

图 13-91 对齐

- 主筋中间错开：钢筋网片按行放置；每隔一行将相对于前一行移动一个钢筋
  网片长度的一半，如图 13-92 所示。
- 主筋交错：钢筋网片按行放置；每行从该行左侧和右侧交替放置的整个钢筋
  网片开始；剪切行中的最后一个钢筋网片，使之适合钢筋网边界，如图 13-93
  所示。
- 分布筋中间错开：钢筋网片按列放置；每隔一行将相对于前一列移动一个钢
  筋网片长度的一半，如图 13-94 所示。
- 分布筋交错：钢筋网片按列放置；每列从该列顶部和底部交替放置的整个钢
  筋网片开始；剪切列中的最后一个钢筋网片，使之适合钢筋网边界，如图 13-95
  所示。
- ☑ 主搭接接头长度：指定主要的搭接拼接长度。

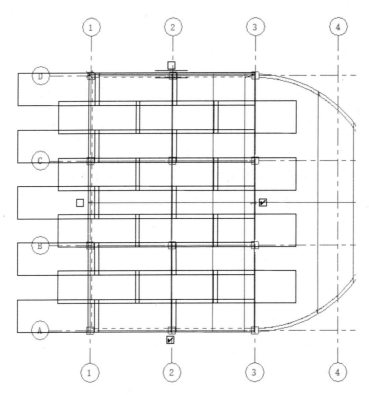

图 13-92　主筋中间错开

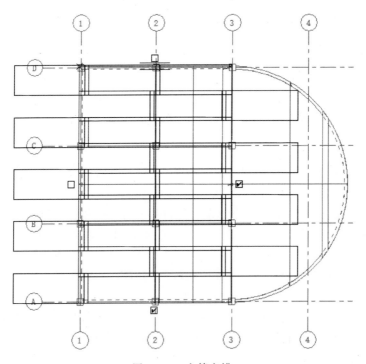

图 13-93　主筋交错

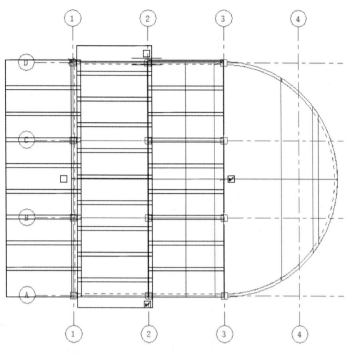

图 13-94 分布筋中间错开

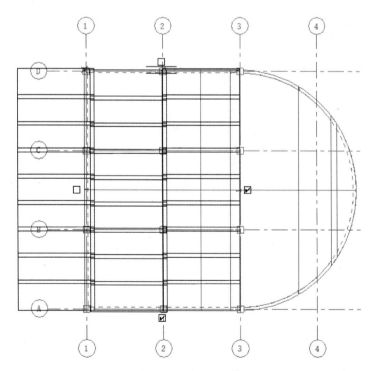

图 13-95 分布筋交错

☑ 副搭接接头长度：指定副搭接拼接长度。

☑ 切片的总质量：计算并显示网片总质量。

☑ 主筋搭接接头长度：显示主筋方向各钢筋网片之间重叠的距离。

☑ 分布筋搭接接头长度：显示副筋方向各钢筋网片之间重叠的距离。

☑ 标记视图中的新成员：指示新钢筋网片的标记和符号在当前视图中的位置。

（5）单击"修改|创建钢筋网边界"选项卡"模式"面板中的"完成编辑模式"按钮 ✔，结果如图 13-96 所示。

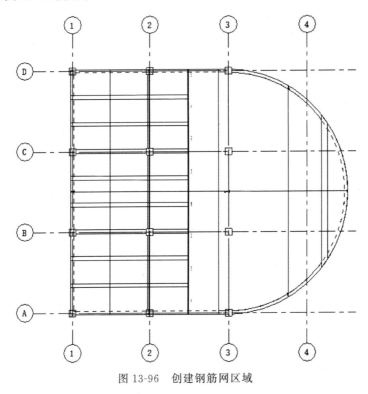

图 13-96　创建钢筋网区域

（6）选取上步创建的钢筋网区域，单击"删除钢筋网系统"按钮 ，区域钢筋网系统将从项目中删除，并将钢筋网片保留在原来位置。

13.6.2　放置钢筋网片

本节放置单个实例的钢筋网片以精确加固混凝土墙或楼板部分。

（1）打开 12.1.2 节绘制的文件，单击"结构"选项卡"钢筋"面板中的"单钢筋网片放置"按钮 ，打开"修改|放置钢筋网片"选项卡，如图 13-97 所示。

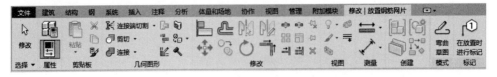

图 13-97　"修改|放置钢筋网片"选项卡

（2）在"属性"选项板中选取钢筋网片的类型，设置放置位置，如图 13-98 所示。

☑ 分区：指定钢筋网片关联所在的分区。若要更改分区，应从下拉列表框中选择或输入新分区的名称。

☑ 位置：显示钢筋网片在主体图元中的位置，如楼层和基础楼板的顶部或底部、墙的内部或外部。

☑ 额外的保护层偏移：显示钢筋网片外表面的额外偏移。

☑ 按主体保护层偏移：选择按主体保护层修剪钢筋网片。取消选中此复选框，可允许钢筋网片超出主体保护层和边。

☑ 舍入替换：为选定的钢筋网片实例指定舍入参数。

（3）在绘图区域中，将光标放置在要加固的结构墙或楼板表面上，显示钢筋网片的轮廓，如图 13-99 所示。

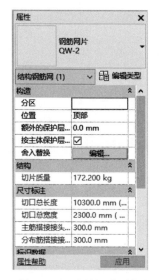

图 13-98　"属性"选项板

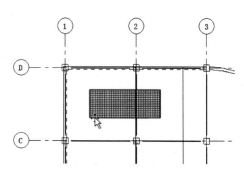

图 13-99　预览钢筋网片

（4）按空格键调整网片的方向，如图 13-100 所示。

（5）在适当的位置单击，放置钢筋网片，结果如图 13-101 所示。

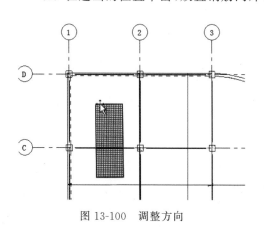

图 13-100　调整方向

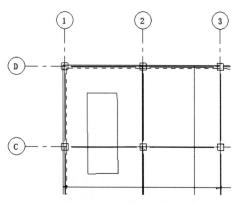

图 13-101　放置钢筋网片

提示：在放置钢筋网片时，它将捕捉到：①主体的钢筋保护层；②其他钢筋网片的边；③其他钢筋网片的搭接接头位置；④其他钢筋网片的中点。

13.6.3 绘制弯钢筋网片

本节将绘制轮廓线以便在有效主体内放置弯钢筋网。

（1）打开上一节绘制的文件，将视图切换至南立面视图。

（2）单击"结构"选项卡"钢筋"面板中的"单钢筋网片放置"按钮，打开"修改|放置钢筋网片"选项卡。

（3）单击"弯曲草图"按钮，选取结构柱作为放置弯曲钢筋网片的主体，如图 13-102 所示。

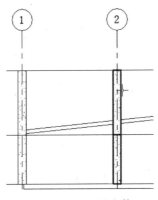

图 13-102 选取主体

（4）打开如图 13-103 所示的"修改|创建弯曲轮廓"选项卡，利用绘图工具绘制如图 13-104 所示的钢筋轮廓。

图 13-103 "修改|创建弯曲轮廓"选项卡

图 13-104 绘制轮廓

（5）在"属性"选项板中设置钢筋网片的类型，这里选取"JW-1a"类型。

注意：应将直线长度限制到与"属性"选项板中的"切口总体"参数一致。切口总长度显示钢筋网片的主筋方向。切口总宽度显示钢筋网片的分布筋方向。虽然可以绘制较长的直线，但钢筋网片仅延伸到相应终点。

（6）单击"模式"面板中的"完成编辑模式"按钮，完成弯曲钢筋网片的绘制，将视图切换至三维视图，观察图形，如图 13-105 所示。

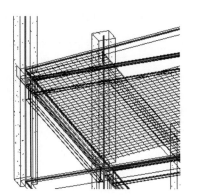

图 13-105　弯曲钢筋网片

13.7　区　域　钢　筋

区域钢筋可在主体中创建多达四个钢筋层。可以创建两个与各个相邻面(楼板和基础底板的顶面和底面、墙的内部面和外部面)相垂直的钢筋层。

13.7.1　放置结构区域钢筋

(1)接上一节绘制的文件,单击"结构"选项卡"钢筋"面板中的"面积"按钮 ▦,选择楼板或墙以接收钢筋网区域。这里选取已经绘制好的楼板为钢筋网区域的放置位置,如图 13-106 所示。

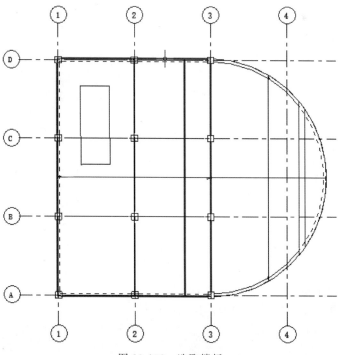

图 13-106　选取楼板

（2）打开如图 13-107 所示 Revit 提示对话框，单击"确定"按钮。

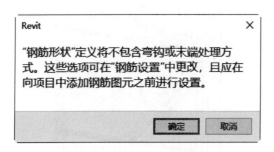

图 13-107   Revit 提示对话框

（3）打开"修改|创建钢筋边界"选项卡，如图 13-108 所示。利用绘图工具绘制封闭的钢筋边界草图，如图 13-109 所示。平行线符号表示区域钢筋的主筋方向边缘。

图 13-108   "修改|创建钢筋边界"选项卡

（4）在"属性"选项板中设置布局规则、主筋类型、弯钩等参数，如图 13-110 所示。

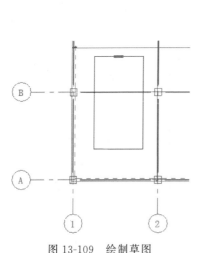

图 13-109   绘制草图

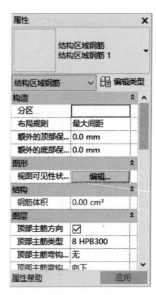

图 13-110   "属性"选项板

☑ 分区：指定钢筋区域关联所在的分区。

☑ 布局规则：指定钢筋布局的类型，包括"最大间距"和"固定数量"。

☑ 额外的顶部保护层偏移：指定与顶部/外部钢筋保护层的附加偏移。允许在不同的区域钢筋层一起放置多个钢筋图元，示意图如图 13-111 所示。

☑ 额外的底部保护层偏移：指定与底部/内部钢筋保护层的附加偏移。允许在不同的区域钢筋层一起放置多个钢筋图元，示意图如图 13-111 所示。

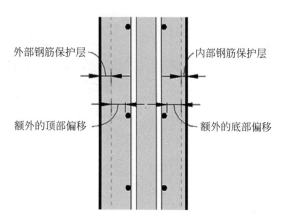

图 13-111　结构区域钢筋示意图

🔒 提示：结构墙的区域钢筋属性被识别为内部或外部，以反映钢筋的垂直方向。结构楼板的属性被识别为顶部或底部，以反映水平方向。

☑ 视图可见性状态：单击"编辑"按钮，打开"钢筋图元可见性状态"对话框，选择要使钢筋可在其中清晰查看的视图（无论采用何种视觉样式）。钢筋将不会被其他图元遮挡，而是显示在所有遮挡图元的前面。

☑ 钢筋体积：计算并显示钢筋体积。

☑ 顶部/底部主筋方向：在该层中创建钢筋，取消选中此复选框，则在该层中禁用钢筋。

☑ 顶部/底部主筋类型：指定在主筋方向上放置的钢筋的类型。

☑ 顶部/底部主筋弯钩类型：指定在主筋方向上放置的钢筋的弯钩类型。

☑ 顶部/底部主筋弯钩方向：指定在主筋方向上放置的钢筋的弯钩方向。

☑ 顶部/底部主筋间距：指定在主筋方向上放置钢筋的间距。

☑ 顶部/底部主筋条数：指定钢筋中钢筋实例的个数。

☑ 顶部/底部分布筋方向：在该层中创建钢筋，取消选中此复选框，则在该层中禁用钢筋。

☑ 顶部/底部分布筋类型：指定在分布筋方向上放置的钢筋的类型。

☑ 顶部/底部分布筋弯钩类型：指定在分布筋方向上放置的钢筋的弯钩类型。

☑ 顶部/底部分布筋弯钩方向：指定在分布筋方向上放置的钢筋的弯钩方向。

☑ 顶部/底部分布筋间距：指定在分布筋方向上放置钢筋的间距。

☑ 顶部/底部分布筋条数：指定钢筋中钢筋实例的个数。

（5）单击"修改|创建钢筋边界"选项卡"模式"面板中的"完成编辑模式"按钮 ✔，结果如图 13-112 所示。Revit 将区域钢筋符号和标记放置在区域钢筋中心的已完成草图上。

（6）将视图切换至三维视图，观察图形，如图 13-113 所示。

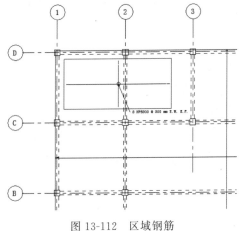

图 13-112　区域钢筋

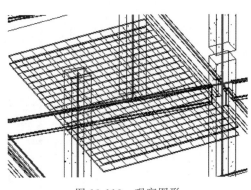

图 13-113　观察图形

13.7.2　放置整个主体区域钢筋

在三维视图中,可以放置跨越主体图元全部范围的钢筋。

(1) 接上一节的文件,将视图切换至三维视图。

(2) 单击"结构"选项卡"钢筋"面板中的"面积"按钮 ⊞,选择楼板或墙以接收钢筋网区域。这里选取已经绘制好的楼板为钢筋网区域的放置位置,如图 13-114 所示。

(3) 打开"修改|创建钢筋边界"选项卡,单击"绘制"面板中的"主筋方向"按钮 ⊪,然后单击"线"按钮 ◢,沿着楼板的上水平边线绘制一条线段,以确定钢筋的方向,如图 13-115 所示。

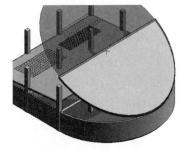

图 13-114　选取墙体

(4) 在"属性"选项板中设置布局规则、主筋类型、弯钩等参数。

(5) 单击"修改|创建钢筋网边界"选项卡"模式"面板中的"完成编辑模式"按钮 ✔,结果如图 13-116 所示。

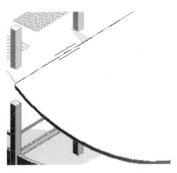

图 13-115　绘制草图

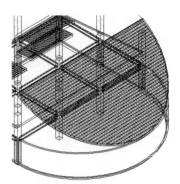

图 13-116　区域钢筋

13.7.3 实例——为楼板和墙体添加配筋

本节接13.4.3节实例继续创建乡间小楼。

（1）在项目浏览器中双击"结构平面"节点下的"1层"，将视图切换至1层结构平面视图。

（2）单击"结构"选项卡"钢筋"面板中的"面积"按钮▦，选择如图13-117所示的550mm厚的混凝土楼板放置钢筋。

13-3

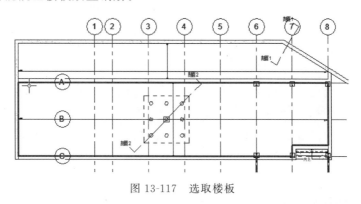

图13-117 选取楼板

（3）打开"修改│创建钢筋边界"选项卡，单击"绘制"面板中的"线"按钮，绘制如图13-118所示的钢筋边界。

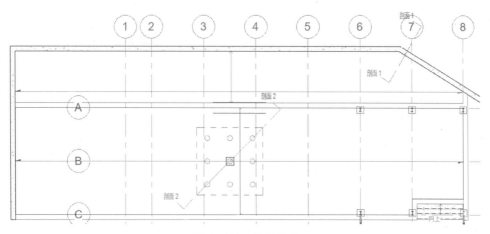

图13-118 绘制边界

（4）在"属性"选项板中设置布局规则为"最大间距"，额外的顶部保护层偏移和额外的底部保护层偏移为0，设置顶部主筋类型、顶部分布筋类型、底部主筋类型、底部分布筋类型为8 HPB300，设置顶部主筋间距、顶部分布筋间距、底部主筋间距、底部分布筋间距为300mm，其他采用默认设置，如图13-119所示。

（5）单击"属性"选项板"视图可见性状态"栏中的"编辑"按钮 ▨编辑…▨ ，打开"钢筋图元视图可见性状态"对话框，选中结构平面1层栏中"清晰的视图"复选框，其他采用默认设置，如图13-120所示。单击"确定"按钮，使钢筋在1层结构楼层中可见。

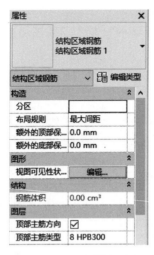
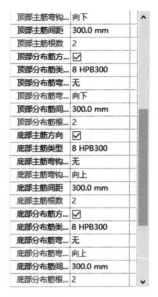

图 13-119　"属性"选项板

图 13-120　"钢筋图元视图可见性状态"对话框

（6）单击"修改|创建钢筋边界"选项卡"模式"面板中的"完成编辑模式"按钮 ✔️，完成卫生间处楼板钢筋网的创建，如图 13-121 所示。

（7）在项目浏览器中双击"三维视图"节点下的 3D，将视图切换至 3D 视图。

（8）单击"结构"选项卡"钢筋"面板中的"面积"按钮 ▦，选择如图 13-122 所示的墙体放置钢筋。

（9）打开"修改|创建钢筋边界"选项卡，单击"绘制"面板中的"主筋方向"按钮 ⊞，然后单击"线"按钮 ⟋，沿着墙体的上边线绘制一条线段，以确定钢筋的方向，如图 13-123 所示。

Note

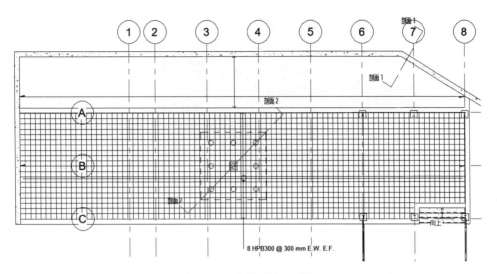

图 13-121 添加楼板钢筋网

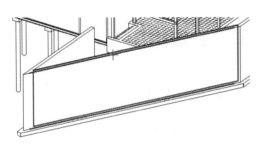

图 13-122 选取墙体

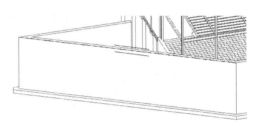

图 13-123 绘制主筋方向草图

（10）在"属性"选项板中设置布局规则为"最大间距"，额外的顶部保护层偏移和额外的底部保护层偏移为 0，设置顶部主筋类型、顶部分布筋类型、底部主筋类型、底部分布筋类型为 8 HPB300，设置顶部主筋间距、顶部分布筋间距、底部主筋间距、底部分布筋间距为 300mm，其他采用默认设置。

（11）单击"修改|创建钢筋网边界"选项卡"模式"面板中的"完成编辑模式"按钮，结果如图 13-124 所示。

（12）采用相同的方法，对其他墙体和楼板添加区域钢筋网，如图 13-125 所示。

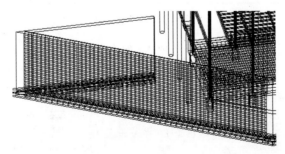

图 13-124 添加墙钢筋网

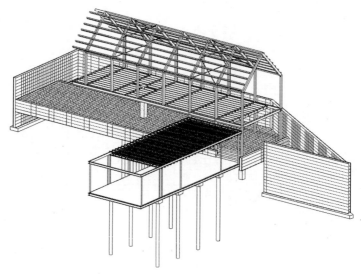

图 13-125　添加钢筋网

13.8　路 径 钢 筋

13.8.1　放置路径钢筋

　　路径钢筋中的钢筋具有相同长度,但彼此不平行。该钢筋与用户指定的边界相垂直。

　　(1) 打开 13.7.3 节绘制的文件,单击"结构"选项卡"钢筋"面板中的"路径"按钮,选取有效钢筋主体图元放置路径钢筋。这里选取已经绘制好的墙体为路径钢筋的放置位置,如图 13-126 所示。

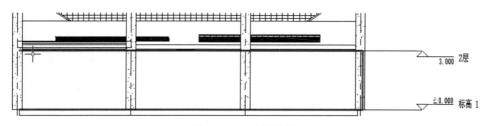

图 13-126　选取墙体

　　(2) 打开"修改|创建钢筋路径"选项卡,如图 13-127 所示。利用绘图工具绘制路径,要确保不会形成闭合环,按 Esc 键退出绘制,结果如图 13-128 所示。

图 13-127　"修改|创建钢筋路径"选项卡

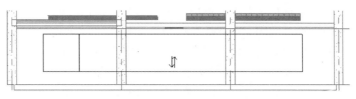

图 13-128 绘制路径

（3）在"属性"选项板中设置布局规则,钢筋间距,主筋和分布筋的类型、长度、形状等参数,如图 13-129 所示。

☑ 分区：指定钢筋区域关联所在的分区。

☑ 布局规则：指定钢筋布局的类型,包括"最大间距"和"固定数量"。

☑ 附加的偏移：指定与钢筋保护层的附加偏移。允许在不同的路径钢筋层一起放置多个钢筋图元,如图 13-130 所示。

图 13-129 "属性"选项板

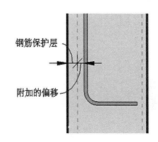

图 13-130 附加的偏移示意图

☑ 视图可见性状态：单击"编辑"按钮,打开"钢筋图元可见性状态"对话框,选择要使钢筋可在其中清晰查看的视图（无论采用何种视觉样式）。钢筋将不会被其他图元遮挡,而是显示在所有遮挡图元的前面。

☑ 钢筋体积：计算并显示钢筋体积。

☑ 面：指定面对正方式,包括顶部和底部对正。

☑ 钢筋间距：指定在主筋方向上放置钢筋的间距。

☑ 钢筋数：指定钢筋中钢筋实例的个数。

☑ 主筋/分布筋-类型：指定钢筋的类型。

☑ 主筋/分布筋-长度：指定钢筋的长度。

☑ 主筋/分布筋-形状：指定路径钢筋系统使用的主钢筋形状。可用的形状是单个线段或那些具有相互垂直的线段的形状。

☑ 主筋/分布筋-起点弯钩类型：指定弯钩类型和路径钢筋的起点角度。

☑ 主筋/分布筋-终点弯钩类型：指定弯钩类型和路径钢筋的终点角度。

☑ 主筋/分布筋-弯钩方向：指定钢筋弯钩的方向为向上或向下。

☑ 分布筋：选中此复选框，启用分布筋类型。

（4）单击"修改｜创建钢筋路径"选项卡"模式"面板中的"完成编辑模式"按钮 ✔，结果如图 13-131 所示。

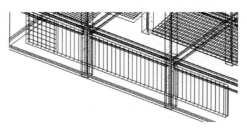

图 13-131　路径钢筋

13.8.2　编辑路径钢筋

（1）选取上节创建的路径钢筋，在"属性"选项板中更改面为"内部"，结果如图 13-132 所示。

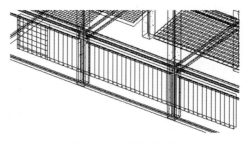

图 13-132　更改面层

（2）选取路径钢筋，打开"修改｜结构路径钢筋"选项卡，如图 13-133 所示，单击"编辑路径"按钮 ，打开"修改｜结构路径钢筋>编辑路径"选项卡。

图 13-133　"修改｜结构路径钢筋"选项卡

（3）在视图中单击"翻转路径钢筋"按钮 ，使钢筋延伸到路径的对侧，如图 13-134 所示。

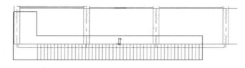

图 13-134　翻转路径

（4）调整路径的长度和移动路径位置，如图 13-135 所示。

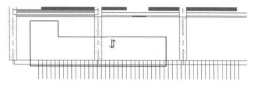

图 13-135　更改路径

（5）单击"修改|结构路径钢筋>编辑路径"选项卡"模式"面板中的"完成编辑模式"按钮 ，结果如图 13-136 所示。

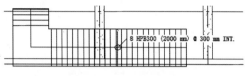

图 13-136　路径钢筋

（6）选取路径钢筋，打开"修改|结构路径钢筋"选项卡，单击"删除路径系统"按钮 ，路径钢筋系统将从项目中删除，并将结构钢筋保留在原来位置，如图 13-137 所示。同时打开"修改|结构钢筋"选项卡，对结构钢筋进行编辑。

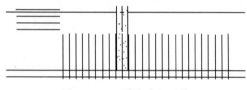

图 13-137　删除路径系统

本篇通过介绍某医院办公楼结构设计综合实例，使读者加深对Autodesk Revit Structure 2020功能的理解。

第3篇　综合案例篇

- ◆ 医院办公楼总体布局
- ◆ 医院办公楼基础
- ◆ 创建医院办公楼梁结构
- ◆ 创建医院办公楼楼板

第 14 章

医院办公楼总体布局

在前几章中介绍了结构设计的基本过程,从本章开始将介绍医院办公楼建筑结构设计的内容,同时,详细讲解在 Revit 中通过链接 CAD 图纸来进行结构设计,使读者在逐步了解设计过程的同时,掌握结构模型的绘制方法及过程。

首先创建标高,然后根据导入的图纸绘制轴网和柱,最后为柱添加配筋。

14.1 工程概况

(1) 工程名称:某医院办公楼。

(2) 建筑类别:本建筑为二类多层建筑,建筑耐久年限为 50 年。

(3) 抗震设防烈度:6 度;抗震等级:框架 4 级。

(4) 建筑耐火等级:二级。

(5) 结构形式:本工程为砖砌体结构。

(6) 本工程内地面标高为±0.000,相当于绝对标高。

(7) 本工程荷载取值除表 14-1 外,其余均按《建筑结构荷载规范》(GB 50009—2012)标准取值。

(8) 本工程采用天然地基,根据地质钻探资料,基础埋置在黏土层,其承载力特征值为 160kPa。本工程采用桩基础,对于各类型基础,若施工时发现实际地质情况与设计不符,请通知设计人员共同研究。

表 14-1　建筑结构荷载规范

部　　位	房间	楼梯	阳台	会议室	资料室	档案库	厨房、卫生间	天面
楼面均布活荷载标准值/(kN/m²)	2.0	2.5	2.5	2.0	2.5	5.0	2.5	2

（9）本工程采用商品混凝土，混凝土强度等级见表 14-2。

表 14-2　混凝土强度等级

层次	柱、剪力墙	梁、楼板、楼梯	地下室壁板	地下室地板	层次	基础	梁，楼板	备注
	C20	C20				C25		

（10）本工程结构构件的钢材为 HPB235 级 $f_y=210\text{N/mm}^2$；HRB335 级 $f_y=300\text{N/mm}^2$。框架梁柱箍筋及受扭箍筋弯勾应为 $135°$，末端直线长度为 $1d$，如果没有特别说明，结构构件主筋保护层厚度按表 14-3 选用。

表 14-3　结构构件主筋保护层厚度　　　　　　　　　　　mm

位　　置	地　　　　下				地　　　　上			
构件名称	墙、板内侧	墙、板外测	梁、柱内侧	梁、柱外侧	板	墙	梁	柱
保护层厚度		40	40	40	20		30	30

（11）本工程不留施工缝，对于肋形楼盖，当沿着次梁的方向浇灌混凝土时，施工缝应留在次梁跨度的中间三分之一范围内；当沿垂直于次梁的方向浇灌时，施工缝应留在主梁同时亦为板跨度中央四分之二的范围内。当浇灌平板楼盖时，施工缝应平行于板的短边。

14.2　创建标高

14-1

具体操作步骤如下：

（1）在主页中单击“模型”面板中的“新建”按钮 📖 新建…，打开“新建项目”对话框，在“样板文件”下拉列表框中选择“结构样板”，如图 14-1 所示。单击“确定”按钮，新建一结构项目文件，系统自动切换视图到“结构平面：标高 2”。

（2）在项目浏览器中双击“立面”节点下的“东”，将视图切换到东立面视图。

（3）单击“建筑”选项卡“基础”面板中的“标高”按钮 ↴，绘制标高线，如图 14-2 所示。

图 14-1 "新建项目"对话框

图 14-2 绘制标高线

（4）选取标高线，更改标高线之间的尺寸值或直接更改标头上的数值，结果如图 14-3 所示。

图 14-3 更改标高尺寸

（5）双击标高标头上的名称，输入新名称，打开"确认标高重命名"对话框，单击"是"按钮，更改相应的视图名称，结果如图 14-4 所示。

（6）选取"基础"标高线，在"属性"选项板中选择"标高 下标头"类型，更改其标头的类型，如图 14-5 所示。

图 14-4　更改标高名称

图 14-5　更改标头类型

14.3　创建轴网

14-2

具体操作步骤如下：

（1）在项目浏览器中双击"结构平面"节点下的"1层"，将视图切换到1层结构平面视图。

（2）单击"插入"选项卡"导入"面板中的"导入CAD"按钮 ，打开"导入CAD格式"对话框，选择"基础平面图"，设置定位为"自动-原点到原点"，放置于"1层"，选中"定向到视图"复选框，设置导入单位为"毫米"，其他采用默认设置，如图14-6所示。单击"打开"按钮，导入CAD图纸。

（3）移动立面索引符号的位置，使其位于图纸的四周，如图14-7所示。导入的图纸是锁定的，用户无法移动或删除该对象，需要解锁后才能进行移动或删除。

图 14-6　"导入 CAD 格式"对话框

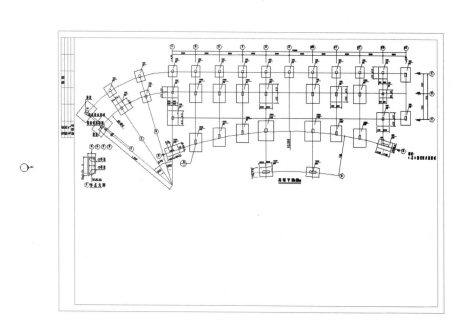

图 14-7　导入 CAD 图纸

Note

（4）单击"建筑"选项卡"基准"面板中的"轴网"按钮 ，打开"修改|放置 轴网"选项卡和选项栏，单击"拾取线"按钮 。

（5）在"属性"选项板中选择"轴网 6.5mm 编号"类型，单击"编辑类型"按钮 ，打开"类型属性"对话框，选中"平面视图轴号端点 1（默认）"复选框，设置轴线末端颜色为红色，其他采用默认设置，如图 14-8 所示，单击"确定"按钮。

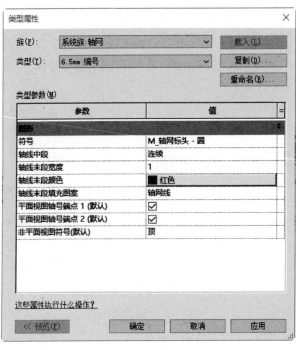

图 14-8　"类型属性"对话框

（6）在绘图区中先拾取 CAD 图纸中的斜轴线和竖直轴线，然后再拾取 CAD 图纸中的圆弧轴线和水平轴线，双击圆弧轴线和水平轴线编号，更改编号为英文字母，调整轴线的长度，取消或选中轴编号的显示，暂时将 CAD 图纸隐藏（选取 CAD 图纸，在打开的选项卡"在视图中隐藏" 下拉列表中利用"隐藏图元"按钮 ，隐藏 CAD 图纸），绘制轴网如图 14-9 所示。

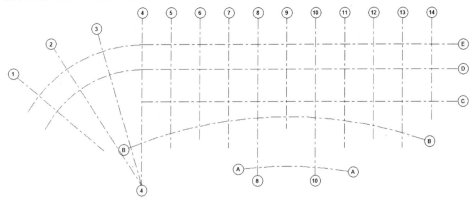

图 14-9　绘制轴网

（7）选取图中所有轴线，单击"修改|轴网"选项卡"基准"面板中的"影响范围"按钮 ，打开"影响基准范围"对话框，选择视图，如图 14-10 所示。单击"确定"按钮，将调整好的轴网应用到视图。

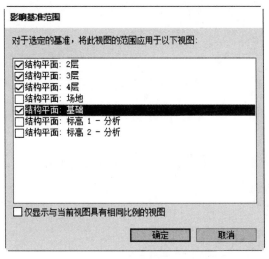

图 14-10　"影响基准范围"对话框

14.4　结　构　柱

14.4.1　布置柱

具体操作步骤如下：

（1）单击"结构"选项卡"结构"面板中的"柱"按钮 ，打开"修改|放置 结构柱"选项卡和选项栏，设置高度：4 层。

（2）在"属性"选项板中选择"混凝土-矩形-柱 300×450mm"类型，单击"编辑类型"按钮 ，打开"类型属性"对话框，新建"300×400mm"类型，输入 b 为 300，h 为 400，其他采用默认设置，如图 14-11 所示。单击"确定"按钮，完成"混凝土-矩形-柱 300×400mm"类型的创建。

（3）在"属性"选项板的"结构材质"栏中单击，显示 按钮并单击它，打开"材质浏览器"对话框，选择"混凝土，现场浇注-C25"材质，单击"表面填充图案"组"前景"栏图案右侧的区域，打开"填充样式"对话框。选择"＜实体填充＞"填充图案，如图 14-12 所示。单击"确定"按钮，返回"材质浏览器"对话框，其他采用默认设置，如图 14-13 所示。单击"确定"按钮，完成柱材质的设置。

（4）在轴线交点处放置柱，如图 14-14 所示。（为了使图更加清晰和直观，本章中的图都是隐藏 CAD 图纸的。）

（5）单击"修改"选项卡"修改"面板中的"旋转"按钮 和"对齐"按钮 ，调整轴线 1～4 上的柱位置，如图 14-15 所示。

14-3

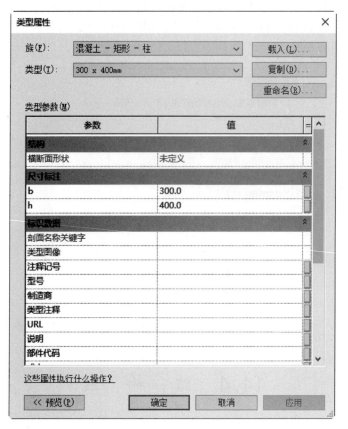

图 14-11 "类型属性"对话框

图 14-12 "填充样式"对话框

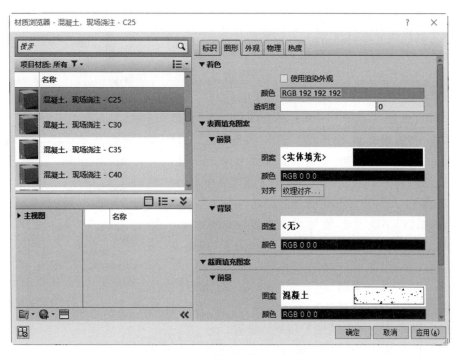

图 14-13　"材质浏览器"对话框

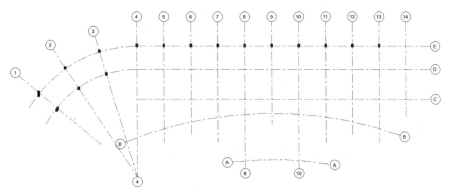

图 14-14　放置 300×400mm 柱

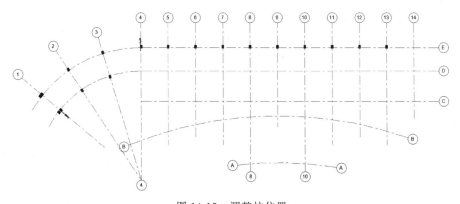

图 14-15　调整柱位置

（6）按住 Ctrl 键，选取图形中所有结构柱，在"属性"选项板中设置底部标高为"基础"，底部偏移为 500，顶部标高为"4 层"，顶部偏移为 0，其他采用默认设置，如图 14-16 所示。其中最外侧的两根临时柱的顶部标高为 1 层。

（7）单击"结构"选项卡"结构"面板中的"柱"按钮 ⬚，打开"修改|放置 结构柱"选项卡和选项栏。在"属性"选项板中单击"编辑类型"按钮 ⬚，打开"类型属性"对话框，新建"300×550mm"类型，输入 b 为 300，h 为 550，其他采用默认设置，如图 14-17 所示。单击"确定"按钮，完成"混凝土-矩形-柱 300×550mm"类型的创建。

（8）根据 CAD 图纸，在轴网上布置 300×550mm 类型的柱，然后利用"对齐"命令调整柱的位置，如图 14-18 所示。

（9）选取上步布置的 300×550mm 柱，在"属性"选项板中设置底部标高为"基础"，底部偏移为 500，顶部标高为"4 层"，顶部偏移为 0，其他采用默认设置。

图 14-16　"属性"选项板

（10）单击"结构"选项卡"结构"面板中的"柱"按钮 ⬚，在"属性"选项板中单击"编辑类型"按钮 ⬚，打开"类型属性"对话框，新建"300×300mm"类型，输入 b 为 300，h 为 300，其他采用默认设置。单击"确定"按钮，完成"混凝土-矩形-柱 300×300mm"类

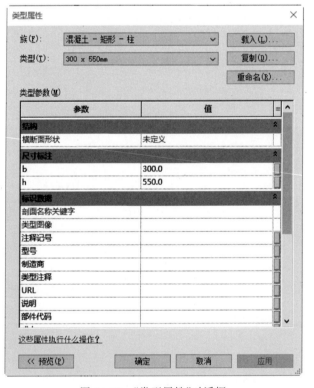

图 14-17　"类型属性"对话框

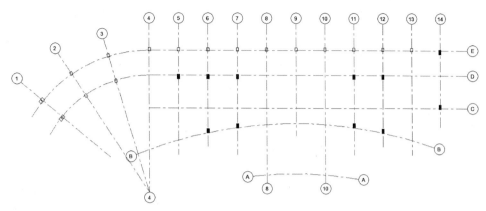

图 14-18　放置 300×550mm 柱

型的创建。

（11）根据 CAD 图纸，在轴网上布置 300×300mm 类型的柱，然后利用"对齐"命令，调整柱的位置，如图 14-19 所示。

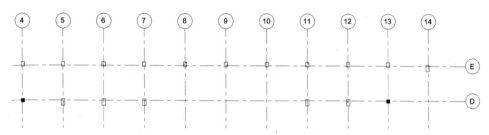

图 14-19　放置 300×300mm 柱

（12）选取轴线 4 和 D 交点上布置的 300×300mm 柱，在"属性"选项板中更改底部标高为"基础"，底部偏移为 500，顶部标高为"4 层"，顶部偏移为 0，其他采用默认设置；然后选取轴线 13 和 D 交点上布置的 300×300mm 柱，在"属性"选项板中更改底部标高为"基础"，底部偏移为 500，顶部标高为"2 层"，顶部偏移为 0，其他采用默认设置。

（13）单击"结构"选项卡"结构"面板中的"柱"按钮 🗍，在"属性"选项板中选择"300×450mm"类型。根据 CAD 图纸，在轴线 4 和轴线 C 的交点上布置 300×450mm 类型的柱，然后利用"对齐"命令调整柱的位置，如图 14-20 所示。

（14）选取上步布置的 300×450mm 柱，在"属性"选项板中设置底部标高为"基础"，底部偏移为 500，顶部标高为"4 层"，顶部偏移为 0，其他采用默认设置。

（15）单击"结构"选项卡"结构"面板中的"柱"按钮 🗍，打开"修改｜放置 结构柱"选项卡和选项栏。在"属性"选项板中单击"编辑类型"按钮 🔡，打开"类型属性"对话框，新建"400×500mm"类型，输入 b 为 400，h 为 500，其他采用默认设置。单击"确定"按钮，完成"混凝土-矩形-柱 400×500mm"类型的创建。

（16）根据 CAD 图纸，在轴网上布置 400×500mm 类型的柱，然后利用"对齐"命令调整柱的位置，如图 14-21 所示。

（17）选取上步布置的 400×500mm 柱，在"属性"选项板中设置底部标高为"基础"，底部偏移为 500，顶部标高为"4 层"，顶部偏移为 0，其他采用默认设置。

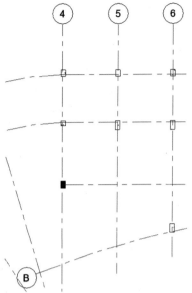

图 14-20　放置 300×450mm 柱

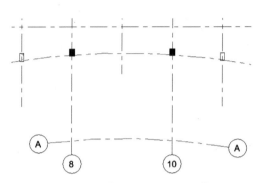

图 14-21　放置 400×500mm 柱

　　(18) 单击"结构"选项卡"结构"面板中的"柱"按钮🗌，打开"修改│放置 结构柱"选项卡和选项栏。在"属性"选项板中单击"编辑类型"按钮🔡，打开"类型属性"对话框，新建"300×350mm"类型，输入 b 为 300，h 为 350，其他采用默认设置。单击"确定"按钮，完成"混凝土-矩形-柱 300×350mm"类型的创建。

　　(19) 根据 CAD 图纸，在轴网上布置 300×350mm 类型的柱，然后利用"对齐"命令调整柱的位置，如图 14-22 所示。

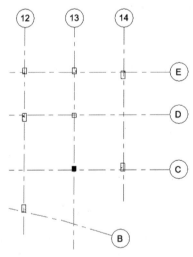

图 14-22　放置 300×350mm 柱

　　(20) 选取上步布置的 300×350mm 柱，在"属性"选项板中设置底部标高为"基础"，底部偏移为 500，顶部标高为"4 层"，顶部偏移为 0，其他采用默认设置。

　　(21) 单击"结构"选项卡"结构"面板中的"柱"按钮🗌，打开"修改│放置 结构柱"选项卡和选项栏。在"属性"选项板中单击"编辑类型"按钮，打开"类型属性"对话框，新建"300×600mm"类型，输入 b 为 300，h 为 600，其他采用默认设置。单击"确定"按钮，完成"混凝土-矩形-柱 300×600mm"类型的创建。

（22）根据 CAD 图纸，在轴网上布置 300×600mm 类型的柱，然后利用"对齐"命令调整柱的位置，如图 14-23 所示。

（23）选取上步布置的 300×600mm 柱，在"属性"选项板中设置底部标高为"基础"，底部偏移为 500，顶部标高为"4 层"，顶部偏移为 0，其他采用默认设置。

（24）单击"结构"选项卡"结构"面板中的"柱"按钮，打开"修改|放置 结构柱"选项卡和选项栏。在"属性"选项板中单击"编辑类型"按钮，打开"类型属性"对话框，新建"300×500mm"类型，输入 b 为 300，h 为 500，其他采用默认设置。单击"确定"按钮，完成"混凝土-矩形-柱 300×500mm"类型的创建。

（25）根据 CAD 图纸，在轴网上布置 300×500mm 类型的柱，然后利用"对齐"命令调整柱的位置，如图 14-24 所示。

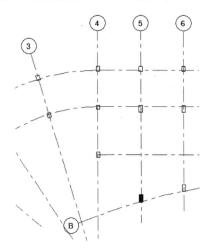

图 14-23　放置 300×600mm 柱

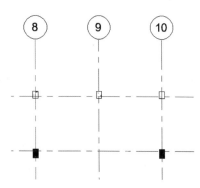

图 14-24　放置 300×500mm 柱

（26）选取上步布置的 300×500mm 柱，在"属性"选项板中设置底部标高为"基础"，底部偏移为 500，顶部标高为"4 层"，顶部偏移为 0，其他采用默认设置。

（27）单击"结构"选项卡"结构"面板中的"柱"按钮，打开"修改|放置 结构柱"选项卡和选项栏。在"属性"选项板中单击"编辑类型"按钮，打开"类型属性"对话框，新建"300×750mm"类型，输入 b 为 300，h 为 750，其他采用默认设置。单击"确定"按钮，完成"混凝土-矩形-柱 300×750mm"类型的创建。

（28）根据 CAD 图纸，在"选项"栏中选中"放置后旋转"复选框，在轴网上布置 300×750mm 类型的柱，然后利用"对齐"命令调整柱的位置，如图 14-25 所示。

（29）选取上步布置的 300×750mm 柱，在"属性"选项板中设置底部标高为"基础"，底部偏移为 500，顶部标高为"4 层"，顶部偏移为 0，其他采用默认设置。

（30）单击"结构"选项卡"结构"面板中的"柱"按钮，打开"修改|放置 结构柱"选项卡和选项栏。在"属性"选项板中单击"编辑类型"按钮，打开"类型属性"对话框，

新建"300×1200mm"类型,输入 b 为 300,h 为 1200,其他采用默认设置。单击"确定"按钮,完成"混凝土-矩形-柱 300×1200mm"类型的创建。

(31) 根据 CAD 图纸,在"选项"栏中选中"放置后旋转"复选框,在轴网上布置 300×1200mm 类型的柱,然后利用"对齐"命令调整柱的位置,如图 14-26 所示。

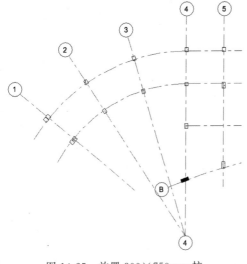

图 14-25　放置 300×750mm 柱

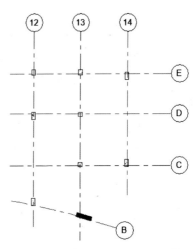

图 14-26　放置 300×1200mm 柱

(32) 选取上步布置的 300×1200mm 柱,在"属性"选项板中设置底部标高为"基础",底部偏移为 500,顶部标高为"4 层",顶部偏移为 0,其他采用默认设置。

(33) 单击"结构"选项卡"结构"面板中的"柱"按钮 ⃞,打开"修改|放置 结构柱"选项卡和选项栏。在"属性"选项板中单击"编辑类型"按钮 ⃞,打开"类型属性"对话框,新建"360×1000mm"类型,输入 b 为 360,h 为 1000,其他采用默认设置。单击"确定"按钮,完成"混凝土-矩形-柱 360×1000mm"类型的创建。

(34) 根据 CAD 图纸,在"选项"栏中选中"放置后旋转"复选框,在轴网上布置 360×1000mm 类型的柱,然后利用"对齐"命令调整柱的位置,如图 14-27 所示。

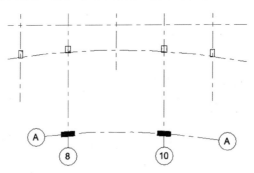

图 14-27　放置 360×1000mm 柱

(35) 选取上步布置的 360×1000mm 柱,在"属性"选项板中设置底部标高为"基础",底部偏移为 500,顶部标高为"2 层",顶部偏移为 0,其他采用默认设置。

(36) 单击"结构"选项卡"结构"面板中的"柱"按钮 ⃞,打开"修改|放置 结构柱"选

Note

项卡和选项栏。在"属性"选项板中单击"编辑类型"按钮 ，打开"类型属性"对话框，新建"200×360mm"类型，输入 b 为 200，h 为 360，其他采用默认设置。单击"确定"按钮，完成"混凝土-矩形-柱 200×360mm"类型的创建。

（37）根据 CAD 图纸，在"选项"栏中选中"放置后旋转"复选框，在轴网上布置 200×360mm 类型的柱，然后利用"对齐"命令调整柱的位置，如图 14-28 所示。

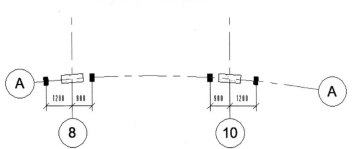

图 14-28　放置 200×360mm 柱

（38）选取上步布置的外侧的两根 200×360mm 柱，在"属性"选项板中设置底部标高为"1 层"，底部偏移为 0，顶部标高为"2 层"，顶部偏移为 0，其他采用默认设置。内侧的两根 200×360mm 柱采用默认设置。

（39）单击"结构"选项卡"结构"面板中的"柱"按钮 ⚏，打开"修改|放置 结构柱"选项卡和选项栏。在"属性"选项板中单击"编辑类型"按钮 ⚏，打开"类型属性"对话框，新建"180×180mm"类型，输入 b 为 180，h 为 180，其他采用默认设置。单击"确定"按钮，完成"混凝土-矩形-柱 180×180mm"类型的创建。

（40）在轴网上布置 180×180mm 类型的柱，具体位置尺寸如图 14-29 所示。

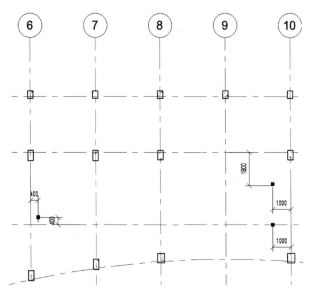

图 14-29　放置 180×180mm 柱

（41）单击"结构"选项卡"结构"面板中的"柱"按钮 ⚏，打开"修改|放置 结构柱"选项卡和选项栏。在"属性"选项板中单击"编辑类型"按钮 ⚏，打开"类型属性"对话框，

Note

新建"200×200mm"类型,输入 b 为 200,h 为 200,其他采用默认设置。单击"确定"按钮,完成"混凝土-矩形-柱 200×200mm"类型的创建。

(42) 在选项栏中设置"深度:基础",根据轴网,布置 200×200mm 类型的柱,具体位置尺寸如图 14-30 所示。

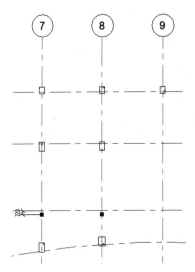

图 14-30　放置 200×200mm 柱

(43) 单击"插入"选项卡"导入"面板中的"导入 CAD"按钮，打开"导入 CAD 格式"对话框,选择"2 层板钢筋图",设置定位为"自动-原点到原点",放置于"1 层",选中"定向到视图"复选框,设置导入单位为"毫米",其他采用默认设置,如图 14-31 所示。单击"打开"按钮,导入 CAD 图纸,如图 14-32 所示。

图 14-31　"导入 CAD 格式"对话框

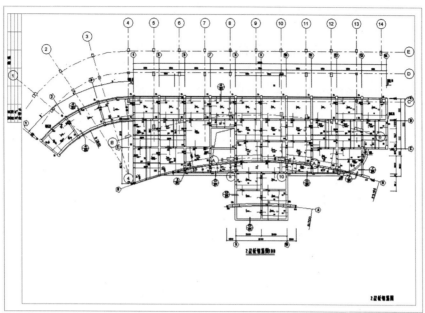

图 14-32 导入 CAD 图纸

（44）选取上步导入的图纸,单击"修改|2层板钢筋图"选项卡"修改"面板中的"解锁"按钮,对图纸进行解锁。

（45）单击"修改"选项卡"修改"面板中的"对齐"按钮 ,在模型中单击 6 轴线,然后单击链接的 CAD 图纸中的 6 轴线,将 6 轴线对齐；接着在模型中单击 B 轴线,然后单击链接的 CAD 图纸中的 B 轴线,将 B 轴线对齐,此时,CAD 文件与建筑模型重合,如图 14-33 所示。

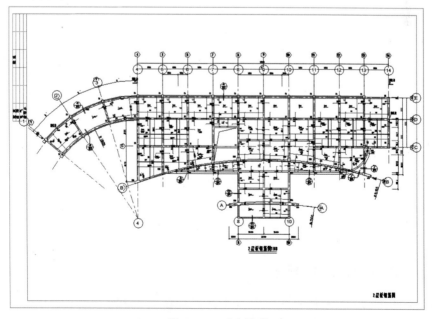

图 14-33 对齐图形

（46）单击"修改"选项卡"修改"面板中的"锁定"按钮 ，选择 CAD 图纸，将其锁定。

（47）单击"结构"选项卡"结构"面板中的"柱"按钮 ，打开"修改|放置 结构柱"选项卡和选项栏。在"属性"选项板中选择"180×180mm"类型，在选项栏中设置高度："4 层"，根据 CAD 图纸布置 180×180mm 的结构柱，如图 14-34 所示。

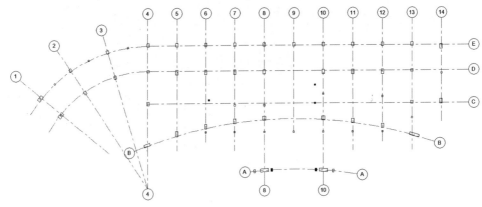

图 14-34　布置 180×180mm 结构柱

（48）单击"结构"选项卡"结构"面板中的"柱"按钮 ，打开"修改|放置 结构柱"选项卡和选项栏。在"属性"选项板中选择"200×200mm"类型，在选项栏中设置高度："3 层"，根据轴网，根据 CAD 图纸布置 200×200mm 的结构柱，如图 14-35 所示。

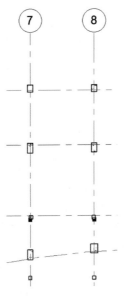

图 14-35　布置 200×200mm 结构柱

14.4.2　为结构柱添加配筋

结构柱内配筋需要经过计算得到，一般是需要通过 PKPM 等结构分析软件对整个房子的荷载进行计算，得到柱子的轴力、弯矩以及剪力的受力特性，根据其受力的大小，来进行合适的配筋。

具体操作步骤如下：

（1）单击"结构"选项卡"钢筋"面板中的"钢筋设置"按钮 🔧，打开"钢筋设置"对话框，选中"在区域和路径钢筋中启用结构钢筋"和"在钢筋形状定义中包含弯钩"复选框，如图 14-36 所示。

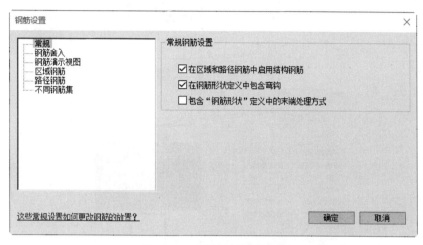

图 14-36 "钢筋设置"对话框

（2）单击"结构"选项卡"钢筋"面板中的"钢筋"按钮 📦，打开如图 14-37 所示的 Revit 提示对话框，单击"确定"按钮。

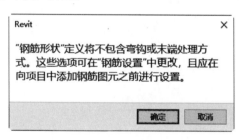

图 14-37 Revit 提示对话框

（3）打开"修改|放置钢筋"选项卡，单击"当前工作平面"按钮 🔲 和"平行于工作平面"按钮 🔲。

（4）在"属性"选项板中选择"钢筋 8 HRB335"类型，设置布局规则为"最大间距"，输入间距为 200，在"造型"栏下拉列表框中选择 33 或者在钢筋形状浏览器中选取"钢筋形状：33"，如图 14-38 所示。

（5）在大截面结构柱上放置钢筋，结果如图 14-39 所示。

（6）在项目浏览器的"结构平面"节点下双击"2 层"，将视图切换至 2 层结构平面视图。

（7）在"属性"选项板中选择"钢筋 6 HRB335"类型，设置布局规则为"最大间距"，输入间距为 200，在"造型"栏下拉列表框中选择 33 或者在钢筋形状浏览器中选取"钢筋形状：33"，如图 14-38 所示。

（8）在 180×180mm 和 200×200mm 的结构柱上放置钢筋。

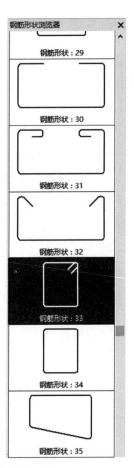

图 14-38　选取钢筋形状

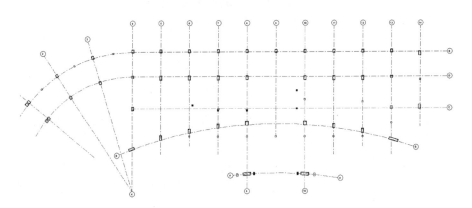

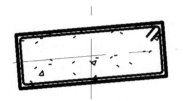

图 14-39　放置箍筋

（9）将视图切换至1层结构平面视图，单击"结构"选项卡"钢筋"面板中的"钢筋"按钮 ，在"属性"选项板中选择"钢筋6 HRB335"类型，设置布局规则为"最大间距"，输入间距为150，在"造型"栏下拉列表框中选择33或者在钢筋形状浏览器中选取"钢筋形状：33"。在300×1200mm结构柱上放置钢筋。

（10）在"属性"选项板中选择"钢筋8 HRB335"类型，设置布局规则为"最大间距"，输入间距为150，在"造型"栏下拉列表框中选择02或者在钢筋形状浏览器中选取"钢筋形状：02"，如图14-40所示。

图14-40　选取钢筋类型

（11）在300×1200mm的结构柱上放置如图14-41所示的02形状钢筋。

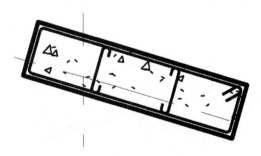

图14-41　布置02形状钢筋

Note

（12）单击"结构"选项卡"钢筋"面板中的"钢筋"按钮 ，打开"修改|放置钢筋"选项卡，单击"当前工作平面"按钮 和"垂直于保护层"按钮 。

（13）在"属性"选项板中选择"钢筋16 HRB335"类型，设置布局规则为"单根"，在"造型"栏下拉列表框中选择01或者在钢筋形状浏览器中选取"钢筋形状：01"，如图14-42所示。

图14-42　选取钢筋形状

（14）在300×1200mm结构柱上放置13根通长筋，在其他结构柱的四个角上放置通长筋，结果如图14-43所示。

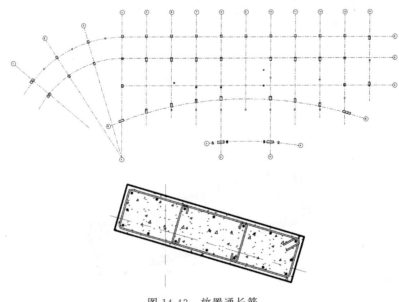

图14-43　放置通长筋

（15）在"属性"选项板中选择"钢筋14 HRB335"类型，设置布局规则为"单根"，在"造型"栏下拉列表框中选择01或者在钢筋形状浏览器中选取"钢筋形状：01"。

（16）在 180×180mm 和 200×200mm 结构柱上放置通长筋，结果如图14-44所示。

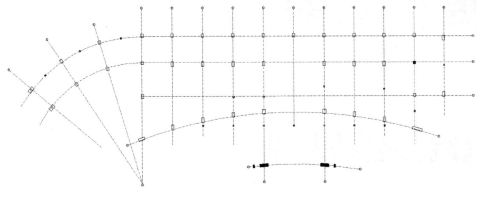

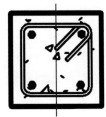

图 14-44　放置通长筋

第15章

医院办公楼基础

本章主要介绍医院办公楼基础的绘制过程,首先绘制"独立基础-四阶"族文件,然后根据CAD图纸布置独立基础,最后对基础进行配筋。通过本章的学习,读者可以逐步了解并掌握绘制基础的操作方法及过程。

15.1 绘制独立基础——四阶

15-1

具体操作步骤如下:

(1) 在主页中单击"族"→"新建"或者单击"文件"→"新建"→"族"菜单命令,打开"新族-选择样板文件"对话框,选择"公制结构基础.rft"为样板族,单击"打开"按钮进入族编辑器。

(2) 单击"创建"选项卡"基准"面板中的"参照平面"按钮 ▨ ,绘制水平参照平面和竖直参照平面,如图15-1所示。

(3) 单击"测量"面板中的"对齐尺寸标注"按钮 ✐ ,标注等分尺寸、长度和宽度尺寸,如图15-2所示。

(4) 选取水平尺寸1300,在"尺寸标注"选项卡的"标签"下拉列表框中选择"长度",选取竖直尺寸1700,在"标签"下拉列表框中选择"宽度",结果如图15-3所示。

(5) 单击"创建"选项卡"形状"面板中的"拉伸"按钮 ▤ ,打开"修改|创建拉伸"选项卡,单击"绘制"面板中的"矩形"按钮 ▢ ,沿着参照平面绘制轮廓线。单击"创建或删除长度或对齐约束"图标 ▣ ,将轮廓线与参照平面锁定,如图15-4所示。

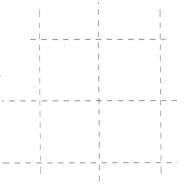

图 15-1 绘制参照平面

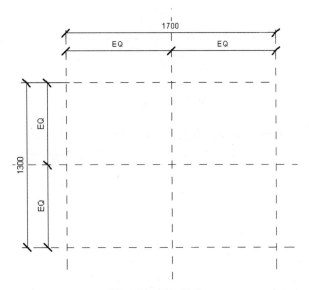

图 15-2 标注尺寸

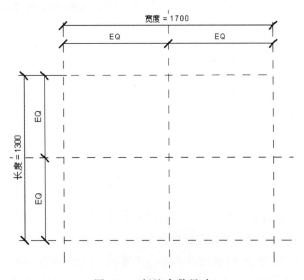

图 15-3 标注参数尺寸

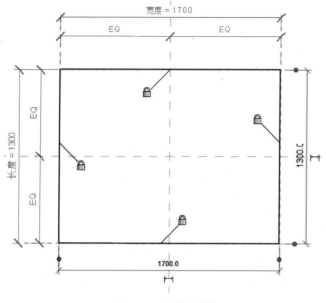

图 15-4　绘制轮廓线

（6）在"属性"选项板中设置拉伸起点为 0，拉伸终点为 500，如图 15-5 所示。

（7）单击"属性"选项板"材质"栏右侧的"关联族参数"按钮▉，打开"关联族参数"对话框，选择"结构材质"，如图 15-6 所示，单击"确定"按钮。

图 15-5　"属性"选项板

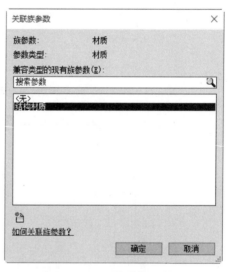

图 15-6　"关联族参数"对话框

（8）单击"修改|创建拉伸"选项卡"属性"面板中的"族类型"按钮▉，打开如图 15-7 所示的"族类型"对话框。单击"结构材质"栏中的▉按钮，打开"材质浏览器"对话框，如图 15-8 所示。选择"混凝土-现场浇注混凝土"材质，单击"表面填充图案"组"前景"中图案右侧区域，打开"填充样式"对话框，如图 15-9 所示。选择"混凝土"填充图案，采用

默认设置,连续单击"确定"按钮。

图 15-7 "族类型"对话框

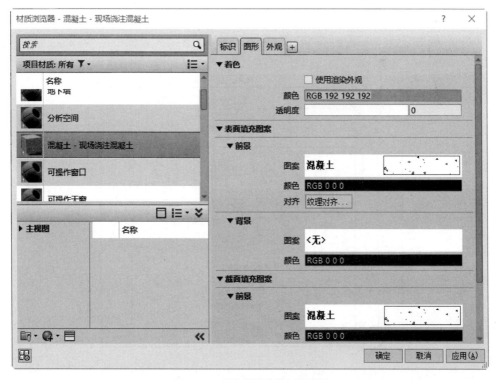

图 15-8 "材质浏览器"对话框

（9）单击"模式"面板中的"完成编辑模式"按钮 ✔，完成拉伸体的创建，如图 15-10 所示。在"属性"选项板"用于模型行为"栏的下拉列表框中选择混凝土。

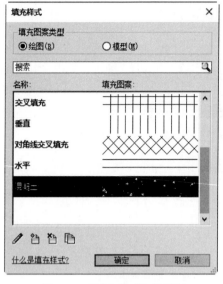

图 15-9　"填充样式"对话框

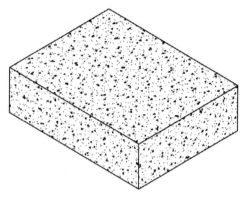

图 15-10　拉伸体 1

（10）单击"创建"选项卡"基准"面板中的"参照平面"按钮 📐，绘制水平参照平面和竖直参照平面。单击"测量"面板中的"对齐尺寸标注"按钮 ↗，标注参数尺寸，如图 15-11 所示。

（11）单击"创建"选项卡"形状"面板"空心形状"下拉列表框中的"空心拉伸"按钮

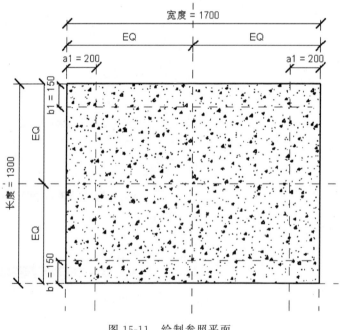

图 15-11　绘制参照平面

📖,打开"修改 | 创建空心拉伸"选项卡。单击"绘制"面板中的"矩形"按钮▭,沿着第一个拉伸体边线和参照平面绘制轮廓线。单击"创建或删除长度或对齐约束"图标🔒,将轮廓线分别与拉伸体边线和参照平面锁定,如图 15-12 所示。

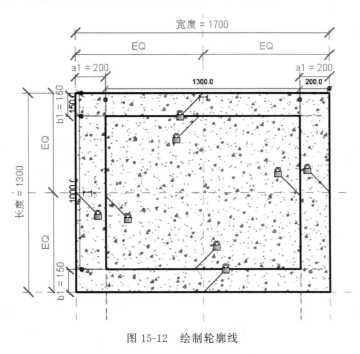

图 15-12　绘制轮廓线

（12）在"属性"选项板中设置拉伸起点为 125,拉伸终点为 500,如图 15-13 所示。单击"模式"面板中的"完成编辑模式"按钮✔,完成拉伸体的创建,如图 15-14 所示。

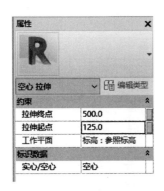

图 15-13　"属性"选项板

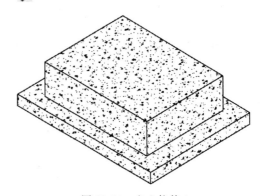

图 15-14　空心拉伸 1

（13）采用相同的方法,创建空心拉伸,如图 15-15 所示。

（14）在项目浏览器的"立面"节点下双击"前",将视图切换到前立面视图。单击"测量"面板中的"对齐尺寸标注"按钮↗,标注参数尺寸,如图 15-16 所示。

（15）单击"修改 | 创建拉伸"选项卡"属性"面板中的"族类型"按钮📇,打开"族类型"对话框,在"基础厚度"栏的公式中输入"h1＋h2＋h3＋h4",并选中"锁定"复选框,如图 15-17 所示,单击"确定"按钮。

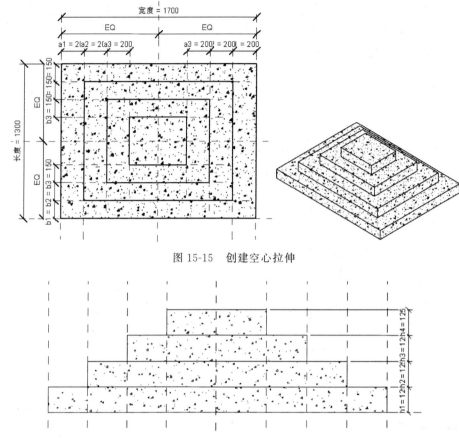

图 15-15　创建空心拉伸

图 15-16　标注参数尺寸

参数	值	公式	锁定
a1	200.0	=	☑
a2	200.0	=	☑
a3	200.0	=	☑
b1	150.0	=	☑
b2	150.2	=	☑
b3	150.0	=	☑
h1	125.0	=	☑
h2	125.0	=	☑
h3	125.0	=	☑
h4	125.0	=	☑
基础厚度	500.0	=h1 + h2 + h3 + h4	☑
长度	1300.0	=	☑
宽度	1700.0	=	☑
标识数据			

图 15-17　"族类型"对话框

Note

15-2

（16）单击"快速访问"工具栏中的"保存"按钮 ，打开"另存为"对话框，输入文件名为"独立基础-四阶"，单击"保存"按钮，保存族文件。

15.2　布置独立基础

具体操作步骤如下：

（1）在项目浏览器中双击"结构平面"节点下的"基础"，将视图切换到基础结构平面视图。

（2）单击"结构"选项卡"基础"面板中的"独立"按钮 ，打开"修改|放置 独立基础"选项卡。

（3）单击"模式"面板中的"载入族"按钮 ，打开"载入族"对话框，选择上一节创建的"独立基础-四阶.rfa"族文件，如图 15-18 所示。单击"打开"按钮，打开族文件。

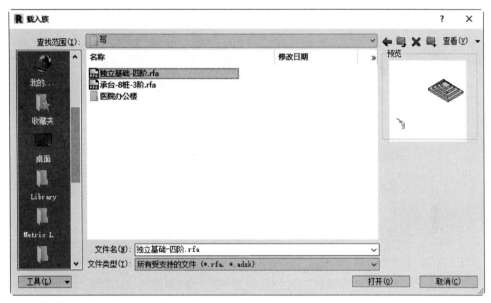

图 15-18　"载入族"对话框

（4）在"修改|放置 独立基础"选项卡中单击"在柱处"按钮 ，打开"修改|放置 独立基础>在结构柱处"选项卡，如图 15-19 所示。

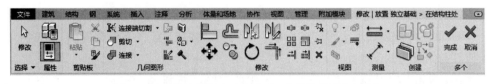

图 15-19　"修改|放置 独立基础>在结构柱处"选项卡

（5）按住 Ctrl 键选取柱，将"独立基础-四阶"布置在如图 15-20 所示的柱下端。单击"完成"按钮 ，完成"独立基础-四阶"的布置。

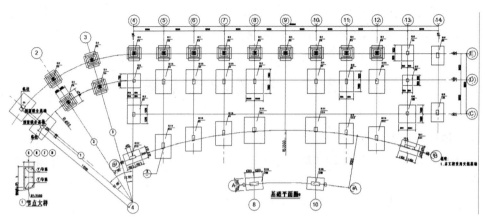

图 15-20　布置"独立基础-四阶"

（6）单击"修改"选项卡"修改"面板中的"旋转"按钮 ○，将上步布置的基础进行旋转，使其与图纸上的基础重合，如图 15-21 所示。

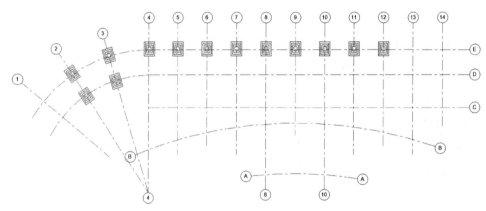

图 15-21　旋转基础

（7）单击"结构"选项卡"基础"面板中的"独立"按钮 ，在"属性"选项板中单击"编辑类型"按钮 ，打开"类型属性"对话框，新建"独立基础-四阶 ZJ13"类型，更改长度为1900，宽度为 2750，a1 为 400，a2 和 a3 为 300，b1 为 300，b2 和 b3 为 200，其他采用默认设置，如图 15-22 所示。单击"确定"按钮。

（8）在"修改|放置 独立基础"选项卡中单击"在柱处"按钮 ，打开"修改|放置 独立基础>在结构柱处"选项卡，按住 Ctrl 键选取柱，将"独立基础-四阶 ZJ13"布置在如图 15-23 所示的柱下端。单击"完成"按钮 ，完成"独立基础-四阶 ZJ13"的布置。

（9）单击"修改"选项卡"修改"面板中的"旋转"按钮 ○，将上步布置的基础进行旋转，使其与图纸上的基础重合，如图 15-24 所示。

（10）单击"结构"选项卡"基础"面板中的"独立"按钮 ，在"属性"选项板中单击"编辑类型"按钮 ，打开"类型属性"对话框，新建"独立基础-四阶 ZJ9"类型，更改长度为 1500，宽度为 2150，a1 为 300，a2 为 250，a3 为 200，b1 和 b2 为 200，b3 为 150，其他采用默认设置，如图 15-25 所示。单击"确定"按钮。

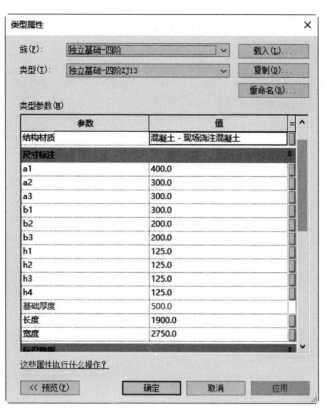

图 15-22 "类型属性"对话框

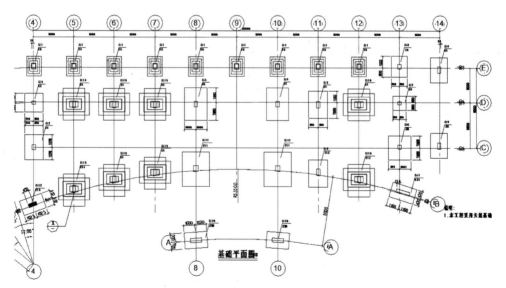

图 15-23 布置"独立基础-四阶 ZJ13"

(11) 在"修改 | 放置 独立基础"选项卡中单击"在柱处"按钮 ，打开"修改 | 放置 独立基础>在结构柱处"选项卡，按住 Ctrl 键选取柱，将"独立基础-四阶 ZJ9"布置在如图 15-26 所示的柱下端。单击"完成"按钮 ，完成"独立基础-四阶 ZJ9"的布置。

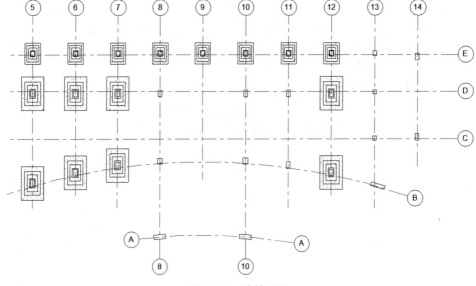

图 15-24　旋转基础

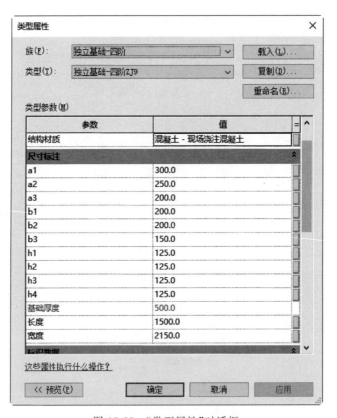

图 15-25　"类型属性"对话框

（12）单击"修改"选项卡"修改"面板中的"旋转"按钮 ↻，将上步布置的基础进行旋转，使其与图纸上的基础重合，如图 15-27 所示。

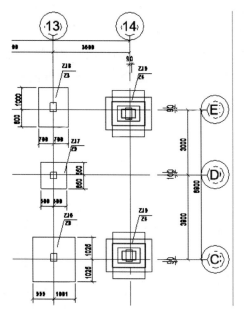

图 15-26 布置"独立基础-四阶 ZJ9"

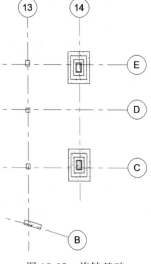

图 15-27 旋转基础

（13）单击"结构"选项卡"基础"面板中的"独立"按钮 ，在"属性"选项板中单击"编辑类型"按钮 ，打开"类型属性"对话框，新建"独立基础-四阶 ZJ4"类型，更改长度为 2000，宽度为 2800，a1 为 400，a2 为 350，a3 为 300，b1 为 300，b2 为 250，b3 为 200，其他采用默认设置，如图 15-28 所示。单击"确定"按钮。

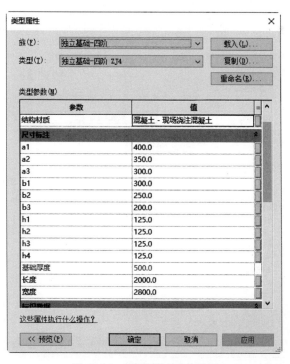

图 15-28 "类型属性"对话框

（14）在"修改|放置 独立基础"选项卡中单击"在柱处"按钮，打开"修改|放置 独立基础>在结构柱处"选项卡，按住 Ctrl 键选取柱，将"独立基础-四阶 ZJ4"布置在如图 15-29 所示的柱下端。单击"完成"按钮，完成"独立基础-四阶 ZJ4"的布置。

（15）单击"修改"选项卡"修改"面板中的"旋转"按钮，将上步布置的基础进行旋转，使其与图纸上的基础重合，如图 15-30 所示。

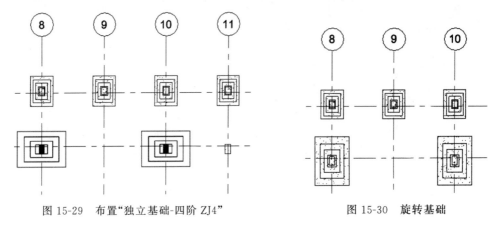

图 15-29　布置"独立基础-四阶 ZJ4"　　　　图 15-30　旋转基础

（16）单击"结构"选项卡"基础"面板中的"独立"按钮，在"属性"选项板中单击"编辑类型"按钮，打开"类型属性"对话框，新建"独立基础-四阶 ZJ11"类型，更改长度为 2400，宽度为 3000，a1 为 400，a2 和 a3 为 350，b1 和 b2 为 300，b3 为 250，其他采用默认设置，如图 15-31 所示。单击"确定"按钮。

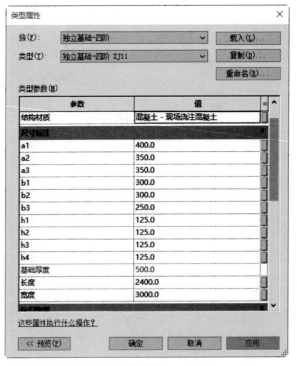

图 15-31　"类型属性"对话框

（17）在"修改|放置 独立基础"选项卡中单击"在柱处"按钮，打开"修改|放置 独立基础>在结构柱处"选项卡，按住 Ctrl 键选取柱，将"独立基础-四阶 ZJ11"布置在如图 15-32 所示的柱下端。单击"完成"按钮，完成"独立基础-四阶 ZJ11"的布置。

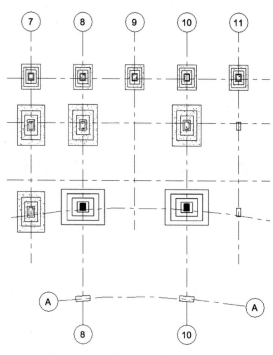

图 15-32　布置"独立基础-四阶 ZJ11"

（18）单击"修改"选项卡"修改"面板中的"旋转"按钮，将上步布置的基础进行旋转，使其与图纸上的基础重合，如图 15-33 所示。

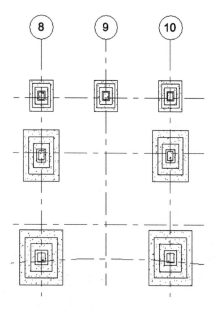

图 15-33　旋转基础

Note

（19）单击"结构"选项卡"基础"面板中的"独立"按钮 ，在"属性"选项板中单击"编辑类型"按钮 ，打开"类型属性"对话框，新建"独立基础-四阶 ZJ10"类型，更改长度为 1400，宽度为 2000，a1、a2、a3 为 150，b1、b2、b3 为 150，其他采用默认设置，如图 15-34 所示。单击"确定"按钮。

图 15-34　"类型属性"对话框

（20）在"修改|放置 独立基础"选项卡中单击"在柱处"按钮 ，打开"修改|放置 独立基础>在结构柱处"选项卡，按住 Ctrl 键选取柱，将"独立基础-四阶 ZJ10"布置在如图 15-35 所示的柱下端。单击"完成"按钮 ，完成"独立基础-四阶 ZJ10"的布置。

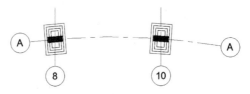

图 15-35　布置"独立基础-四阶 ZJ10"

（21）单击"修改"选项卡"修改"面板中的"旋转"按钮 ，将上步布置的基础进行旋转，使其与图纸上的基础重合，如图 15-36 所示。

（22）单击"结构"选项卡"基础"面板中的"独立"按钮 ，在"属性"选项板中单击"编辑类型"按钮 ，打开"类型属性"对话框，新建"独立基础-四阶 ZJ12"类型，更改长度为 1300，宽度为 2050，a1、a2、a3 为 200，b1、b2、b3 为 150，其他采用默认设置，如图 15-37 所示。单击"确定"按钮。

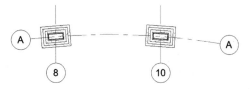

图 15-36 旋转基础

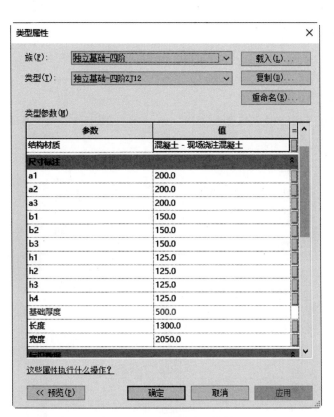

图 15-37 "类型属性"对话框

（23）在"修改 | 放置 独立基础"选项卡中单击"在柱处"按钮 ，打开"修改 | 放置 独立基础>在结构柱处"选项卡，将"独立基础-四阶 ZJ12"布置在如图 15-38 所示的柱下端。单击"完成"按钮 ，完成"独立基础-四阶 ZJ12"的布置。

（24）单击"修改"选项卡"修改"面板中的"旋转"按钮 ，将上步布置的基础进行旋转，旋转角度为 90°，如图 15-39 所示。

（25）单击"结构"选项卡"基础"面板中的"独立"按钮 ，在"属性"选项板中单击"编辑类型"按钮 ，打开"类型属性"对话框，新建"独立基础-四阶 QZJ"类型，更改长度为 1300，宽度为 2200，a1、a2、a3 为 150，b1、b2、b3 为 150，其他采用默认设置，如图 15-40 所示。单击"确定"按钮。

（26）在"修改 | 放置 独立基础"选项卡中单击"在柱处"按钮 ，打开"修改 | 放置 独立基础>在结构柱处"选项卡，将"独立基础-四阶 QZJ"布置在如图 15-41 所示的柱下端。单击"完成"按钮 ，完成"独立基础-四阶 QZJ"的布置。

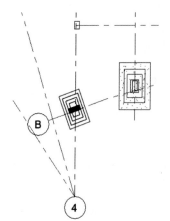

图 15-38　布置"独立基础-四阶 ZJ12"

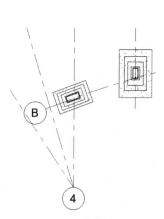

图 15-39　旋转基础

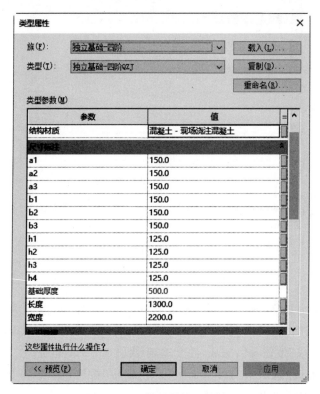

图 15-40　"类型属性"对话框

（27）单击"修改"选项卡"修改"面板中的"旋转"按钮 ↻，将上步布置的基础进行旋转，旋转角度为 90°，如图 15-42 所示。

（28）单击"结构"选项卡"基础"面板中的"独立"按钮 ↧，在"属性"选项板中单击"编辑类型"按钮 ⊞，打开"类型属性"对话框，新建"独立基础-四阶 ZJ8"类型，更改长度为 1800，宽度为 1400，a1、a2、a3 为 150，b1、b2、b3 为 200，其他采用默认设置，如图 15-43 所示。单击"确定"按钮。

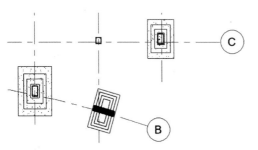

图 15-41 布置"独立基础-四阶 QZJ"

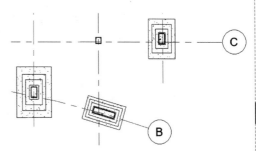

图 15-42 旋转基础

Note

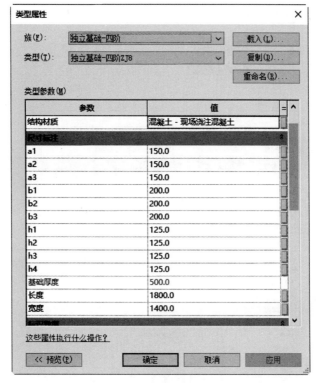

图 15-43 "类型属性"对话框

（29）在"修改 | 放置 独立基础"选项卡中单击"在柱处"按钮 ，打开"修改 | 放置 独立基础>在结构柱处"选项卡，将"独立基础-四阶 ZJ8"布置在如图 15-44 所示的柱下端。单击"完成"按钮 ，完成"独立基础-四阶 ZJ8"的布置。

（30）单击"结构"选项卡"基础"面板中的"独立"按钮 ，在"属性"选项板中单击"编辑类型"按钮 ，打开"类型属性"对话框，新建"独立基础-四阶 ZJ7"类型，更改长度为 1200，宽度为 1200，a1 为 150，a2 和 a3 为 120，b1 为 150，b2 和 b3 为 120，其他采用默认设置，如图 15-45 所示。单击"确定"按钮。

（31）在"修改 | 放置 独立基础"选项卡中单击"在柱处"按钮 ，打开"修改 | 放置 独立基础>在结构柱处"选项卡，将"独立基础-四阶 ZJ7"布置在如图 15-46 所示的柱下端。单击"完成"按钮 ，完成"独立基础-四阶 ZJ7"的布置。

Note

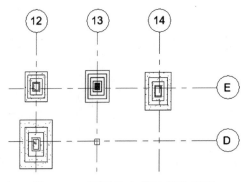

图 15-44　布置"独立基础-四阶 ZJ8"

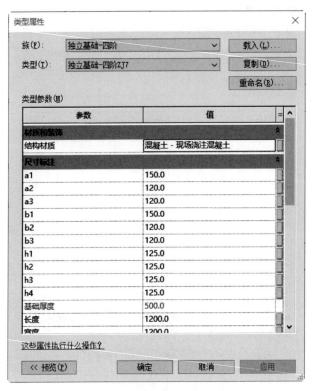

图 15-45　"类型属性"对话框

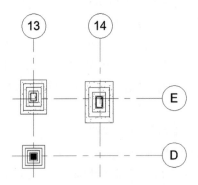

图 15-46　布置"独立基础-四阶 ZJ7"

（32）单击"结构"选项卡"基础"面板中的"独立"按钮 ，在"属性"选项板中单击"编辑类型"按钮 ，打开"类型属性"对话框，新建"独立基础-四阶 ZJ6"类型，更改长度为 2050，宽度为 2000，a1 为 300，a2 为 250，a3 为 200，b1 为 300，b2 为 250，b3 为 200，其他采用默认设置，如图 15-47 所示。单击"确定"按钮。

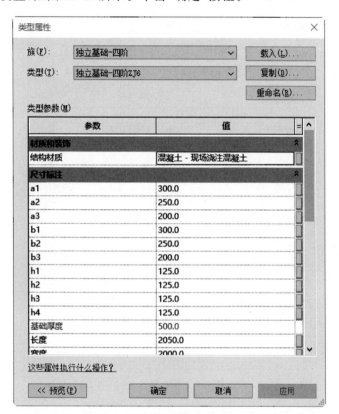

图 15-47 "类型属性"对话框

（33）在"修改|放置 独立基础"选项卡中单击"在柱处"按钮 ，打开"修改|放置 独立基础>在结构柱处"选项卡，将"独立基础-四阶 ZJ6"布置在如图 15-48 所示的柱下端。单击"完成"按钮 ，完成"独立基础-四阶 ZJ6"的布置。

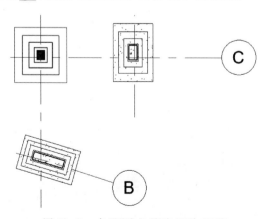

图 15-48 布置"独立基础-四阶 ZJ6"

Note

（34）单击"结构"选项卡"基础"面板中的"独立"按钮 ，在"属性"选项板中单击"编辑类型"按钮 ，打开"类型属性"对话框，新建"独立基础-四阶 ZJ5"类型，更改长度为 2350，宽度为 1700，a1、a2、a3 为 200，b1 和 b2 为 300，b3 为 200，其他采用默认设置，如图 15-49 所示。单击"确定"按钮。

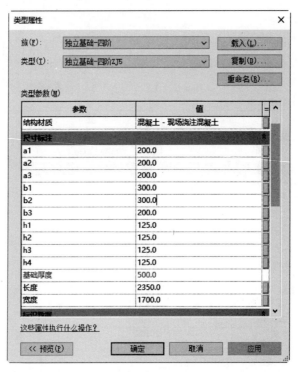

图 15-49 "类型属性"对话框

（35）在"修改│放置 独立基础"选项卡中单击"在柱处"按钮 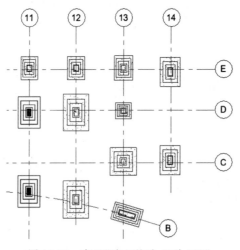，打开"修改│放置 独立基础>在结构柱处"选项卡，按住 Ctrl 键，选取柱，将"独立基础-四阶 ZJ5"布置在如图 15-50 所示的柱下端。单击"完成"按钮 ✔，完成"独立基础-四阶 ZJ5"的布置。

图 15-50 布置"独立基础-四阶 ZJ5"

（36）单击"结构"选项卡"基础"面板中的"独立"按钮 ，在"属性"选项板中单击"编辑类型"按钮，打开"类型属性"对话框，新建"独立基础-四阶 ZJ3"类型，更改长度为 1600，宽度为 1600，a1 和 a2 为 200，a3 为 150，b1 和 b2 为 200，b3 为 150，其他采用默认设置，如图 15-51 所示。单击"确定"按钮。

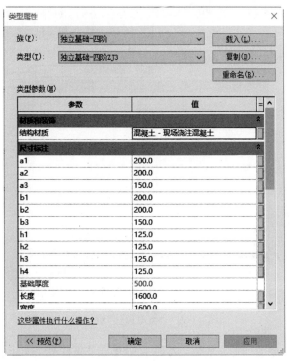

图 15-51　"类型属性"对话框

（37）在"修改|放置 独立基础"选项卡中单击"在柱处"按钮，打开"修改|放置 独立基础>在结构柱处"选项卡，将"独立基础-四阶 ZJ3"布置在如图 15-52 所示的柱下端。单击"完成"按钮，完成"独立基础-四阶 ZJ3"的布置。

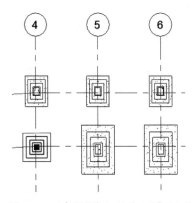

图 15-52　布置"独立基础-四阶 ZJ3"

（38）单击"结构"选项卡"基础"面板中的"独立"按钮，在"属性"选项板中单击"编辑类型"按钮，打开"类型属性"对话框，新建"独立基础-四阶 ZJ2"类型，更改长度为 2150,宽度为 1600,a1 和 a2 为 200,a3 为 150,b1 为 300,b2 为 250,b3 为 200,其他
采用默认设置,如图 15-53 所示。单击"确定"按钮。

图 15-53 "类型属性"对话框

（39）在"修改|放置 独立基础"选项卡中单击"在柱处"按钮 ，打开"修改|放
置 独立基础>在结构柱处"选项卡,将"独立基础-四阶 ZJ2"布置在如图 15-54 所示的柱
下端。单击"完成"按钮 ，完成"独立基础-四阶 ZJ2"的布置。

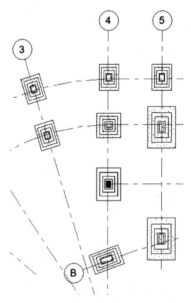

图 15-54 布置"独立基础-四阶 ZJ2"

（40）单击"结构"选项卡"基础"面板中的"独立"按钮 ，在"属性"选项板中单击"编辑类型"按钮 ，打开"类型属性"对话框，新建"独立基础-四阶 联合基础"类型，更改长度为 1900，宽度为 2750，a1、a2、a3 为 300，b1 为 300，b2 和 b3 为 200，其他采用默认设置，如图 15-55 所示。单击"确定"按钮。

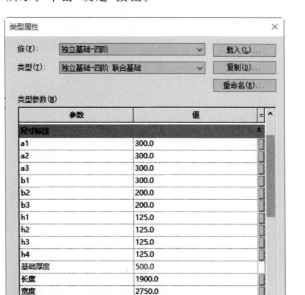

图 15-55 "类型属性"对话框

（41）在"修改|放置 独立基础"选项卡中单击"在柱处"按钮 ，打开"修改|放置 独立基础>在结构柱处"选项卡，将"独立基础-四阶 联合基础"布置在如图 15-56 所示的柱下端。单击"完成"按钮 ，完成"独立基础-四阶 联合基础"的布置。

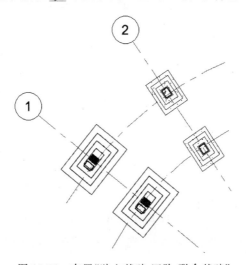

图 15-56 布置"独立基础-四阶 联合基础"

（42）单击"注释"选项卡"尺寸标注"面板中的"对齐"按钮 ✔，标注联合基础边线到轴线1的距离尺寸。选取联合基础，修改尺寸值调整联合基础的位置，如图15-57所示。

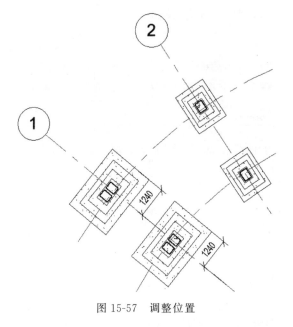

图15-57　调整位置

15.3　为基础添加配筋

具体操作步骤如下：

（1）单击"结构"选项卡"工作平面"面板中的"设置"按钮 ⊞，打开"工作平面"对话框，选择"名称"选项，在下拉列表框中选择"轴网：14"，单击"确定"按钮。

（2）打开"转到视图"对话框，选择"立面：东"视图，单击"打开视图"按钮，打开东立面视图。

（3）单击"结构"选项卡"钢筋"面板中的"钢筋"按钮 ⊡，打开"修改|放置钢筋"选项卡，单击"当前工作平面"按钮 ⊡ 和"平行于工作平面"按钮 ⊡。

（4）在"属性"选项板中选择"钢筋12 HRB335"类型，在"造型"栏下拉列表框中选择02或者在钢筋形状浏览器中选取"钢筋形状：02"，设置布局规则为"最大间距"，输入间距为200.0mm，如图15-58所示。

（5）单击"修改|放置钢筋"选项卡"放置平面"面板中的"当前工作平面"按钮 ⊡ 和"放置"面板中的"平行于工作平面"按钮 ⊡，在独立基础的底层截面上放置钢筋，按空格键调整钢筋方向，结果如图15-59所示。

（6）将视图切换至基础结构平面视图。单击"结构"选项卡"工作平面"面板中的"设置"按钮 ⊞，打开"工作平面"对话框，选择"名称"选项，在下拉列表框中选择"轴网：E"，单击"确定"按钮。

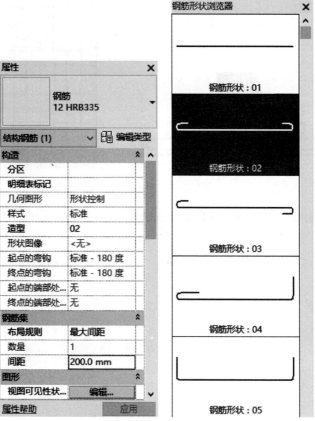

图 15-58　设置钢筋参数

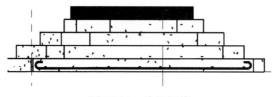

图 15-59　放置钢筋

（7）打开"转到视图"对话框，选择"立面：北"视图，单击"打开视图"按钮，打开北立面视图。

（8）单击"结构"选项卡"钢筋"面板中的"钢筋"按钮 ，打开"修改|放置钢筋"选项卡，单击"当前工作平面"按钮 ▣ 和"平行于工作平面"按钮 ▨。

（9）在"属性"选项板中选择"钢筋 12 HRB335"类型，在"造型"栏下拉列表框中选择 02 或者在钢筋形状浏览器中选取"钢筋形状：02"，设置布局规则为"最大间距"，输入间距为 200。

（10）单击"修改|放置钢筋"选项卡"放置平面"面板中的"当前工作平面"按钮 ▣ 和"放置"面板中的"平行于工作平面"按钮 ▨，在独立基础的底层截面上放置钢筋，结果如图 15-60 所示。

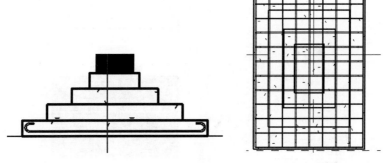

图 15-60　放置钢筋

（11）采用相同的方法，在其他独立基础的底层上放置相同参数的钢筋。

第16章

创建医院办公楼梁结构

本章主要讲解医院办公楼中梁的绘制过程,通过基础梁、二层梁、三层梁的创建以及对梁添加配筋的绘制过程,使读者逐步了解并掌握梁及配筋的绘制方法及过程。

16.1 创建基础梁

具体操作步骤如下:

(1) 将图形中的图纸隐藏,单击"插入"选项卡"导入"面板中的"导入CAD"按钮 ,打开"导入CAD格式"对话框,选择"基础梁配筋图",设置定位为"自动-原点到原点",放置于"1层",选中"定向到视图"复选框,设置导入单位为"毫米",其他采用默认设置。单击"打开"按钮,导入CAD图纸。

(2) 选取上步导入的图纸,单击"修改|基础梁配筋图"选项卡"修改"面板中的"解锁"按钮 ,对图纸进行解锁。

(3) 单击"修改"选项卡"修改"面板中的"对齐"按钮 ,在模型中单击轴线6,然后单击链接的CAD图纸中的轴线6,将轴线6对齐;接着在模型中单击B轴线,然后单击链接的CAD图纸中的B轴线,将B轴线对齐,此时,CAD文件与建筑模型重合,如图16-1所示。

(4) 单击"修改"选项卡"修改"面板中的"锁定"按钮 ,选择CAD图纸,将其锁定。

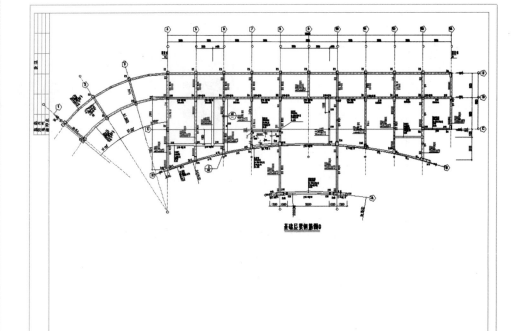

图 16-1 对齐图形

（5）单击"结构"选项卡"结构"面板中的"梁"按钮 ✏，打开"修改|放置 梁"选项卡和选项栏。单击"模式"面板中的"载入族"按钮 📥，打开"载入族"对话框，在 China→"结构"→"框架"→"混凝土"文件夹中选择"砼梁-边梁-上挑.rfa"族文件，如图 16-2 所示。单击"打开"按钮，打开族文件。

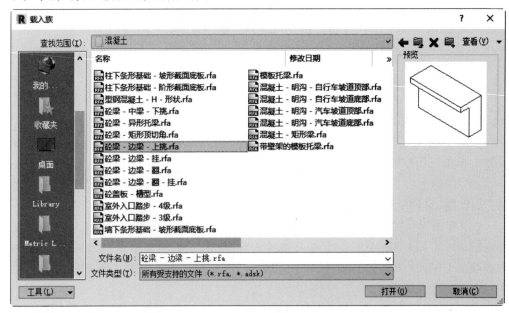

图 16-2 "载入族"对话框

（6）在"属性"选项板中单击"编辑类型"按钮，打开"类型属性"对话框，新建"200×600"类型，设置耳状物厚度为150，耳状物长度为390，b为200，h为600，其他采用默认设置，如图16-3所示，单击"确定"按钮。

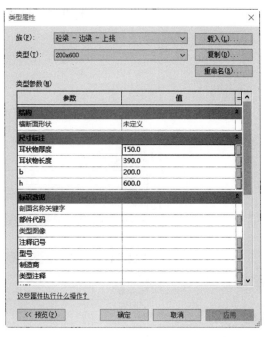

图16-3 "类型属性"对话框

（7）在"属性"选项板中单击"结构材质"栏中的 按钮，打开"材质浏览器"对话框，选择"混凝土，现场浇注-C20"材质，如图16-4所示。单击"确定"按钮。

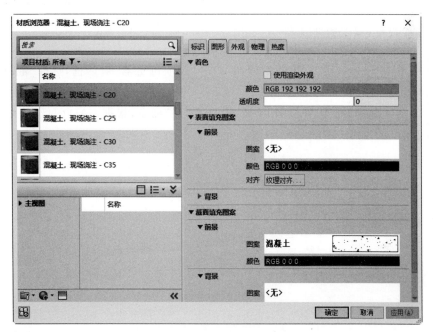

图16-4 "材质浏览器"对话框

（8）根据 CAD 图纸，绘制混凝土梁-边梁-上挑梁，如图 16-5 所示。

（9）单击"结构"选项卡"结构"面板中的"梁"按钮 ⚃，在"属性"选项板中选择"混凝土-矩形梁 300×600mm"类型，单击"编辑类型"按钮 ⚃，打开"类型属性"对话框，新建"200×300mm"类型，设置 b 为 200，h 为 300，其他采用默认设置，如图 16-6 所示。单击"确定"按钮。

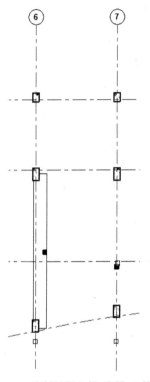

图 16-5 绘制混凝土梁-边梁-上挑梁

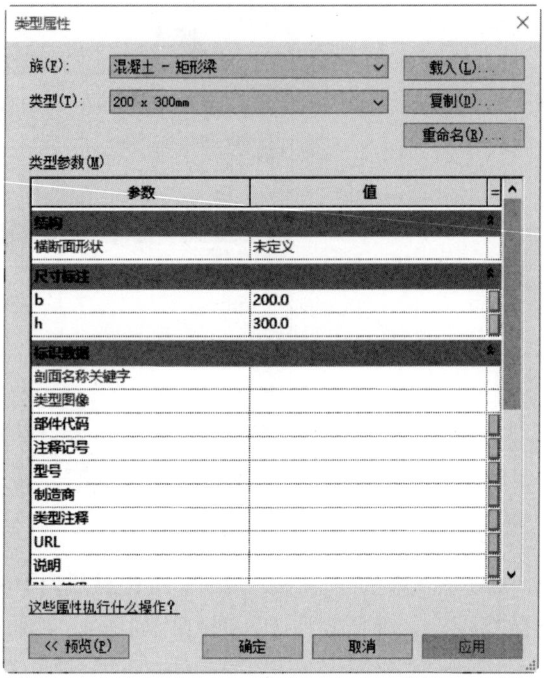

图 16-6 "类型属性"对话框

（10）单击"结构材质"栏中的 ⚃ 按钮，打开"材质浏览器"对话框，选择"混凝土，现场浇注-C20"材质，单击"确定"按钮。

（11）分别利用"起点-终点-半径弧"命令和"线"命令，根据 CAD 图纸，绘制 200×300mm 的梁，如图 16-7 所示。

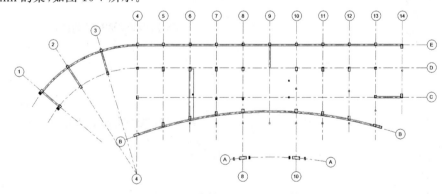

图 16-7 绘制 200×300mm 梁

（12）在"属性"选项板中单击"编辑类型"按钮，打开"类型属性"对话框。单击"复制"按钮，打开"名称"对话框，输入名称为"200×550mm"。单击"确定"按钮，返回到"类型属性"对话框，更改 h 为 550，其他采用默认设置，如图 16-8 所示。单击"确定"按钮。

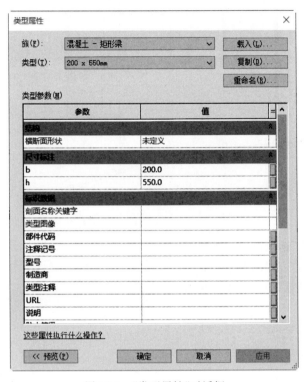

图 16-8 "类型属性"对话框

（13）根据 CAD 图纸，绘制如图 16-9 所示的 200×550mm 梁。

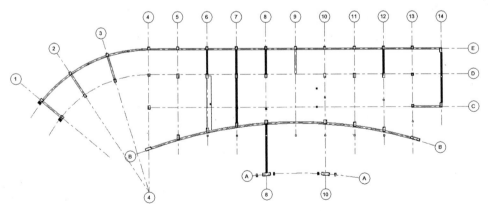

图 16-9 绘制 200×550mm 梁

（14）在"属性"选项板中单击"编辑类型"按钮，打开"类型属性"对话框。单击"复制"按钮，打开"名称"对话框，输入名称为"200×450mm"。单击"确定"按钮，返回到"类型属性"对话框，更改 h 为 450，其他采用默认设置，单击"确定"按钮。根据 CAD 图纸，绘制如图 16-10 所示的 200×450mm 梁。

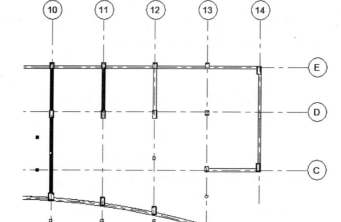

图 16-10　绘制 200×450mm 梁

（15）在"属性"选项板中单击"编辑类型"按钮 ，打开"类型属性"对话框。单击"复制"按钮，打开"名称"对话框，输入名称为"200×500mm"。单击"确定"按钮，返回到"类型属性"对话框，更改 h 为 500，其他采用默认设置，单击"确定"按钮。根据 CAD图纸，绘制如图 16-11 所示的 200×500mm 梁。

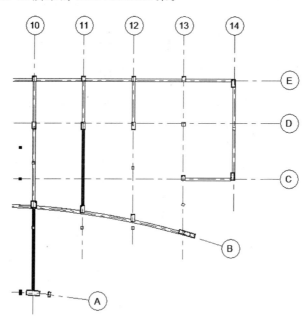

图 16-11　绘制 200×500mm 梁

（16）在"属性"选项板中单击"编辑类型"按钮 ，打开"类型属性"对话框。单击"复制"按钮，打开"名称"对话框，输入名称为"250×350mm"。单击"确定"按钮，返回到"类型属性"对话框，更改 b 为 250，h 为 350，其他采用默认设置，单击"确定"按钮。根据 CAD 图纸，单击"起点-终点-半径弧"按钮 ，绘制如图 16-12 所示的 250×

350mm 梁。

（17）在"属性"选项板中单击"编辑类型"按钮，打开"类型属性"对话框。单击"复制"按钮，打开"名称"对话框，输入名称为"250×450mm"。单击"确定"按钮，返回到"类型属性"对话框，更改 b 为 250，h 为 450，其他采用默认设置，单击"确定"按钮。根据 CAD 图纸，单击"线"按钮，绘制如图 16-13 所示的 250×450mm 梁。

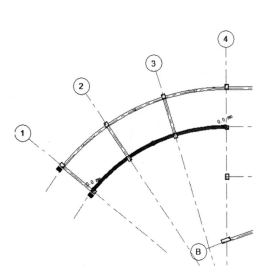

图 16-12 绘制 250×350mm 梁

图 16-13 绘制 250×450mm 梁

（18）在"属性"选项板中单击"编辑类型"按钮，打开"类型属性"对话框。单击"复制"按钮，打开"名称"对话框，输入名称为"250×300mm"。单击"确定"按钮，返回到"类型属性"对话框，更改 b 为 250，h 为 300，其他采用默认设置，单击"确定"按钮。根据 CAD 图纸，单击"线"按钮，绘制如图 16-14 所示的 250×300mm 梁。

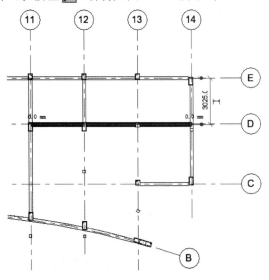

图 16-14 绘制 250×300mm 梁

（19）在"属性"选项板中单击"编辑类型"按钮 ，打开"类型属性"对话框。单击"复制"按钮，打开"名称"对话框，输入名称为"250×400mm"。单击"确定"按钮，返回到"类型属性"对话框，更改 b 为 250，h 为 400，其他采用默认设置，单击"确定"按钮。根据 CAD 图纸，单击"线"按钮 ，绘制如图 16-15 所示的 250×400mm 梁。

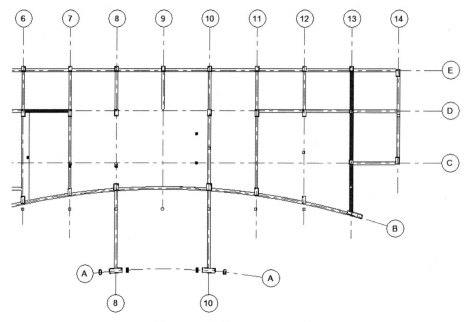

图 16-15　绘制 250×400mm 梁

（20）在"属性"选项板中单击"编辑类型"按钮 ，打开"类型属性"对话框。单击"复制"按钮，打开"名称"对话框，输入名称为"250×550mm"。单击"确定"按钮，返回到"类型属性"对话框，更改 b 为 250，h 为 550，其他采用默认设置，单击"确定"按钮。根据 CAD 图纸，单击"线"按钮 ，绘制如图 16-16 所示的 250×550mm 梁。

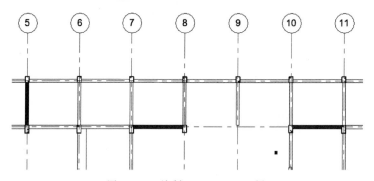

图 16-16　绘制 250×550mm 梁

（21）在"属性"选项板中单击"编辑类型"按钮 ，打开"类型属性"对话框。单击"复制"按钮，打开"名称"对话框，输入名称为"250×500mm"。单击"确定"按钮，返回到"类型属性"对话框，更改 b 为 250，h 为 500，其他采用默认设置，单击"确定"按钮。根据 CAD 图纸，单击"线"按钮 ，绘制如图 16-17 所示的 250×500mm 梁。

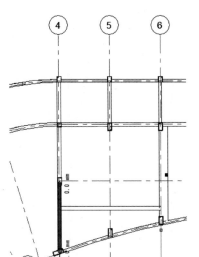

图 16-17　绘制 250×500mm 梁

（22）在"属性"选项板中单击"编辑类型"按钮，打开"类型属性"对话框。单击"复制"按钮，打开"名称"对话框，输入名称为"250×600mm"。单击"确定"按钮，返回到"类型属性"对话框，更改 b 为 250，h 为 600，其他采用默认设置，单击"确定"按钮。根据 CAD 图纸，单击"线"按钮，绘制如图 16-18 所示的 250×600mm 梁。

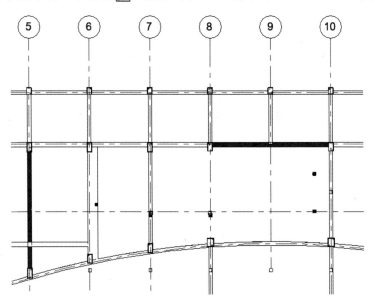

图 16-18　绘制 250×600mm 梁

（23）在"属性"选项板中单击"编辑类型"按钮，打开"类型属性"对话框。单击"复制"按钮，打开"名称"对话框，输入名称为"200×600mm"。单击"确定"按钮，返回到"类型属性"对话框，更改 b 为 200，h 为 600，其他采用默认设置，单击"确定"按钮。根据 CAD 图纸，单击"线"按钮，绘制如图 16-19 所示的 200×600mm 梁。

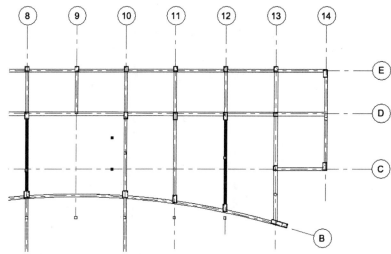

图 16-19　绘制 200×600mm 梁

　　（24）在"属性"选项板中单击"编辑类型"按钮 ，打开"类型属性"对话框。单击"复制"按钮，打开"名称"对话框，输入名称为"180×300mm"。单击"确定"按钮，返回到"类型属性"对话框，更改 b 为 180，h 为 300，其他采用默认设置，单击"确定"按钮。根据 CAD 图纸，单击"线"按钮 ，绘制如图 16-20 所示的 180×300mm 梁。

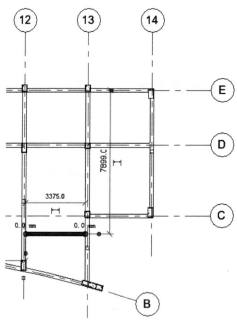

图 16-20　绘制 180×300mm 梁

　　（25）在"属性"选项板中单击"编辑类型"按钮 ，打开"类型属性"对话框。单击"复制"按钮，打开"名称"对话框，输入名称为"180×400mm"。单击"确定"按钮，返回到"类型属性"对话框，更改 b 为 180，h 为 400，其他采用默认设置，单击"确定"按钮。根据 CAD 图纸，单击"线"按钮 ，绘制如图 16-21 所示的 180×400mm 梁。

（26）在"属性"选项板中单击"编辑类型"按钮 ，打开"类型属性"对话框。单击"复制"按钮，打开"名称"对话框，输入名称为"360×550mm"。单击"确定"按钮，返回到"类型属性"对话框，更改 b 为 360，h 为 550，其他采用默认设置，单击"确定"按钮。根据 CAD 图纸，单击"起点-终点-半径弧"按钮 ，绘制如图 16-22 所示的 360×550mm 梁。

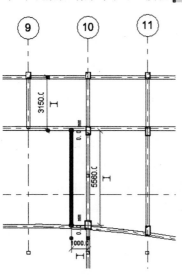

图 16-21　绘制 180×400mm 梁

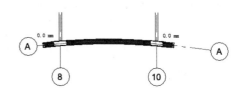

图 16-22　绘制 360×550mm 梁

（27）在"属性"选项板中单击"编辑类型"按钮 ，打开"类型属性"对话框。单击"复制"按钮，打开"名称"对话框，输入名称为"200×400mm"。单击"确定"按钮，返回到"类型属性"对话框，更改 b 为 200，h 为 400，其他采用默认设置，单击"确定"按钮。根据 CAD 图纸，单击"线"按钮 ，绘制如图 16-23 所示的 200×400mm 梁。

（28）选取图中所有的梁，在"属性"选项板中更改起点标高偏移和终点标高偏移为-100，其他采用默认设置。

（29）单击"结构"选项卡"结构"面板中的"梁"按钮 ，继续在如图 16-24 所示的位置绘制 200×400mm 的梁，并更改标高偏移和终点标高偏移为 2310。

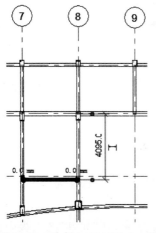

图 16-23　绘制 200×400mm 梁

图 16-24　绘制梁

Note

16-2

16.2 创建二层梁

具体操作步骤如下：

（1）将视图切换到2层结构平面视图，然后将图形中的图纸隐藏。

（2）单击"插入"选项卡"导入"面板中的"导入CAD"按钮，打开"导入CAD格式"对话框，选择"2层梁配筋图"，设置定位为"自动-原点到原点"，放置于"2层"，选中"定向到视图"复选框，设置导入单位为"毫米"，其他采用默认设置。单击"打开"按钮，导入CAD图纸。

（3）选取上步导入的图纸，单击"修改|2层梁配筋图"选项卡"修改"面板中的"解锁"按钮，对图纸进行解锁。

（4）单击"修改"选项卡"修改"面板中的"对齐"按钮，在模型中单击轴线6，然后单击链接的CAD图纸中的轴线6，将轴线6对齐；接着在模型中单击B轴线，然后单击链接的CAD图纸中的B轴线，将B轴线对齐，此时，CAD文件与建筑模型重合，如图16-25所示。

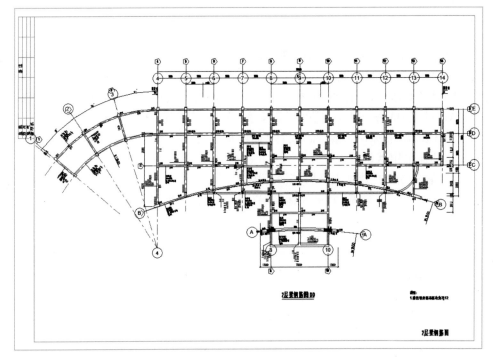

图16-25 对齐图形

（5）单击"修改"选项卡"修改"面板中的"锁定"按钮，选择CAD图纸，将其锁定。

（6）单击"结构"选项卡"结构"面板中的"梁"按钮，在"属性"选项板中选择"200×400mm"类型，根据CAD图纸，利用"起点-终点-半径弧"命令和"线"命令，绘制如图16-26

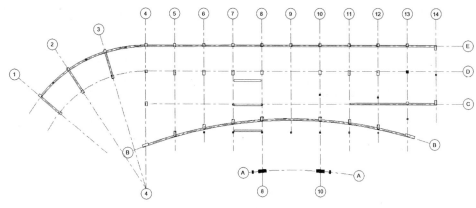

图 16-26　绘制 200×400mm 梁

所示的 200×400mm 梁。选取最下端的水平梁，在"属性"选项板中更改标高偏移和终点标高偏移为 1700。

（7）单击"结构"选项卡"结构"面板中的"梁"按钮，在"属性"选项板中选择"200×450mm"类型，根据 CAD 图纸，利用"线"命令，绘制如图 16-27 所示的 200×450mm 梁。

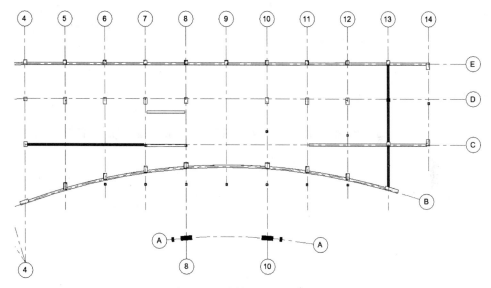

图 16-27　绘制 200×450mm 梁

（8）单击"结构"选项卡"结构"面板中的"梁"按钮，在"属性"选项板中选择"250×400mm"类型，根据 CAD 图纸，利用"起点-终点-半径弧"命令和"线"命令，绘制如图 16-28 所示的 250×400mm 梁。

（9）单击"结构"选项卡"结构"面板中的"梁"按钮，在"属性"选项板中选择"250×450mm"类型，根据 CAD 图纸，利用"线"命令，绘制如图 16-29 所示的 250×450mm 梁。

（10）单击"结构"选项卡"结构"面板中的"梁"按钮，在"属性"选项板中选择"250×550mm"类型，根据 CAD 图纸，利用"线"命令，绘制如图 16-30 所示的 250×550mm 梁。

（11）单击"结构"选项卡"结构"面板中的"梁"按钮，在"属性"选项板中选择"200×

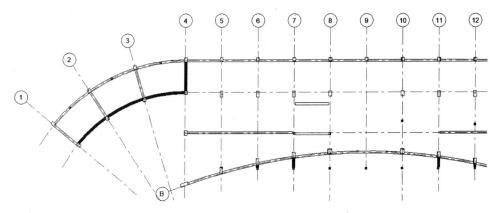

图 16-28　绘制 250×400mm 梁

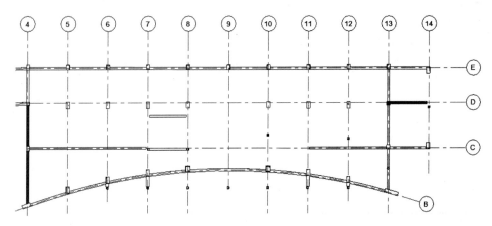

图 16-29　绘制 250×450mm 梁

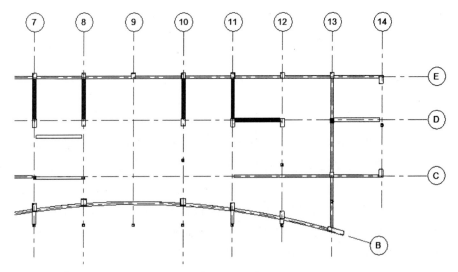

图 16-30　绘制 250×550mm 梁

550mm"类型，根据 CAD 图纸，利用"线"命令，绘制如图 16-31 所示的 200×550mm 梁。选取最下端的竖直梁，在"属性"选项板中更改标高偏移和终点标高偏移为 150。

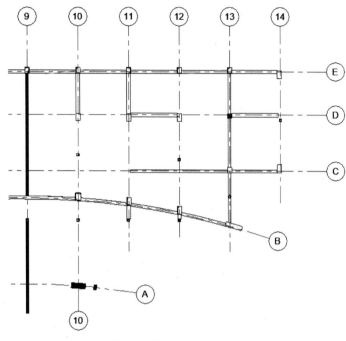

图 16-31　绘制 200×550mm 梁

（12）单击"结构"选项卡"结构"面板中的"梁"按钮 ，在"属性"选项板中选择"250×600mm"类型，根据 CAD 图纸，利用"线"命令，绘制如图 16-32 所示的 250×600mm 梁。选取最下端的竖直梁，在"属性"选项板中更改标高偏移和终点标高偏移为 200。

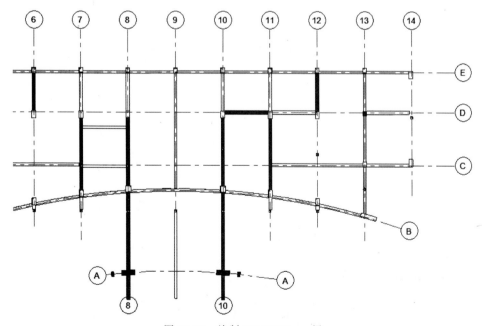

图 16-32　绘制 250×600mm 梁

（13）单击"结构"选项卡"结构"面板中的"梁"按钮，在"属性"选项板中单击"编辑类型"按钮，打开"类型属性"对话框。单击"复制"按钮，打开"名称"对话框，输入名称为"250×650mm"。单击"确定"按钮，返回到"类型属性"对话框，更改 h 为 650，其他采用默认设置，单击"确定"按钮。根据 CAD 图纸，绘制如图 16-33 所示的 250×650mm 梁。

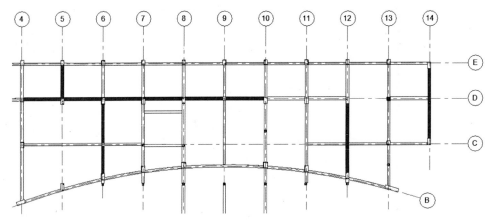

图 16-33　绘制 250×650mm 梁

（14）单击"结构"选项卡"结构"面板中的"梁"按钮，在"属性"选项板中选择"250×500mm"类型，根据 CAD 图纸，利用"线"命令，绘制如图 16-34 所示的 250×500mm 梁。

（15）单击"结构"选项卡"结构"面板中的"梁"按钮，在"属性"选项板中单击"编辑类型"按钮，打开"类型属性"对话框。单击"复制"按钮，打开"名称"对话框，输入名称为"250×700mm"。单击"确定"按钮，返回到"类型属性"对话框，更改 h 为 700，其他采用默认设置，单击"确定"按钮。根据 CAD 图纸，绘制如图 16-35 所示的 250×700mm 梁。

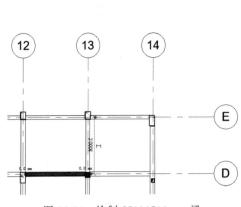

图 16-34　绘制 250×500mm 梁

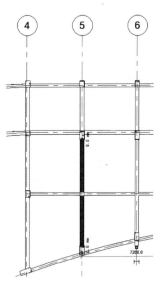

图 16-35　绘制 250×700mm 梁

（16）单击"结构"选项卡"结构"面板中的"梁"按钮 ，在"属性"选项板中选择"200×600mm"类型，根据 CAD 图纸，利用"线"命令，绘制如图 16-36 所示的 200×600mm 梁。在"属性"选项板中更改标高偏移和终点标高偏移为 200。

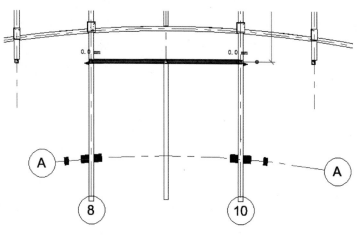

图 16-36　绘制 200×600mm 梁

（17）单击"结构"选项卡"结构"面板中的"梁"按钮，在"属性"选项板中选择"180×400mm"类型，根据 CAD 图纸，利用"起点-终点-半径弧"命令和"线"命令，绘制如图 16-37 所示的 180×400mm 梁。

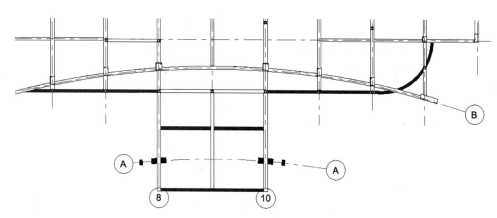

图 16-37　绘制 180×400mm 梁

（18）单击"结构"选项卡"结构"面板中的"梁"按钮，在"属性"选项板中选择"180×300mm"类型，根据 CAD 图纸，利用"线"命令，绘制如图 16-38 所示的 180×300mm 梁。

（19）单击"结构"选项卡"结构"面板中的"梁"按钮，在"属性"选项板中单击"编辑类型"按钮，打开"类型属性"对话框。单击"复制"按钮，打开"名称"对话框，输入名称为"360×1000mm"。单击"确定"按钮，返回到"类型属性"对话框，更改 b 为 360，h 为 1000，其他采用默认设置，单击"确定"按钮。根据 CAD 图纸，绘制如图 16-39 所示的 360×1000mm 梁。

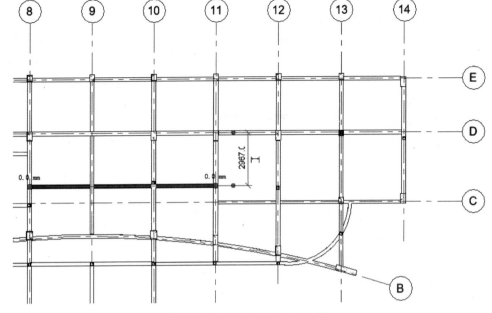

图 16-38　绘制 180×300mm 梁

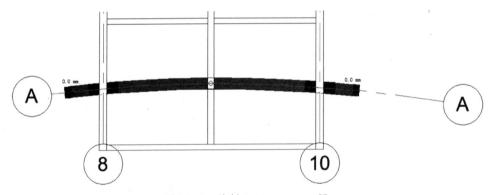

图 16-39　绘制 360×1000mm 梁

16.3　创建三层梁

16-3

具体操作步骤如下：

（1）将视图切换到 3 层结构平面视图，然后将图形中的图纸隐藏。

（2）单击"插入"选项卡"导入"面板中的"导入 CAD 按钮 ，打开"导入 CAD 格式"对话框，选择"3 层梁配筋图"，设置定位为"自动-原点到原点"，放置于"3 层"，选中"定向到视图"复选框，设置导入单位为"毫米"，其他采用默认设置。单击"打开"按钮，导入 CAD 图纸。

（3）选取上步导入的图纸，单击"修改|3 层梁配筋图"选项卡"修改"面板中的"解锁"按钮 ，对图纸进行解锁。

（4）单击"修改"选项卡"修改"面板中的"对齐"按钮 ，在模型中单击轴线 6，然后单击链接的 CAD 图纸中的轴线 6，将轴线 6 对齐；接着在模型中单击 B 轴线，然后单击链接的 CAD 图纸中的 B 轴线，将 B 轴线对齐，此时，CAD 文件与建筑模型重合，如图 16-40 所示。

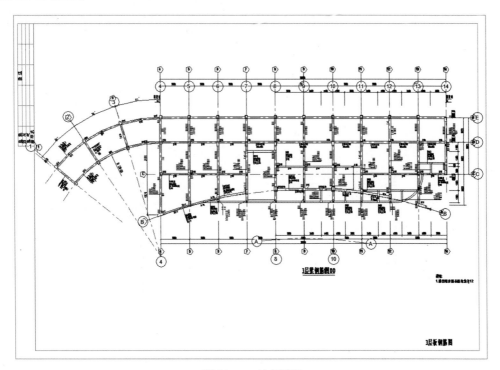

图 16-40　对齐图形

（5）单击"修改"选项卡"修改"面板中的"锁定"按钮 [□]，选择 CAD 图纸，将其锁定。

（6）单击"结构"选项卡"结构"面板中的"梁"按钮 [图]，在"属性"选项板中选择"200×400mm"类型，根据 CAD 图纸，利用"起点-终点-半径弧"命令和"线"命令，绘制如图 16-41 所示的 200×400mm 梁。

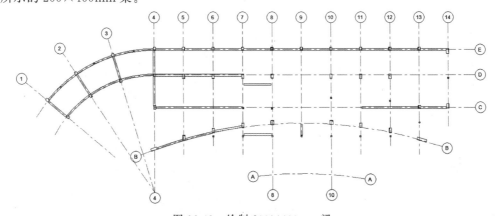

图 16-41　绘制 200×400mm 梁

（7）单击"结构"选项卡"结构"面板中的"梁"按钮，在"属性"选项板中选择"200×450mm"类型，根据CAD图纸，利用"起点-终点-半径弧"命令和"线"命令，绘制如图16-42所示的200×450mm梁。

（8）单击"结构"选项卡"结构"面板中的"梁"按钮，在"属性"选项板中选择"200×550mm"类型，根据CAD图纸，利用"起点-终点-半径弧"命令和"线"命令，绘制如图16-43所示的200×550mm梁。

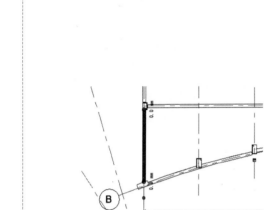

图16-42　绘制200×450mm梁

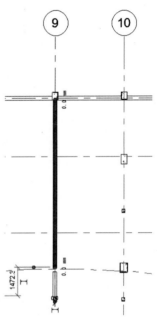

图16-43　绘制200×550mm梁

（9）单击"结构"选项卡"结构"面板中的"梁"按钮，在"属性"选项板中选择"250×600mm"类型，根据CAD图纸，利用"线"命令，绘制如图16-44所示的250×600mm梁。

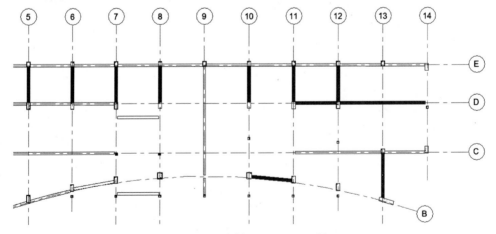

图16-44　绘制250×600mm梁

（10）单击"结构"选项卡"结构"面板中的"梁"按钮，在"属性"选项板中选择"250×650mm"类型，根据 CAD 图纸，利用"线"命令，绘制如图 16-45 所示的 250×650mm 梁。

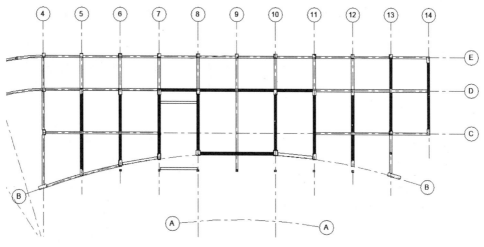

图 16-45　绘制 250×650mm 梁

（11）单击"结构"选项卡"结构"面板中的"梁"按钮，在"属性"选项板中选择"250×400mm"类型，根据 CAD 图纸，利用"线"命令，绘制如图 16-46 所示的 250×400mm 梁。

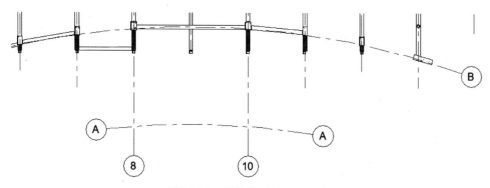

图 16-46　绘制 250×400mm 梁

（12）单击"结构"选项卡"结构"面板中的"梁"按钮，在"属性"选项板中选择"250×550mm"类型，根据 CAD 图纸，利用"线"命令，绘制如图 16-47 所示的 250×550mm 梁。

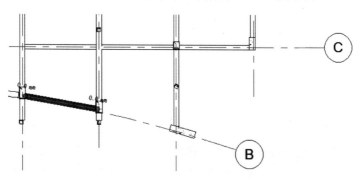

图 16-47　绘制 250×550mm 梁

（13）单击"结构"选项卡"结构"面板中的"梁"按钮 ，在"属性"选项板中选择"180×400mm"类型，根据 CAD 图纸，利用"线"命令，绘制如图 16-48 所示的 180×400mm 梁。

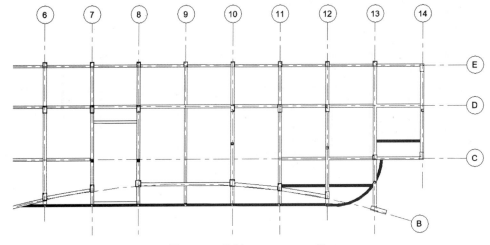

图 16-48　绘制 180×400mm 梁

（14）单击"结构"选项卡"结构"面板中的"梁"按钮 ，在"属性"选项板中选择"180×300mm"类型，根据 CAD 图纸，利用"线"命令，绘制如图 16-49 所示的 180×300mm 梁。

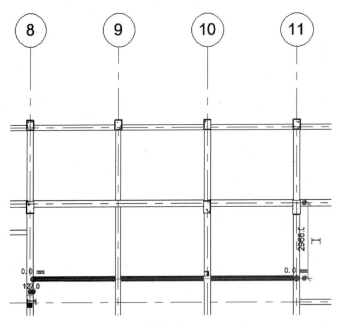

图 16-49　绘制 180×300mm 梁

（15）在"属性"选项板中单击"编辑类型"按钮 ，打开"类型属性"对话框。单击"复制"按钮，打开"名称"对话框，输入名称为"150×400mm"。单击"确定"按钮，返回到"类型属性"对话框，更改 b 为 150，h 为 400，其他采用默认设置，单击"确定"按钮。根据 CAD 图纸，单击"线"按钮 ，绘制如图 16-50 所示的 150×400mm 梁。

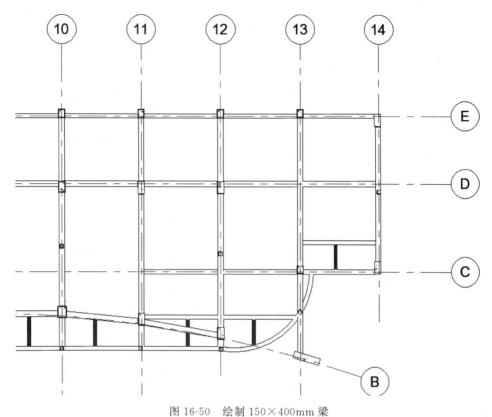

图 16-50 绘制 150×400mm 梁

16.4 创建四层梁

具体操作步骤如下：

（1）单击"修改"选项卡"创建"面板中的"创建组"按钮 ，打开"创建组"对话框，输入名称为"3层梁"，其他采用默认设置，如图 16-51 所示。单击"确定"按钮。

（2）打开如图 16-52 所示的"编辑组"面板，单击"添加"按钮，选取图中所有梁，单击"完成"按钮 ✔，完成 3 层梁组的创建。

图 16-51 "创建组"对话框

图 16-52 "编辑组"面板

（3）选取上步创建的 3 层梁组，单击"修改|模型组"选项卡"剪贴板"面板中的"复制到剪贴板"按钮 ，然后单击"粘贴"下拉菜单中的"与选定的标高对齐"按钮，打

开"选择标高"对话框,选择"4 层"标高,如图 16-53 所示。单击"确定"按钮,将 3 层梁复制到 4 层。

（4）将视图切换到 4 层结构平面视图,选取 3 层梁组,单击"修改|模型组"选项卡"成组"面板中的"解组"按钮 ,将 3 层梁组解组成图元。

（5）单击"插入"选项卡"导入"面板中的"导入 CAD"按钮 ,打开"导入 CAD 格式"对话框,选择"4 层梁配筋图",设置定位为"自动-原点到原点",放置于"3 层",选中"定向到视图"复选框,设置导入单位为"毫米",其他采用默认设置。单击"打开"按钮,导入 CAD 图纸。

（6）选取上步导入的图纸,单击"修改|3 层梁配筋图"选项卡"修改"面板中的"解锁"按钮 ,对图纸进行解锁。

图 16-53　"选择标高"对话框

（7）单击"修改"选项卡"修改"面板中的"对齐"按钮 ,在模型中单击轴线 6,然后单击链接的 CAD 图纸中的轴线 6,将轴线 6 对齐；接着在模型中单击 B 轴线,然后单击链接的 CAD 图纸中的 B 轴线,将 B 轴线对齐,此时,CAD 文件与建筑模型重合。

（8）单击"修改"选项卡"修改"面板中的"锁定"按钮 ,选择 CAD 图纸,将其锁定。

（9）根据图纸上标注的梁尺寸,选取梁,在"属性"选项板的"类型"下拉列表框中选择适当的梁类型,然后删除多余的梁,根据需要绘制梁,结果如图 16-54 所示。

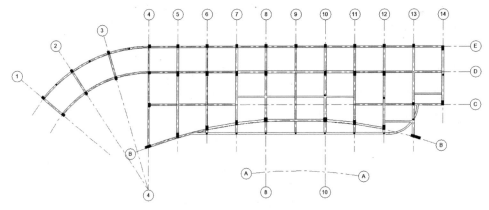

图 16-54　整理 4 层梁

16.5　为梁添加配筋

具体操作步骤如下：

（1）单击"结构"选项卡"工作平面"面板中的"参照平面"按钮 ,打开"修改|放置参照平面"选项卡,在如图 16-55 所示的位置绘制参照平面。

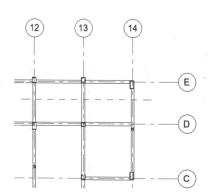

图 16-55 绘制参照平面

（2）单击"结构"选项卡"工作平面"面板中的"设置"按钮，打开"工作平面"对话框，选择"拾取一个平面"单选按钮，如图 16-56 所示，单击"确定"按钮。

（3）在视图中选取上步创建的参照平面。打开"转到视图"对话框，如图 16-57 所示。选择"立面：南"视图，单击"打开视图"按钮，将视图转换到南立面视图的参照平面截面，如图 16-58 所示。

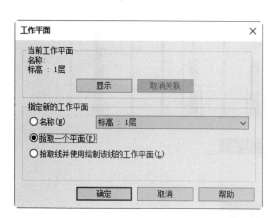

图 16-56 "工作平面"对话框

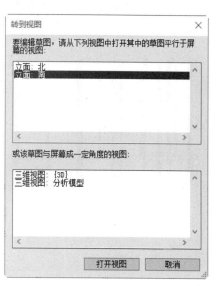

图 16-57 "转到视图"对话框

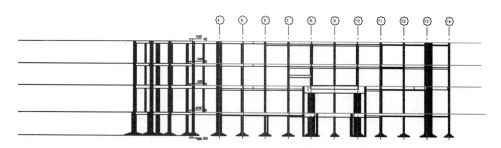

图 16-58 南立面视图

（4）选取标高线，拖到控制点，调整标高线的长度，如图 16-59 所示。

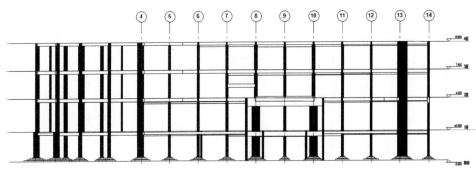

图 16-59　调整标高线

（5）单击"结构"选项卡"钢筋"面板中的"钢筋"按钮 ⚌，打开"修改│放置钢筋"选项卡，单击"当前工作平面"按钮 🔲 和"平行于工作平面"按钮 🔽。

（6）在"属性"选项板中选择"钢筋 8 HRB335"类型，设置布局规则为"最大间距"，输入间距为 200mm，在"造型"栏下拉列表框中选择 33 或者在钢筋形状浏览器中选取"钢筋形状：33"。

（7）在梁截面上放置形状为 33 的钢筋，按空格键调整形状位置，如图 16-60 所示。

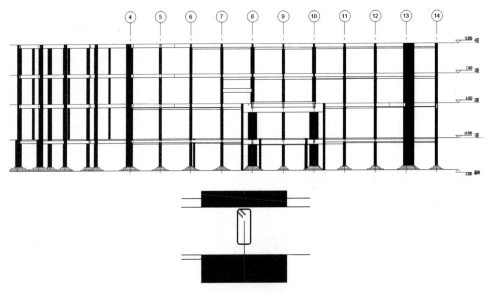

图 16-60　放置 φ8 的箍筋

（8）单击"结构"选项卡"钢筋"面板中的"钢筋"按钮 ⚌，打开"修改│放置钢筋"选项卡，单击"当前工作平面"按钮 🔲 和"垂直于保护层"按钮 🔽。

（9）根据梁配筋 CAD 图纸，在"属性"选项板中选择钢筋类型，设置布局规则为"单根"，在"造型"栏下拉列表框中选择 01 或者在钢筋形状浏览器中选取"钢筋形状：01"。

（10）在梁截面上放置 4 根形状为 01 的钢筋，如图 16-61 所示。

（11）单击"结构"选项卡"工作平面"面板中的"参照平面"按钮 📐，打开"修改│放置 参照平面"选项卡，在轴线 13 和轴线 14 之间绘制竖直参照平面。

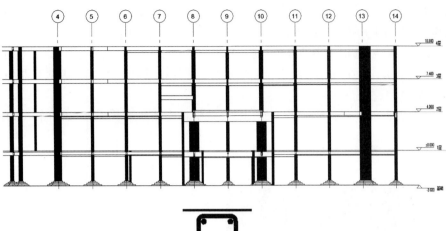

图 16-61 放置通长筋

（12）单击"结构"选项卡"工作平面"面板中的"设置"按钮，打开"工作平面"对话框，选择"拾取一个平面"单选按钮，单击"确定"按钮。

（13）在视图中选取上步创建的参照平面。打开"转到视图"对话框，选择"立面：西"视图，单击"打开视图"按钮，将视图转换到西立面视图的参照平面截面，如图 16-62 所示。

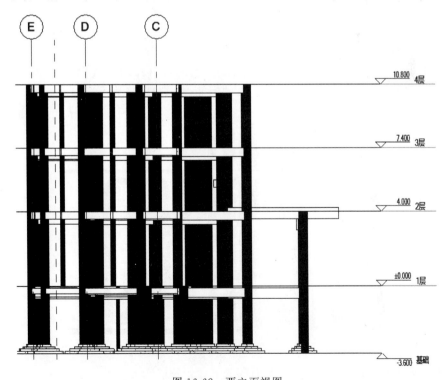

图 16-62 西立面视图

（14）单击"结构"选项卡"钢筋"面板中的"钢筋"按钮，打开"修改|放置钢筋"选项卡，单击"当前工作平面"按钮和"平行于工作平面"按钮。

（15）在"属性"选项板中选择"钢筋8 HRB335"类型，设置布局规则为"最大间距"，输入间距为200mm，在"造型"栏下拉列表框中选择33或者在钢筋形状浏览器中选取"钢筋形状：33"。

（16）在梁截面上放置形状为33的钢筋，按空格键调整形状位置，如图16-63所示。

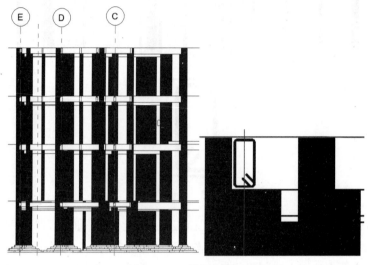

图16-63 放置钢筋

（17）单击"结构"选项卡"钢筋"面板中的"钢筋"按钮，打开"修改|放置钢筋"选项卡，单击"当前工作平面"按钮和"垂直于保护层"按钮。

（18）根据梁配筋CAD图纸，在"属性"选项板中选择钢筋类型，设置布局规则为"单根"，在"造型"栏下拉列表框中选择01或者在钢筋形状浏览器中选取"钢筋形状：01"。

（19）在梁截面上放置4根形状为01的钢筋，如图16-64所示。

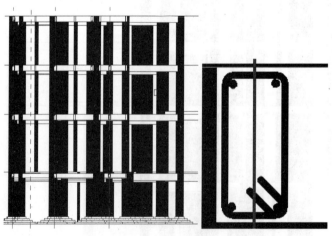

图16-64 放置通长筋

（20）采用相同的方法，在其他截面的梁上放置箍筋和通长筋。

第**17**章

创建医院办公楼楼板

任何一项建筑工程都离不开板的设计,与梁、柱相比,板的安全储备系数较低,因此,板的设计过程也较为简单。本章详细讲述医院办公楼楼板的绘制,使读者在逐步了解设计过程的同时,进一步理解楼板及配筋的绘制方法及过程。

17.1 创建二层楼板

具体操作步骤如下:

(1) 在项目浏览器中双击"结构平面"节点下的"2层",将视图切换到2层结构平面视图。

(2) 单击"结构"选项卡"结构"面板中的"楼板:结构"按钮 🝡 ,打开"修改|创建楼层边界"选项卡和选项栏。

(3) 在"属性"选项板中选择"现场浇注混凝土225mm"类型,单击"编辑类型"按钮 🔢 ,打开"类型属性"对话框。单击"复制"按钮,打开"名称"对话框,输入名称为"现场浇注混凝土90mm",单击"确定"按钮,返回到"类型属性"对话框。单击"编辑"按钮,打开"编辑部件"对话框,更改结构层的材质为"混凝土,现场浇注-C20",厚度为90,删除其他层,结果如图17-1所示。连续单击"确定"按钮,完成现场浇注混凝土90mm类型的设置。

(4) 单击"绘制"面板中的"边界线"按钮 🝰 、"起点-终点-半径弧"按钮 🝰 和"线"按钮 🝰 ,创建边界线,如图17-2所示。

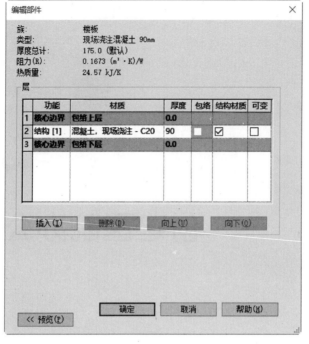

图 17-1　"编辑部件"对话框

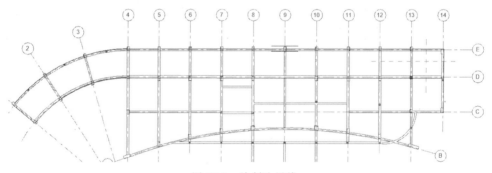

图 17-2　绘制边界线

（5）在"属性"选项板中设置自标高的高度偏移为 90，单击"模式"面板中的"完成编辑模式"按钮 ✔，完成 90mm 楼板的创建，如图 17-3 所示。

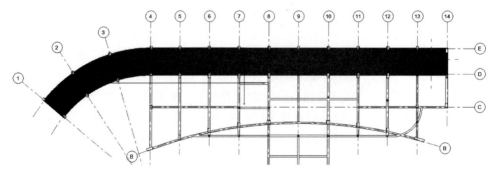

图 17-3　绘制 90mm 楼板

（6）在"属性"选项板中单击"编辑类型"按钮 ，打开"类型属性"对话框。单击"复制"按钮，打开"名称"对话框，输入名称为"现场浇注混凝土120mm"，单击"确定"按钮，返回到"类型属性"对话框。单击"编辑"按钮，打开"编辑部件"对话框，更改结构层的厚度为120。连续单击"确定"按钮，完成现场浇注混凝土120mm类型的设置。

（7）单击"绘制"面板中的"边界线"按钮 、"起点-终点-半径弧"按钮 和"线"按钮 ，创建边界线，如图17-4所示。

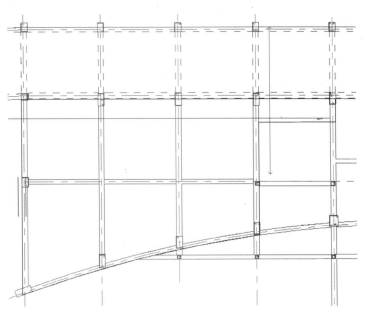

图17-4 绘制边界线

（8）在"属性"选项板中设置自标高的高度偏移为120，单击"模式"面板中的"完成编辑模式"按钮 ，完成120mm楼板的创建，如图17-5所示。

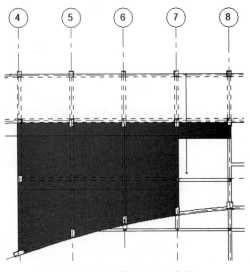

图17-5 绘制120mm楼板

Note

（9）在"属性"选项板中单击"编辑类型"按钮，打开"类型属性"对话框。单击"复制"按钮，打开"名称"对话框，输入名称为"现场浇注混凝土 100mm"，单击"确定"按钮，返回到"类型属性"对话框。单击"编辑"按钮，打开"编辑部件"对话框，更改结构层的厚度为 100。连续单击"确定"按钮，完成现场浇注混凝土 100mm 类型的设置。

（10）单击"绘制"面板中的"边界线"按钮、"起点-终点-半径弧"按钮和"线"按钮，创建边界线，如图 17-6 所示。

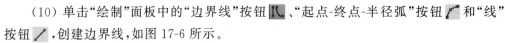
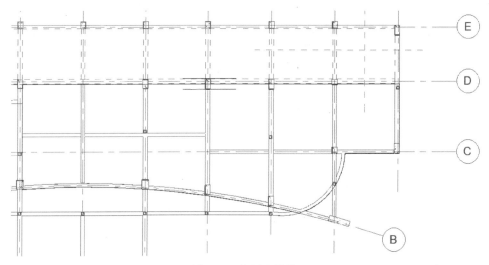

图 17-6　绘制边界线

（11）在"属性"选项板中设置自标高的高度偏移为 100，单击"模式"面板中的"完成编辑模式"按钮，完成 100mm 楼板的创建，如图 17-7 所示。

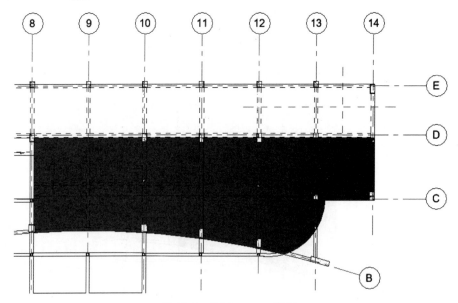

图 17-7　绘制 100mm 楼板

（12）在"属性"选项板中单击"编辑类型"按钮，打开"类型属性"对话框。单击"复制"按钮，打开"名称"对话框，输入名称为"现场浇注混凝土 80mm"，单击"确定"按钮，返回到"类型属性"对话框。单击"编辑"按钮，打开"编辑部件"对话框，更改结构层的厚度为 80。连续单击"确定"按钮，完成现场浇注混凝土 80mm 类型的设置。

（13）单击"绘制"面板中的"边界线"按钮、"起点-终点-半径弧"按钮和"线"按钮，创建边界线，如图 17-8 所示。

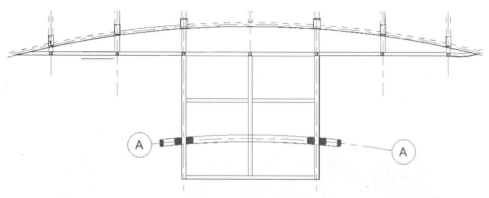

图 17-8 绘制边界线

（14）在"属性"选项板中设置自标高的高度偏移为 80，单击"模式"面板中的"完成编辑模式"按钮，完成 80mm 楼板的创建，如图 17-9 所示。

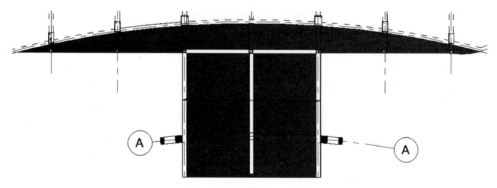

图 17-9 绘制 80mm 楼板

17.2 创建三层楼板

具体操作步骤如下：

（1）在项目浏览器中双击"结构平面"节点下的"3 层"，将视图切换到 3 层结构平面视图。

（2）单击"结构"选项卡"结构"面板中的"楼板：结构"按钮，在"属性"选项板中选择"现场浇注混凝土 100mm"类型，单击"绘制"面板中的"边界线"按钮、"起点-终点-半径弧"按钮和"线"按钮，创建边界线，如图 17-10 所示。

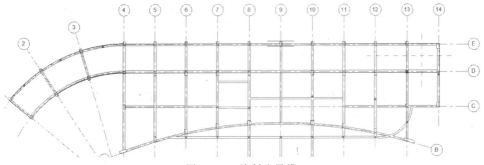

图 17-10　绘制边界线

（3）在"属性"选项板中设置自标高的高度偏移为 100，单击"模式"面板中的"完成编辑模式"按钮 ，完成 100mm 楼板的创建，如图 17-11 所示。

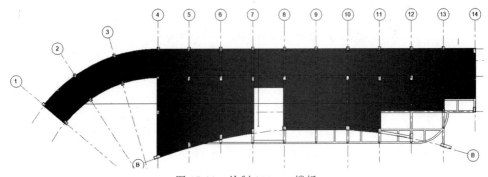

图 17-11　绘制 100mm 楼板

（4）单击"结构"选项卡"结构"面板中的"楼板：结构"按钮 ，在"属性"选项板中选择"现场浇注混凝土 80mm"类型，单击"绘制"面板中的"边界线"按钮 、"起点-终点-半径弧"按钮 和"线"按钮 ，创建边界线，如图 17-12 所示。

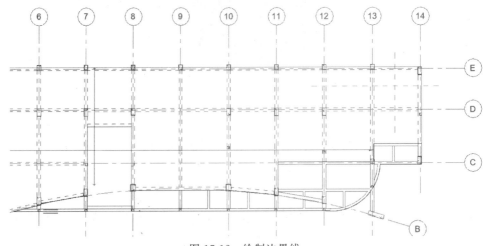

图 17-12　绘制边界线

（5）在"属性"选项板中设置自标高的高度偏移为 80，单击"模式"面板中的"完成编辑模式"按钮 ，完成 80mm 楼板的创建，如图 17-13 所示。

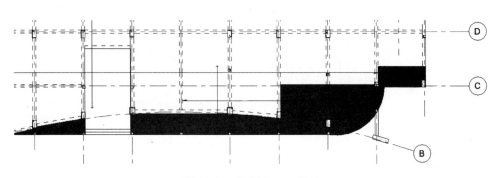

图 17-13　绘制 80mm 楼板

（6）单击"结构"选项卡"结构"面板中的"楼板：结构"按钮，在"属性"选项板中选择"现场浇注混凝土 90mm"类型，单击"绘制"面板中的"边界线"按钮和"线"按钮，创建边界线，如图 17-14 所示。

（7）在"属性"选项板中设置自标高的高度偏移为-1700，单击"模式"面板中的"完成编辑模式"按钮，完成 90mm 楼板的创建，如图 17-15 所示。

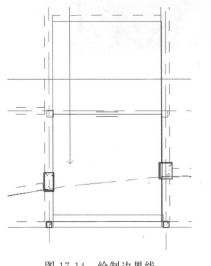

图 17-14　绘制边界线

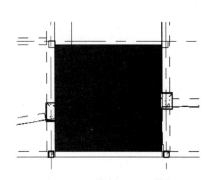

图 17-15　绘制 90mm 楼板

17.3　创建四层楼板

17-3

具体操作步骤如下：

（1）在项目浏览器中双击"结构平面"节点下的"4 层"，将视图切换到 4 层结构平面视图。

（2）单击"结构"选项卡"结构"面板中的"楼板：结构"按钮，在"属性"选项板中选择"现场浇注混凝土 90mm"类型，单击"绘制"面板中的"边界线"按钮、"起点-终点-半径弧"按钮和"线"按钮，创建边界线，如图 17-16 所示。

Note

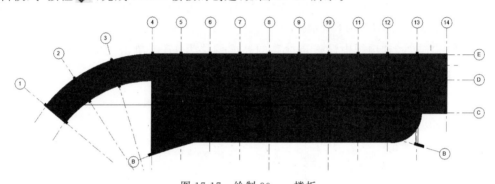

图 17-16　绘制边界线

（3）在"属性"选项板中设置自标高的高度偏移为90，单击"模式"面板中的"完成编辑模式"按钮 ✔️，完成 90mm 楼板的创建，如图 17-17 所示。

图 17-17　绘制 90mm 楼板

17.4　为楼板添加配筋

17-4

具体操作步骤如下：

（1）在项目浏览器中双击"结构平面"节点下的"2 层"，将视图切换到 2 层结构平面视图。

（2）选择 90mm 厚楼板，在打开的"修改楼板"选项卡中单击"钢筋"面板上的"面积"按钮 ▦。

（3）打开"修改|创建钢筋边界"选项卡，单击"绘制"面板中的"线"按钮 ╱，绘制如图 17-18 所示的封闭钢筋边界。

（4）在"属性"选项板中设置布局规则为"最大间距"，额外的顶部保护层偏移和额外的底部保护层偏移为20，设置顶部主筋类型/底部主筋类型为 16 HRB335，顶部分布筋类型/底部分布筋类型为 8 HRB335，设置顶部主筋间距/底部主筋间距为 400mm，顶部分布筋间距/底部分布筋间距为 200mm，设置顶部主筋弯钩类型为"标准-135 度"，其他采用默认设置，如图 17-19 所示。

（5）单击"属性"选项板中"视图可见性状态"栏中的"编辑"按钮 ▭ 编辑... ▭，打开"钢筋图元视图可见性状态"对话框，选中结构平面 2 层栏中的"清晰的视图"复选框，其他采用默认设置，如图 17-20 所示。单击"确定"按钮，使钢筋在 2 层结构楼层中可见。

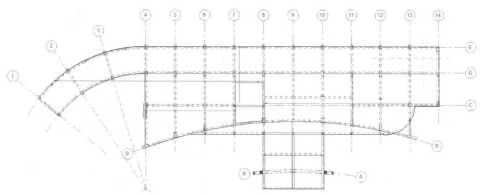

图 17-18 绘制边界

图 17-19 "属性"选项板

图 17-20 "钢筋图元视图可见性状态"对话框

（6）单击"修改|创建钢筋边界"选项卡"模式"面板中的"完成编辑模式"按钮 ✔，完成2层楼板上钢筋的创建，如图17-21所示。

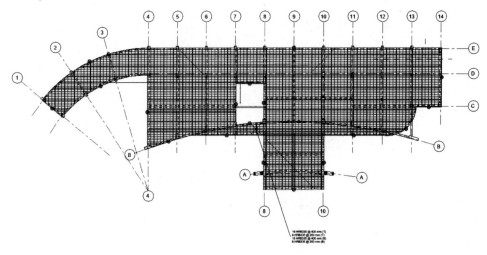

图17-21　2层楼板钢筋

（7）在项目浏览器中双击"结构平面"节点下的"3层"，将视图切换到3层结构平面视图。

（8）选择楼板，在打开的"修改楼板"选项卡中单击"钢筋"面板上的"面积"按钮 ▦。

（9）打开"修改|创建钢筋边界"选项卡，单击"绘制"面板中的"线"按钮 ／，绘制如图17-22所示的封闭钢筋边界。

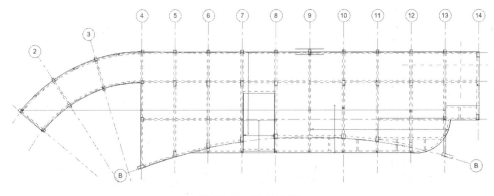

图17-22　绘制边界

（10）在"属性"选项板中设置布局规则为"最大间距"，额外的顶部保护层偏移和额外的底部保护层偏移为20，设置顶部主筋类型/底部主筋类型为16 HRB335，顶部分布筋类型/底部分布筋类型为8 HRB335，设置顶部主筋间距/底部主筋间距为400mm，顶部分布筋间距/底部分布筋间距为200mm，设置顶部主筋弯钩类型为"标准-135度"，其他采用默认设置。

（11）单击"属性"选项板中"视图可见性状态"栏中的"编辑"按钮 ▨ 编辑... ，打开"钢筋图元视图可见性状态"对话框,选中结构平面3层栏中的"清晰的视图"复选框,其他采用默认设置。单击"确定"按钮,使钢筋在3层结构楼层中可见。

（12）单击"修改|创建钢筋边界"选项卡"模式"面板中的"完成编辑模式"按钮 ，完成3层楼板上钢筋的创建,如图17-23所示。

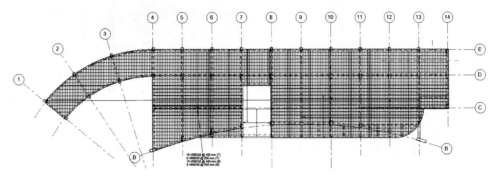

图 17-23 3 层楼板钢筋

（13）在项目浏览器中双击"结构平面"节点下的"4 层",将视图切换到 4 层结构平面视图。

（14）选择楼板,在打开的"修改楼板"选项卡中单击"钢筋"面板上的"面积"按钮 。

（15）打开"修改|创建钢筋边界"选项卡,单击"绘制"面板中的"线"按钮 ，绘制如图 17-24 所示的封闭钢筋边界。

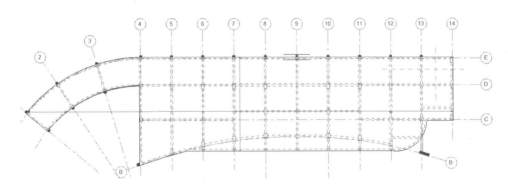

图 17-24 绘制边界

（16）在"属性"选项板中设置布局规则为"最大间距",额外的顶部保护层偏移和额外的底部保护层偏移为 20,设置顶部主筋类型/底部主筋类型为 16 HRB335,顶部分布筋类型/底部分布筋类型为 8 HRB335,设置顶部主筋间距/底部主筋间距为 400mm,顶部分布筋间距/底部分布筋间距为 200mm,设置顶部主筋弯钩类型为"标准-135 度",其他采用默认设置。

（17）单击"属性"选项板中视图可见性状态栏中的"编辑"按钮 编辑... ，打开"钢筋图元视图可见性状态"对话框,选中结构平面 4 层栏中的"清晰的视图"复选框,其他采用默认设置。单击"确定"按钮,使钢筋在 4 层结构楼层中可见。

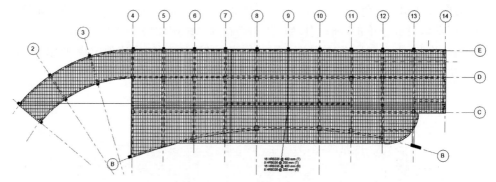

图 17-25　4 层楼板钢筋

（18）单击"修改|创建钢筋边界"选项卡"模式"面板中的"完成编辑模式"按钮 ，
完成 3 层楼板上钢筋的创建，如图 17-25 所示。

二维码索引